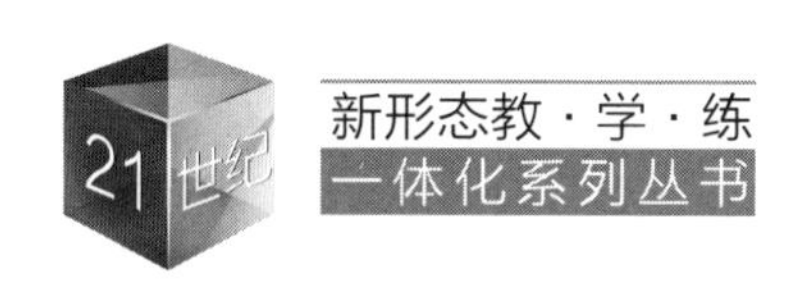

RxJS+Vue.js+Spring
响应式项目开发实战

◎ 陈冈 编著

清華大学出版社
北京

内 容 简 介

RxJS 响应式扩展库、Vue.js 响应式渲染、Spring WebFlux 响应式 Web 栈，这三者的结合，为响应式应用系统的前后端开发提供了黄金组合。本书将三者的知识有机融合在解决实际代表性问题的项目开发中。全书以一个源自实际、业务逻辑清晰、易于理解的项目案例，将前后端的响应式开发技术完全渗透在项目案例各模块的渐进实现中，且无缝糅合了响应式数据库连接 R2DBC、实时流数据处理平台 Hazelcast、远程服务 gRPC、分布式事件流平台 Apache Kafka、云端机密数据管理 Spring Cloud Vault、开源容器引擎 Docker、状态管理库 Pinia、可视化图表库 Apache ECharts 等市场主流热门技术。阅读本书，读者会以一种轻松、思路清晰的项目渐进实战方式，跨入响应式技术的大门，并具备使用这种热门领先技术开发响应式应用系统的知识和技能。

本书由浅入深、通俗易懂，循序渐进、聚焦响应式项目实战，适用于缺乏 Web 开发经验的初学者，也适合具有开发经验但需要学习或提高响应式开发技术的人员作为参考。

图书在版编目(CIP)数据

RxJS＋Vue.js＋Spring 响应式项目开发实战/陈冈编著. —北京：清华大学出版社，2024.6
(21 世纪新形态教·学·练一体化系列丛书)
ISBN 978-7-302-66239-6

Ⅰ.①R…　Ⅱ.①陈…　Ⅲ.①JAVA 语言－程序设计　Ⅳ.①TP312.8

中国国家版本馆 CIP 数据核字(2024)第 096749 号

责任编辑：闫红梅　薛　阳
封面设计：刘　键
责任校对：郝美丽
责任印制：刘　菲

出版发行：清华大学出版社
网　　址：https://www.tup.com.cn，https://www.wqxuetang.com
地　　址：北京清华大学学研大厦 A 座　　**邮　　编**：100084
社 总 机：010-83470000　　**邮　　购**：010-62786544
投稿与读者服务：010-62776969，c-service@tup.tsinghua.edu.cn
质量反馈：010-62772015，zhiliang@tup.tsinghua.edu.cn
课件下载：https://www.tup.com.cn，010-83470236
印 装 者：大厂回族自治县彩虹印刷有限公司
经　　销：全国新华书店
开　　本：203mm×260mm　　**印　　张**：20.5　　**字　　数**：536 千字
版　　次：2024 年 7 月第 1 版　　**印　　次**：2024 年 7 月第1次印刷
印　　数：1～1500
定　　价：59.00 元

产品编号：104083-01

PREFACE

前言

当前互联网行业快速发展，给电商平台的系统开发与运行带来新的挑战。在消费淡季，各大电商购物平台的顾客较少，系统负载较低、资源消耗减少；而每到消费旺季(例如“双十一”购物节)顾客激增，系统负载大幅增加、资源消耗增长很快。一个健壮、稳定的系统，需要确保在负载急剧变化时仍然能够保持即时响应能力。当前大部分系统采用的是传统的命令式编程，代码同步执行，难以根据系统负载变化情况调节吞吐量，也容易导致资源的争用、线程阻塞、响应延迟。

响应式编程就是为了解决传统命令式编程的“痛点”，具有先天的异步非阻塞特性。响应式技术能够大幅提高应用系统的弹性、吞吐量和稳定性，有利于构建有韧性、有弹性、异步非阻塞的企业级应用系统。响应式技术在越来越多的 Web 应用开发中大显身手，是技术发展的趋势。从 RxJS、Vue.js 到 Spring WebFlux、RxPy 和 RxJava，响应式开发如火如荼，国内外各大机构或公司纷纷切入：Apache 软件基金会、Pivotal、阿里巴巴、腾讯、美团、京东、滴滴等正在逐步将组织服务架构进行响应式代码改造和切换。

关于软件人才培养，业界广泛认可的观点是：软件开发能力的培养，必须从项目实战中来。许多读者读了不少技术图书，看了很多教程视频，对各种命令、函数和语法非常熟悉，但面对实际项目却往往手足无措、无从下手。如果仅对萝卜、白菜的各种特征了然于胸，纸上谈兵尚可，想做出一道可口的菜肴恐怕很难。要做一名好厨师，首先得学会亲自动手做出第一道菜。

网络上关于响应式前后端开发的讨论非常活跃，但也非常散乱，不成体系。目前市场上专门介绍 Vue.js、Spring 的书籍很多，但介绍响应式开发的图书较少，至于将前后端响应式技术融合起来，进行响应式项目实战的图书几乎没有。本书基于 RxJS+Vue.js+Spring 的黄金组合，以一个源自实际的简化项目作为全书的依托，贯穿全书，并无缝糅合了响应式数据库连接 R2DBC、实时流数据处理平台 Hazelcast、远程服务 gRPC、分布式事件流平台 Apache Kafka、云端机密数据管理 Spring Cloud Vault、开源容器引擎 Docker、状态管理库 Pinia、可视化图表库 Apache ECharts 等市场热门技术。本书无论是知识的讲解还是项目案例的选取，都不追求“大而全”，也尽量避免过于细节化的语法讲解，而是特别注重学以致用。优先掌握“跨进门”的常用知识，让项目先运行起来更为重要。至于那些非常细节化的知识点，更应该从不断的项目锤炼中日积月累。本书项目案例选取了常规、容易浸入的教务辅助管理系统，力求业务逻辑简单清晰、易于理解，摒弃繁杂的业务处理，以免造成对学习响应式技术的不必要干扰。随着章节内容的推进，在功能模块渐进实现中所蕴含的前后端响应式技术，就会被读者不知不觉地熟悉、掌握、浸润。读者如果认真耐心地按照书中内容进行学习实践，一个实际的响应式应用系统将会在你的手中诞生，并会对前后端响应式系统开发有一个清晰的脉络和深入的理解。

本书共15章。第1章简要介绍如何搭建开发平台。第2章详细介绍RxJS响应式扩展库。第3章以Vue.js渐进式框架为主要内容。第4章则重点介绍Spring响应式开发。第5章详细介绍如何基于Gradle构建多模块项目。第6～14章,从前端到后端,完整实现了教务辅助管理系统的各功能模块。第15章介绍基于Docker、Spring Cloud Vault的项目发布方法。在各章节模块的实现中,作者精心设计,力求使用不同的技术方法来实现类似功能,目的就是强调学以致用、融会贯通的编写思想。

如果要看到响应式项目的运行效果,最简单快捷的方法自然是从清华大学出版社网站(www.tup.com.cn)本书相关页面,下载各章配套源代码,然后导入到IntelliJ IDEA中运行,但这不是好方法。编者强烈建议:请跟随本书章节的推进节奏,自己输入代码,调试运行。在这个过程中,也许会碰到这样或那样的问题。当感觉到"山重水复疑无路"时,才需要去参考本书配套源代码。方法似乎有些"拙",学习效果却要好很多倍。纸上得来终觉浅,绝知此事要躬行!

本书编写过程中得到清华大学出版社的大力支持,在此深致谢意!感谢家人在编写过程中提供的各种支持,使得编写工作能够流畅完成!

本书可满足各类Web应用系统开发的初学者学习需要,也可作为广大响应式技术开发者的参考用书。编写过程中,编者力求精益求精,但也难免存在一些疏漏或不足,敬请读者批评指正。

如果读者能够在本书的引导下,做出第一道响应式技术大餐,初步体验到响应式技术的奇妙,编者也就感到莫大满足了。感谢您使用本书,希望本书能够成为您的良师益友!

编　者

2024年2月

CONTENTS

目录

第1章

搭建开发平台

本章主要介绍 Java Web 基本开发模式、前后端响应式技术、开发环境、Gradle 自动化构建工具等内容，并初步创建了以 Gradle 为构建工具、基于 Spring WebFlux 的响应式 Web 应用项目，为后续章节的学习做好前期知识准备。

1.1 Java Web 概述

Java 是一种编程语言，Web 则是“网络”之意。

在网络编程领域，Java 是卓越的开发语言。在著名的 TIOBE 网站发布的编程语言排行榜中，Java 长期处于前三的位置，也是国内使用排名第一的开发语言。Java 以其严谨、应用生态好、社区强大著称，具有巨大的影响力。长期以来，Java 为 Web 开发领域的推进注入了强大的推动力。Java Web 一直在快速适应编程环境及程序员编程方法的变化，因此在 Web 开发领域，用 Java 技术解决现实中的问题具有非常广泛的应用基础。

1.2 C/S 与 B/S 模式

现实中使用的各种软件，绝大部分都需要网络环境的支撑才能正常运行，例如，手机上的很多 APP、各种类型的网站，或者企事业单位内部的应用系统等。这些应用系统，不少就是用 Java 编写的，那么它们在运行模式上有什么差异？这就涉及 C/S 模式和 B/S 模式。

1.2.1 C/S 模式

C/S(Client/Server，客户机/服务器)模式最早是由美国 Borland 公司提出的。该模式以网络环境为基础,将计算机应用分散到多台计算机以提高系统性能。在 C/S 模式结构中,所有的数据都存放在服务器上(因此也称之为数据库服务器),客户机只负责向服务器提出用户的处理需求,由服务器完成对数据的处理后将结果通过网络传递给客户端计算机。C/S 模式如图 1-1 所示。

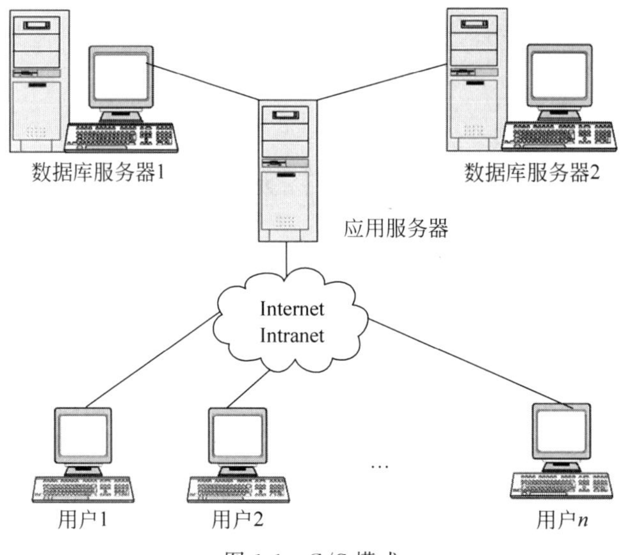

图 1-1　C/S 模式

整个过程,可以打个比方描述一下:你(客户端)到银行柜台申请办理一张银行卡业务(发出请求),柜台工作人员(服务器)响应了你的要求,从存放银行卡的卡柜(数据库服务器)取出一张银行卡递给你(返回处理结果给客户端),为你办理完成了新银行卡业务(业务逻辑处理完成)。

C/S 模式的优势在于:可以充分利用客户端设备本身的处理能力,减轻了应用服务器的处理压力。其劣势在于:软件通常需要先下载安装到客户端设备。当软件需要更新换代时,往往需要对所有的客户端及应用服务器进行同步升级。因此,C/S 系统的维护成本相对较高,技术较为复杂些。

现实中有很多应用软件,例如,QQ、微信、抖音、喜马拉雅、超市收银系统等,采用的就是 C/S 模式。

1.2.2　B/S 模式

B/S(Browser/Server,浏览器/服务器)模式是对 C/S 模式的一种提升,它是随着 Internet 技术的发展而逐步流行起来的一种网络应用模式。在这种结构的系统中,包含两大部分:Web 客户端和 Web 服务器端。Web 客户端一般通过浏览器向用户提供各种操作界面,这些操作界面主要用于数据处理结果的展示,或者前期预处理操作(例如,验证用户输入的 E-mail 地址格式是否正确);Web 服务器端则接受用户对数据的操作请求并进行各种相应处理,也可能需要传递给数据库服务器。B/S 模式的结构如图 1-2 所示。

B/S 模式的优势在于:客户端要求简单,只需要浏览器即可,这使得在网络上扩充系统功能变得非常容易,通常只需要更改服务器端即可,客户端并不需要升级处理。但是,当客户端用户比较多时,服务器运行负荷会比较重,可能会导致服务器反应缓慢甚至"崩溃"等问题,这是 B/S 模式最大的劣势。

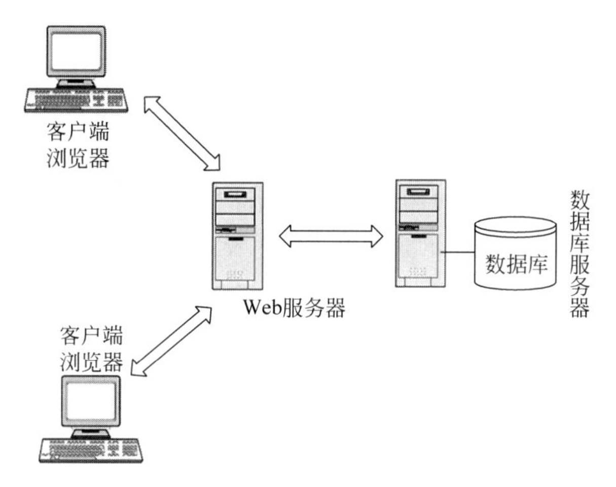

图 1-2　B/S 模式

可以将基于 B/S 模式的应用系统简单归纳为两类：一类是现实中的各类网站，例如，京东、天猫、12306 等；另外一类是企事业单位使用的各种应用系统，例如，招生考试办公室的考生志愿填报系统，很多高校用于选课、查询成绩、分数管理等的教务管理信息门户，公司网上办公系统等。这一类与人们习惯中所称的“网站”稍有差别，它们实际上是基于浏览器运行的用于组织内部信息管理的 Web 应用系统。

综上所述，Java Web 一般是指基于 B/S 模式，用 Java 技术来解决相关 Web 互联网领域应用问题的技术总和。实践中，很多应用系统采用 C/S、B/S 的混合模式。

1.3　响应式开发概述

1.3.1　响应式技术简介

在 Excel 中进行数据求和，当修改某个单元格的值时，并不需要刷新 Excel 窗口，总和就会自动改变，这是响应性；在证券市场，对于某只交易股票的价格，当后端服务器中的数据变化时，并不需要刷新当前网页，页面中股票的价格也会实时变化，这也是响应性。这是用户在使用软件过程中对“响应”的直观感受。

“响应式(Reactive)”的内涵并不仅仅就是这些。响应式是一种基于对变化做出反应而构建的异步编程模型，即状态发生重大变化时能够及时做出响应而非被阻塞，因为阻塞意味着必须等待结果、响应延迟。这个界定比较理论化，结合实际来看：每年的“双十一”，大量消费者涌入电商网站，查询商品、下单支付，对网站的稳定运行构成了严峻挑战，网站负载过大时就可能导致响应延迟甚至下单困难。早期的 12306 网站，就曾因为寒假时用户访问量猛增，系统负载超出预期，导致响应时间延长或无法响应，广受用户诟病。当然，这些年来，12306 不断对系统的即时响应性进行了大幅优化。

在这里，我们看到：某个时节（例如购物旺季、旅游旺季等），更多用户需要使用系统，意味着系统吞吐量增加，而淡季用户减少，系统吞吐量减少。状态变化时，一个稳定健壮的系统，在不同负载下具有伸缩性，往往仍能够保持即时响应能力。

传统的阻塞式编程容易造成资源的争用、浪费或并发问题,这时往往通过增加硬件资源、多线程并行化来优化执行效率。增加硬件资源往往意味着成本增加,并行化也有其本身的局限性。与常规的阻塞处理相比,响应式编程并不一定会使应用程序运行得更快速,也就是说,响应式开发的目的不是为了更快地处理数据请求(速度问题),而是更注重能够同时处理更多请求(吞吐量问题),并有效优化延迟操作,提高应用程序的弹性和吞吐量,使其在系统负载增大时仍然能够即时响应,这将大大有利于构建健壮、稳定的企业级应用系统。

1.3.2 响应式流规范

2013年,Netflix、Pivotal Software、Lightbend等公司的工程师们共同发起了制定"响应式流规范(Reactive Streams Specification)"的倡议,并于2015年5月推出了1.0版本。该规范提供了一个完全反应式的非阻塞API。而基于JVM的响应式流规范项目被称为"reactive-streams-jvm",于2022年5月推出了1.0.4版本。

响应式流规范主要定义了4个接口:Publisher、Subscriber、Subscription和Processor。自JDK 9开始,响应式流规范被纳入其中,成为其重要的组成部分。目前,很多开发语言都支持响应式开发并提供了专门的支持库,例如,RxRuby、RxPy(Python的响应式库)、RxJava等。著名的Vue.js就是基于响应式思想编写的,著名的JavaScript状态管理库Redux也提供了对响应式技术的支持。

从现实来看,越来越多的国内外著名厂商,例如,Facebook、阿里巴巴、腾讯、美团、京东等,逐步将系统向响应式技术切换。因此,未来的Web应用系统的开发,将是响应式技术的天下!

1.3.3 前端响应式技术

在前端开发的广阔世界中,有很多有价值的工具和资源可供选择,RxJS和Vue.js是其中的杰出代表。

很多读者可能是第一次听说RxJS,但在有一定开发经验的国内外前端开发圈子中,RxJS的出现频率非常高,在Angular、React、Vue中也常常能看到它的身影。RxJS是JavaScript响应式扩展库,著名的VueUse就使用了RxJS扩展。RxJS的强大之处在于,能够将很多原本复杂的、可能需要几十行的JavaScript业务逻辑处理,转换为易于操作、流程清晰的异步事件流的方式,而代码可能只是几行而已。当然,需要付出一点额外的学习时间。

至于Vue.js,知名度很高,按照官方说法,Vue.js是"易学易用,性能出色,适用场景丰富的Web前端框架"。在第3章中再详细介绍。

RxJS+Vue.js,再与后端Spring WebFlux组合,打造响应式开发的黄金组合!

1.3.4 后端响应式技术

谈到后端响应式技术,自然离不开Spring。Spring这个单词常用的英文含义是"春天",那么可以说,Spring框架给Java程序员带来了春天。Spring框架诞生于2003年,是为了解决早期J2EE的复杂性而来,已经成为Java开发领域事实上的"王者"。Spring框架并不是单一的,划分成了很多模块,其中,Spring Boot广为人知,Spring官方甚至推出了测试和验证对Spring Boot理解熟悉程度的国际认证体系。Spring Boot提供了对响应式的原生支持,并推出了Spring WebFlux,

专门用于响应式 Web 应用的开发。

数据库也离不开响应式技术。R2DBC 是 Reactive Relational Database Connectivity(响应式关系数据库连接)的缩写。很多人使用的 JDBC 是一个完全阻塞的 API,即使用著名的 HikariCP 连接池补偿阻塞行为的效果也是有局限的。而 R2DBC 基于响应式流规范,用异步、非阻塞方式来处理访问数据库时的并发性,能够充分利用多核 CPU 的硬件资源处理并发请求,利用较少的硬件资源就能够进行扩展。R2DBC 需要 JDK 8 以上版本支持。相关信息可到 https://r2dbc.io 网站查看。

1.4 搭建开发环境

工欲善其事,必先利其器。本节内容比较重要,是进行后续章节的起点。

1.4.1 安装 Temurin JDK

考虑到 Oracle 后续 JDK 商业化收费问题,越来越多的项目开始使用其他免费、开源 JDK 版本,例如,OpenJDK、Eclipse Temurin、Microsoft Build of OpenJDK、Alibaba Dragonwell、腾讯 Kona JDK、毕昇 JDK 等。在众多 JDK 中,Eclipse Temurin JDK 是 Eclipse 基金会于 2017 年推出的基于 OpenJDK 的免费构建,是一个高质量、高性能、经过 TCK 认证、跨平台、可用于生产环境的 Adoptium OpenJDK 发行版,是 GitHub Actions 默认的 Java 选项。Temurin JDK 官网地址为 https://adoptium.net/zh-CN/temurin/releases/,建议到清华大学镜像站点下载:https://mirrors.tuna.tsinghua.edu.cn/Adoptium/17/jdk/x64/windows/。本书下载的是 OpenJDK17U-jdk_x64_windows_hotspot_17.0.8_7.msi 并安装使用。安装时,选择设置 JAVA_HOME 环境变量,目标文件夹选择为“D:\jdk-17.0.8.7-hotspot”,如图 1-3 所示。本书各章节均以该文件夹作为 JDK 安装文件夹,后续不再重复说明。

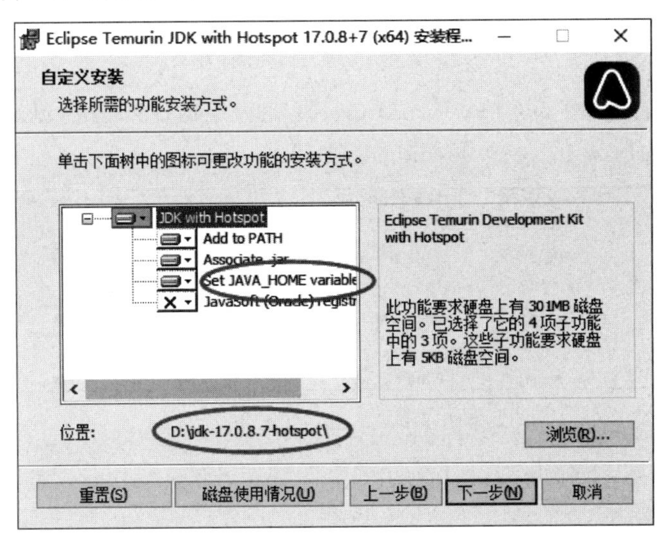

图 1-3　Temurin JDK 自定义安装

实际上,设置 JAVA_HOME 环境变量并不是必需的!由于在第 15 章发布系统时会用到 JAVA_HOME 环境变量,为简便起见,这里就顺便事先设置好。当然,也可以在 Windows 系统属性里面自行手工设置 JAVA_HOME 环境变量。

1.4.2 安装 PostgreSQL 数据库

现实中的大部分 Web 应用系统都提供了数据库的支持。有了数据库支持,各种 Web 应用系统就能够更好地提供数据服务。

1. PostgreSQL 数据库简介

很多读者听说过 Access、SQL Server、Oracle、MySQL 数据库,对 PostgreSQL 则有些陌生,但这并不妨碍 PostgreSQL 成为一款伟大的产品。PostgreSQL 数据库源自美国加州大学伯克利分校计算机系开发的 Postgres。PostgreSQL 在业界的标签就是:强大、稳定、高级的开源数据库管理系统。

提示:PostgreSQL 简称 PG。官方拼读为"post-gress-Q-L",经常被简略念为"postgres"。

2. 为什么选择 PostgreSQL

Postgres 是世界领先的企业级数据库产品,开源、免费,甚至能够成为昂贵的 Oracle 数据库的替代方案。

有调查显示,在全球专业开发者中,Postgres 使用率超过 MySQL,名列前茅。Postgres 已经成为大数据、云计算领域中关系数据库存储管理的最佳选择之一。Postgres 在企业应用中非常普遍,其客户涵盖包括世界五百强在内的众多国内外大型企业;Postgres 的行业应用也非常广泛,涵盖金融、能源、零售、IT、互联网等众多行业。

Postgres 在全球得到很多著名企业的青睐。例如,国内客户有如百度、阿里巴巴、腾讯、高德地图、顺丰速递、华为、京东、中国移动、光大银行等;国外客户有如迈克菲杀毒、东芝、索尼、Skype、BBC、亚马逊等。

3. 下载和安装

1) 下载

可以在 Postgres 官网 https://www.postgresql.org/下载 PostgreSQL,或者直接打开下载网址 https://www.enterprisedb.com/downloads/postgres-postgresql-downloads,如图 1-4 所示。

PostgreSQL Version	Linux x86-64	Linux x86-32	Mac OS X	Windows x86-64	Windows x86-32
16.1	postgresql.org	postgresql.org	⬇	⬇	Not supported
15.5	postgresql.org	postgresql.org	⬇	⬇	Not supported
14.10	postgresql.org	postgresql.org	⬇	⬇	Not supported

图 1-4 PostgreSQL 下载

这里下载 15.5 版本,下载得到 postgresql-15.5-1-windows-x64.exe 安装文件。

2) 安装

运行 postgresql-15.5-1-windows-x64.exe,开始 Postgres 的安装。

(1) 选择目标文件夹,本书使用的文件夹为 d:\PostgreSQL\15,如图 1-5 所示。

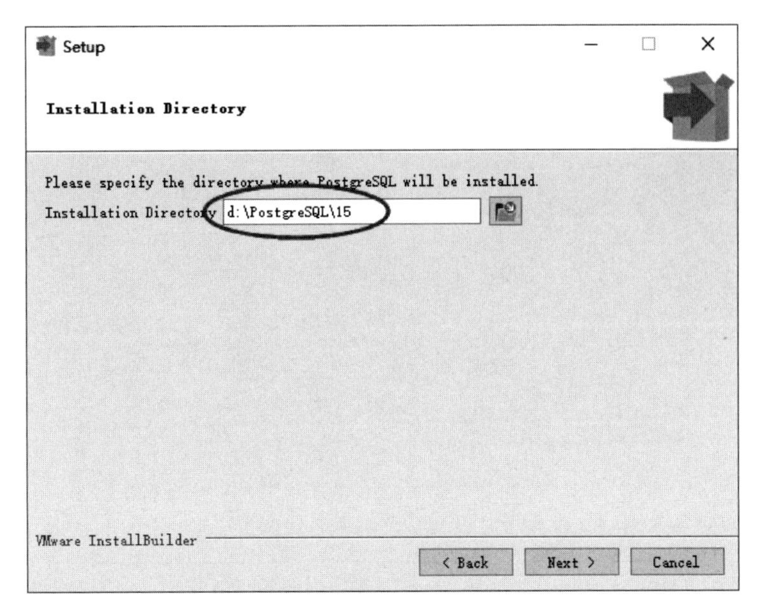

图 1-5　安装目的文件夹

(2) 选择组件,如图 1-6 所示,这里全部选中。其中,pgAdmin 是 Postgres 官方提供的数据库管理工具。或者,采用第三方软件 DBeaver。DBeaver 社区版是一个免费、通用的数据库管理工具,支持 Postgres、MySQL、Oracle、SQL Server、MariaDB、SQLite 等十几种数据库,有中文版,功能强大,易于使用。DBeaver 官网地址为 https://dbeaver.io/,有兴趣的读者不妨一试。

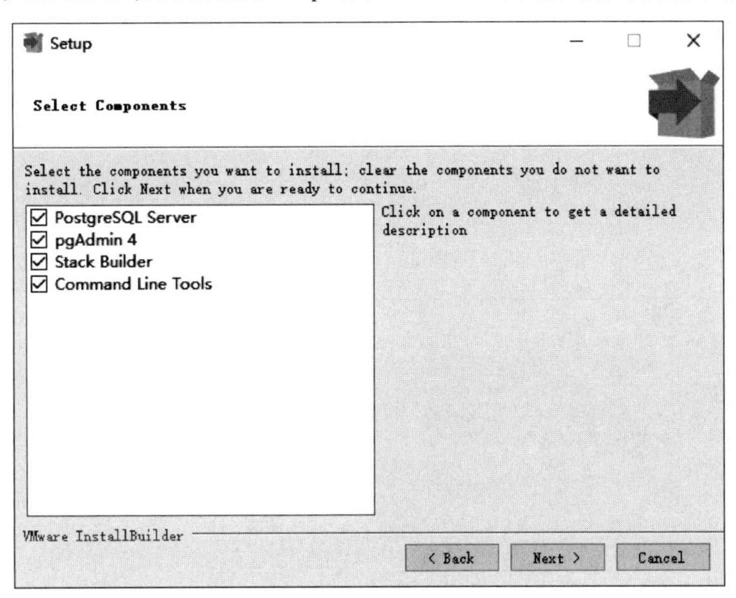

图 1-6　选择组件

(3) 选择存放数据的文件夹,如图 1-7 所示。

(4) 设置数据库自带的默认管理员 postgres 的密码,不妨设置为 007,如图 1-8 所示。

(5) 设置数据库端口号,如图 1-9 所示。默认端口号是 5432,建议使用默认值。

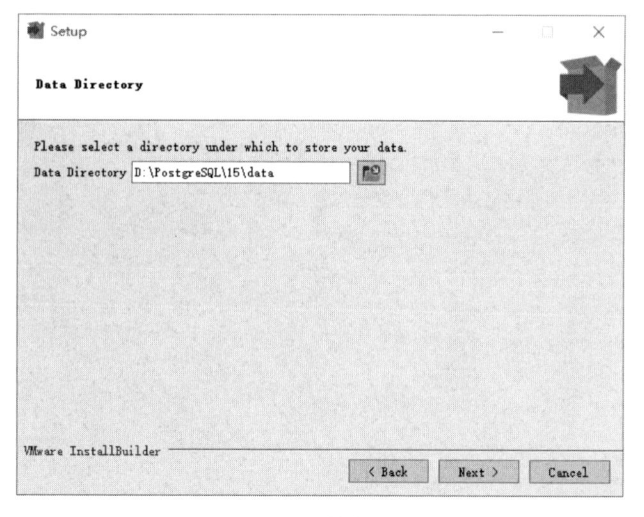

图 1-7 选择数据文件夹

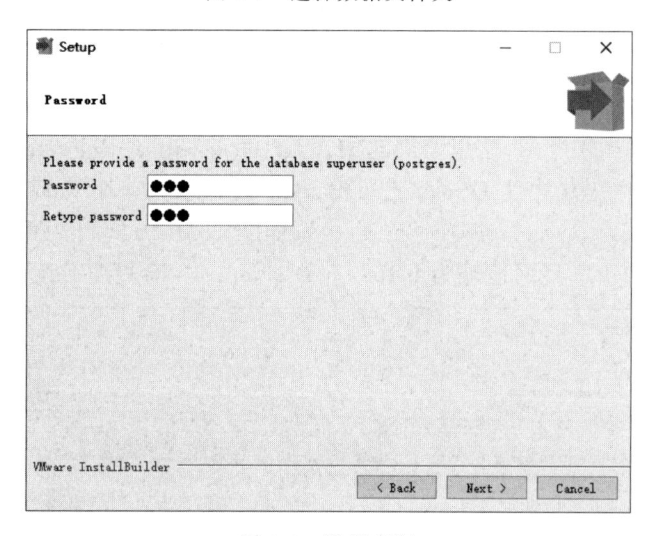

图 1-8 设置密码

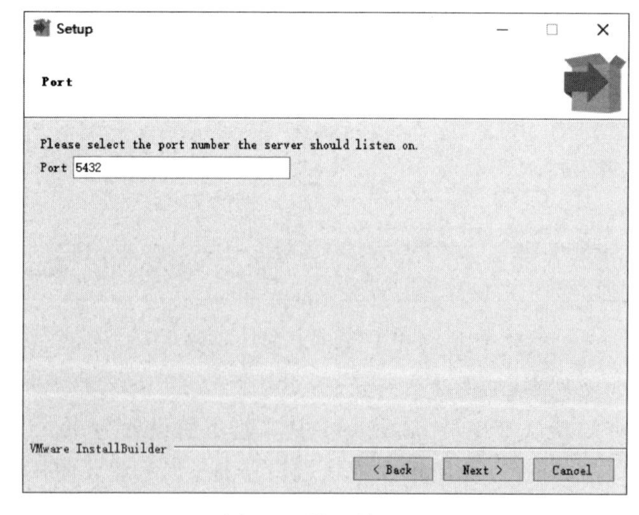

图 1-9 设置端口号

后续步骤，都可以直接单击 Next 按钮，完成安装。最后一步弹出的 Stack Builder 向导窗口，用于下载并安装一些辅助工具，例如，语言包、数据库驱动程序等。可以不勾选，直接单击“完成”按钮，跳过这一步骤。

如果安装后期弹出警告框，提示“Failed to start the database server”，不用理睬，继续完成安装。安装完毕后，打开 Windows 的服务(在“开始”菜单搜索框输入“服务”搜索)，选择“postgresql-x64-15”，单击工具栏上的“启动”按钮，尝试启动 Postgres 服务。此时如果弹出如图 1-10 所示的对话框，提示 1053 错误，无法启动。则需要在服务名称“postgresql-x64-15”上右击，切换到“登录”选项卡。不使用默认的登录方式“此账户”，而是单击选择“本地系统账户”，再启动 postgresql-x64-15 服务，一般问题即可解决，如图 1-11 所示。

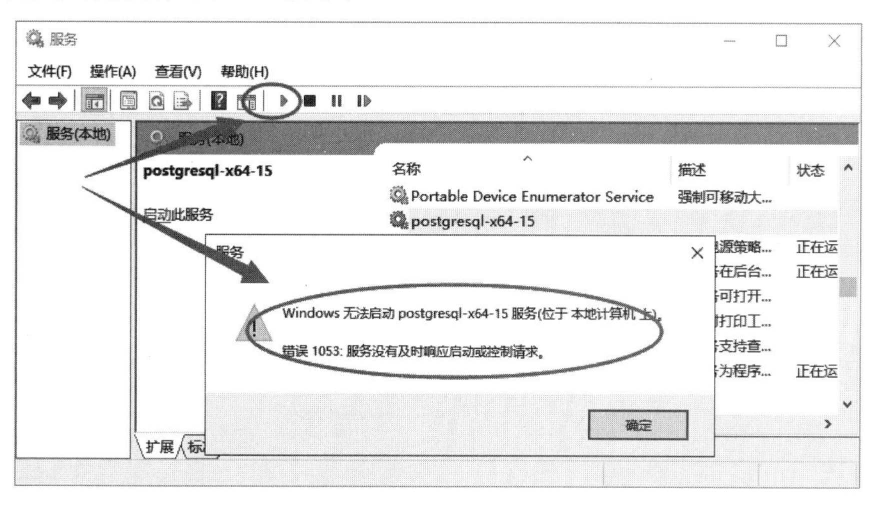

图 1-10　服务启动错误

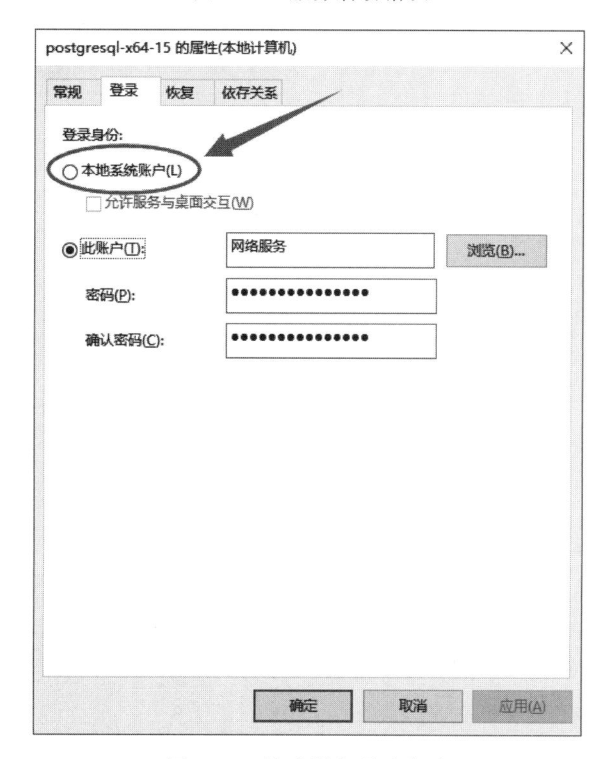

图 1-11　修改服务登录方式

4. 修改 pg_hba.conf 配置文件

在第15章发布项目时，由于Docker容器内部机制的原因，访问Postgres时需要采用IP地址方式，否则会报“Connection Error”错误，无法连接上数据库。为了与后续章节处理一致，需要修改Postgres的访问控制方式，指定允许连接到Postgres数据库服务器的IP。打开D:\PostgreSQL\15\data\pg_hba.conf，将“# IPv4 local connections:”下原有的：

```
host    all    all    127.0.0.1/32    scram-sha-256
```

修改为

```
host    all    all    192.168.1.5/32    scram-sha-256
```

其中，192.168.1.5为本机在局域网中的IP地址，注意不是127.0.0.1。读者可在Windows的命令提示符中输入命令ipconfig，查看自己计算机的IP地址。

重启Postgres的服务，使得修改生效。

5. 修改界面语言为简体中文

单击Windows“开始”菜单Postgres中的pgAdmin4，为方便起见，先将该工具的界面语言修改为中文。选择菜单File→Preferences→Miscellaneous→User language，然后下拉选择Chinese(Simplified)，再单击Save按钮，如图1-12所示。

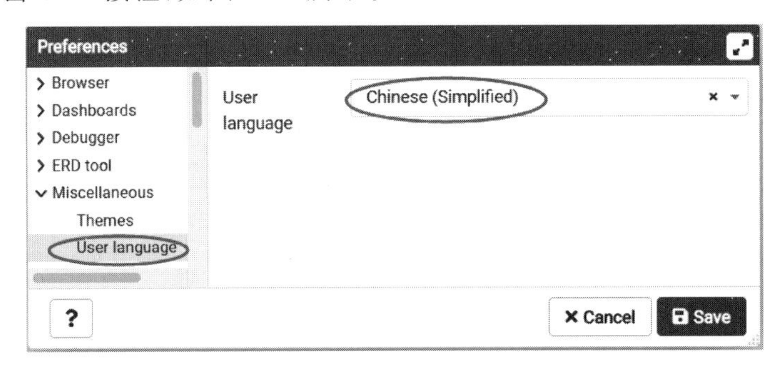

图1-12　设置为简体中文

6. 修改连接参数

在前面的第4步已经配置好允许连接到Postgres的IP地址，相应地需要设置连接参数。打开pgAdmin4，在“Servers(1)”下的postgresql上右击，选择“属性”，再单击“连接”标签，在“主机名称/地址”后输入“192.168.1.5”，如图1-13所示。

再单击“参数”标签切换到参数设置页，同样修改主机地址的值也为“192.168.1.5”。保存后，双击postgresql输入密码后，即可成功连上PostgreSQL自带的默认数据库postgres。

7. 创建数据库管理员 admin

Postgres默认自带了一个用户名为postgres的管理员账号，这里自行创建一个数据库管理员admin，作为后续各章节连接数据库的账号。

在“登录/组角色”上右击，选择“创建”→“登录/组角色”，弹出创建对话框，在General→“名称”中输入“admin”，单击“定义”标签，在密码框中输入密码，例如007。再单击“权限”标签，全选，如图1-14所示。最后，单击“保存”按钮即可。本书后续章节使用admin与数据库交互。

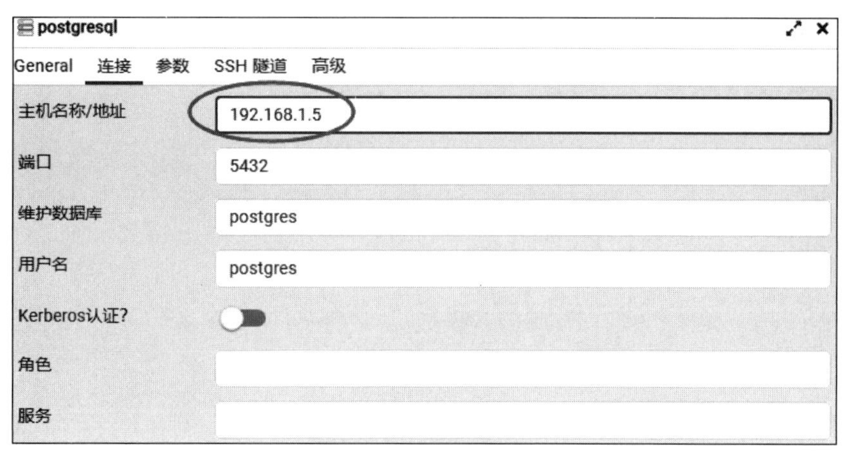

图 1-13　修改连接参数

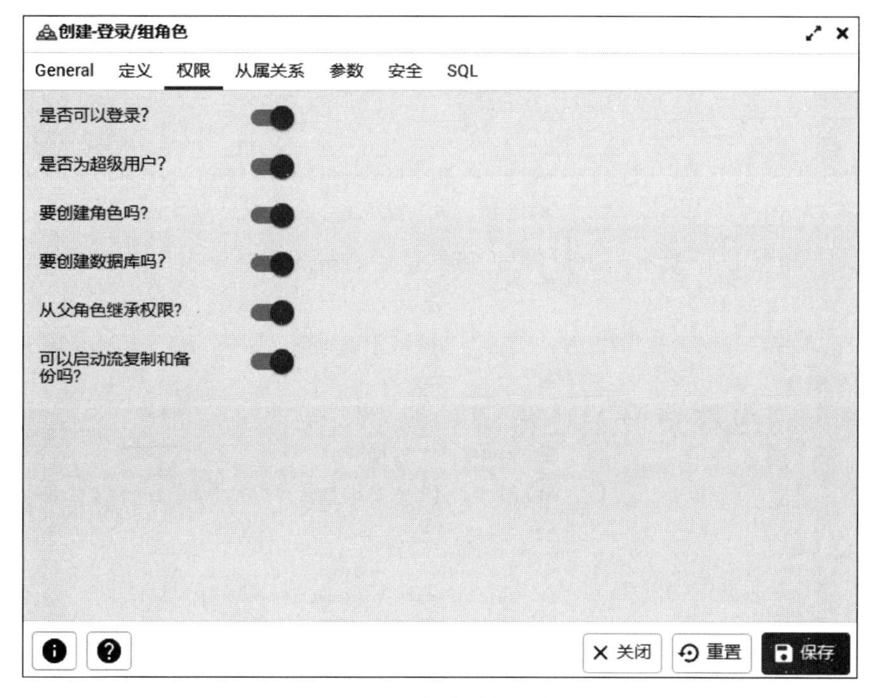

图 1-14　创建登录角色

8. 创建本书所用数据库 tamsdb

在数据库上右击,选择"创建"→"数据库"。在弹出对话框的 General→"数据库"后的文本框中输入数据库名"tamsdb","所有者"选择 admin,输入数据库的注释文字,如图 1-15 所示。单击"保存"按钮,数据库创建完毕。

9. 利用 tamsdb. sql 创建数据表及样本数据

从清华大学出版社网站本书相关页面,下载生成数据表和样本数据的 tamsdb. sql 文件。选择 tamsdb 数据库,单击工具栏"查询工具"按钮,再单击"打开文件"按钮,选择 tamsdb. sql,将导入 tamsdb. sql 中的内容。然后单击"执行/刷新"按钮,就可自动生成本书所用到的全部数据表及样

图 1-15　定义数据库

本数据，如图 1-16 和图 1-17 所示。不过，建议初学者还是跟随本书章节的节奏，自行手工创建，学习效果更好。

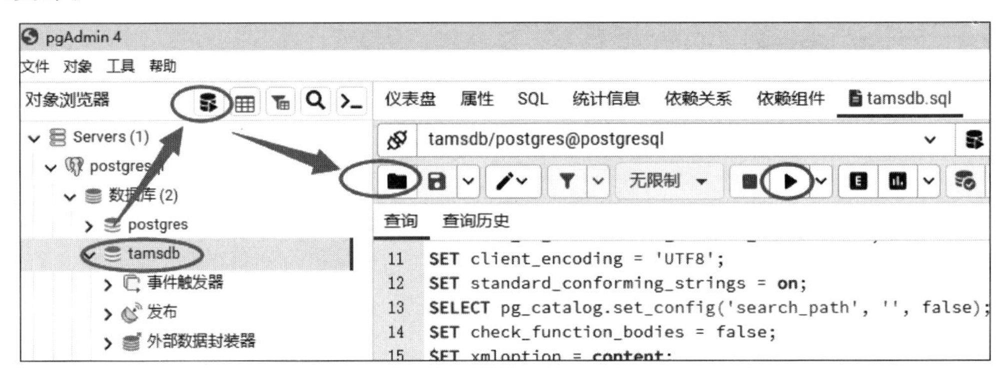

图 1-16　生成样本数据

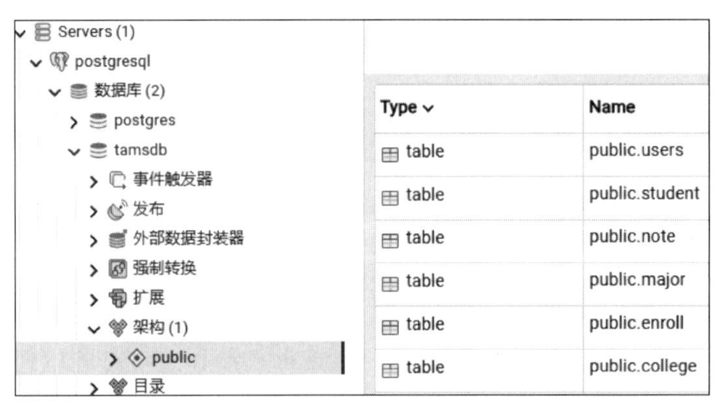

图 1-17　生成的数据表

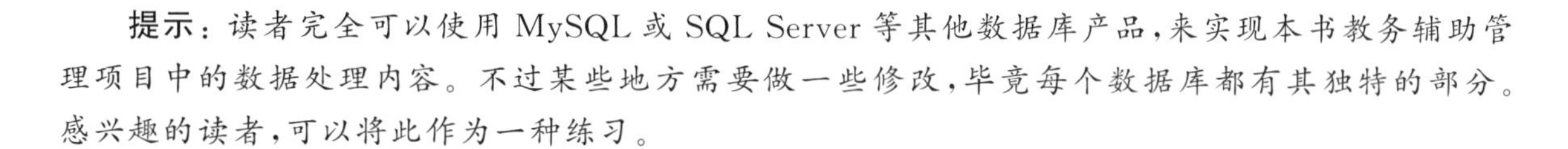

提示：读者完全可以使用 MySQL 或 SQL Server 等其他数据库产品，来实现本书教务辅助管理项目中的数据处理内容。不过某些地方需要做一些修改，毕竟每个数据库都有其独特的部分。感兴趣的读者，可以将此作为一种练习。

1.4.3　使用 IntelliJ IDEA

1. IntelliJ IDEA 简介

IntelliJ IDEA 是一款高效、友好的集成开发工具，堪称 Java IDE(集成开发环境)的王者。效率化、智能化、多语言支持、智能代码补全等特性，使得 IntelliJ IDEA 在 Java 开发市场占有率达 78%左右，使用者对 IntelliJ IDEA 的满意度达 98%左右。

除了受到广大个人开发者青睐外，IntelliJ IDEA 也得到众多著名公司或机构的支持，例如，谷歌、惠普、三星、大众、美国航空航天局等。

2. IntelliJ IDEA 下载和安装

IntelliJ IDEA 官方下载网址为 https://www.jetbrains.com.cn/idea/，提供 30 天试用期的旗舰版和免费的社区版，如图 1-18 所示。社区版在功能上有较多的限制。可下载 30 天试用期的旗舰版，或者购买正版授权。

图 1-18　IntelliJ IDEA 下载

3. 安装

运行下载的 IntelliJ IDEA 安装程序，开始安装过程。

(1) 更改目标文件夹为 d:\JetBrains\IntelliJ IDEA，如图 1-19 所示。

(2) 根据自己的需要，勾选若干自定义选项，如图 1-20 所示。

后续直接单击 Install 按钮完成整个安装过程，再重启计算机。

4. 基本配置

启动 IntelliJ IDEA，不导入任何配置，在弹出的对话框中选择 Start trial，需要注册成功才能进行 30 天试用，如图 1-21 所示。单击下面的 Register 链接注册，注册过程比较简单。注册成功再单击 Log In to JetBrains Account 按钮登录，登录成功再依次单击 Start Trial→Continue 按钮，弹出欢迎主界面，如图 1-22 所示。

接下来进行一些使用前的基本配置。单击 Customize →All settings，弹出 Settings 对话框。

(1) 设置界面外观。通过 Appearance & Behavior→Appearance→Theme，设置外观为 IntelliJ Light 风格。可根据个人喜好，设置为其他风格。

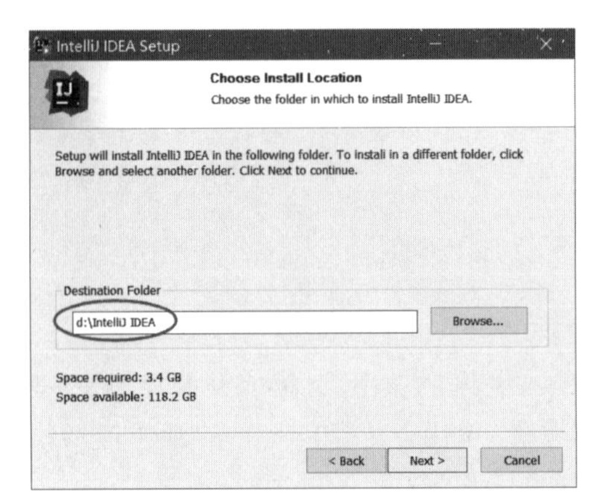

图 1-19　选择目标文件夹

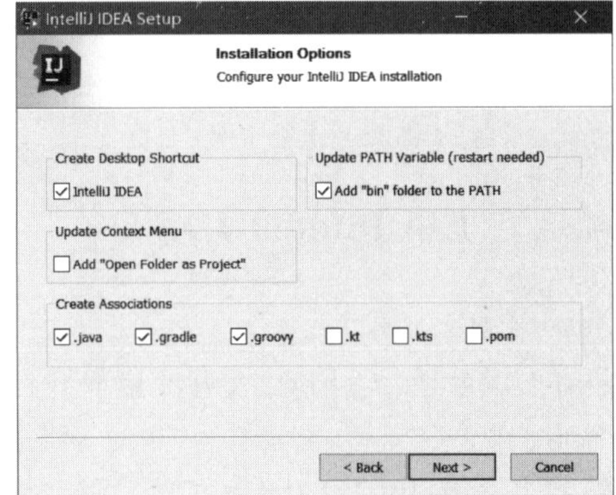

图 1-20　定制选项

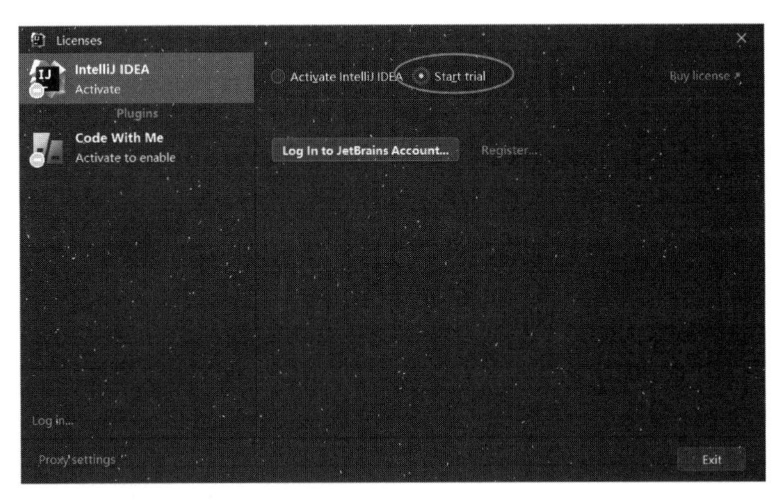

图 1-21　激活试用

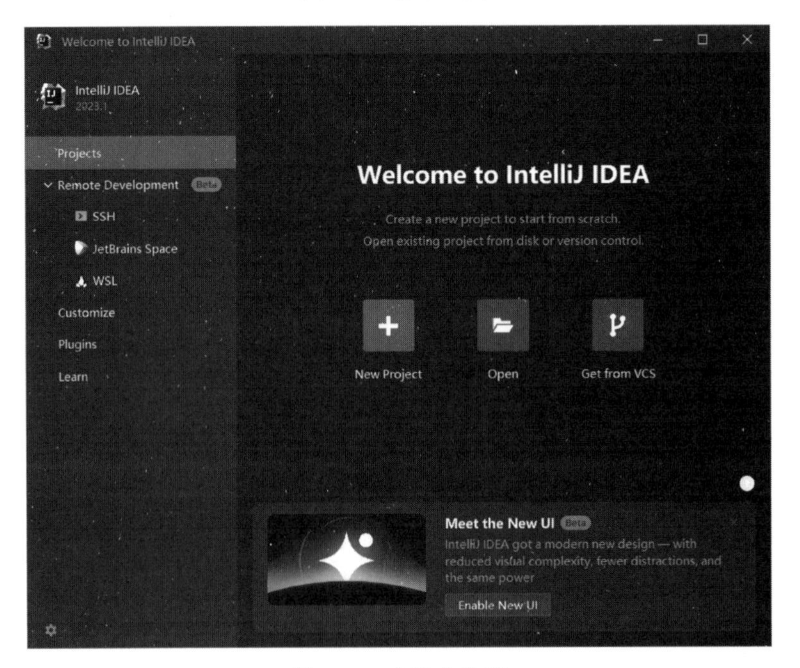

图 1-22　欢迎主界面

（2）设置字符编码。通过 Editor→File Encodings，统一字符编码为 UTF-8，如图 1-23 所示，再单击 Apply 按钮。

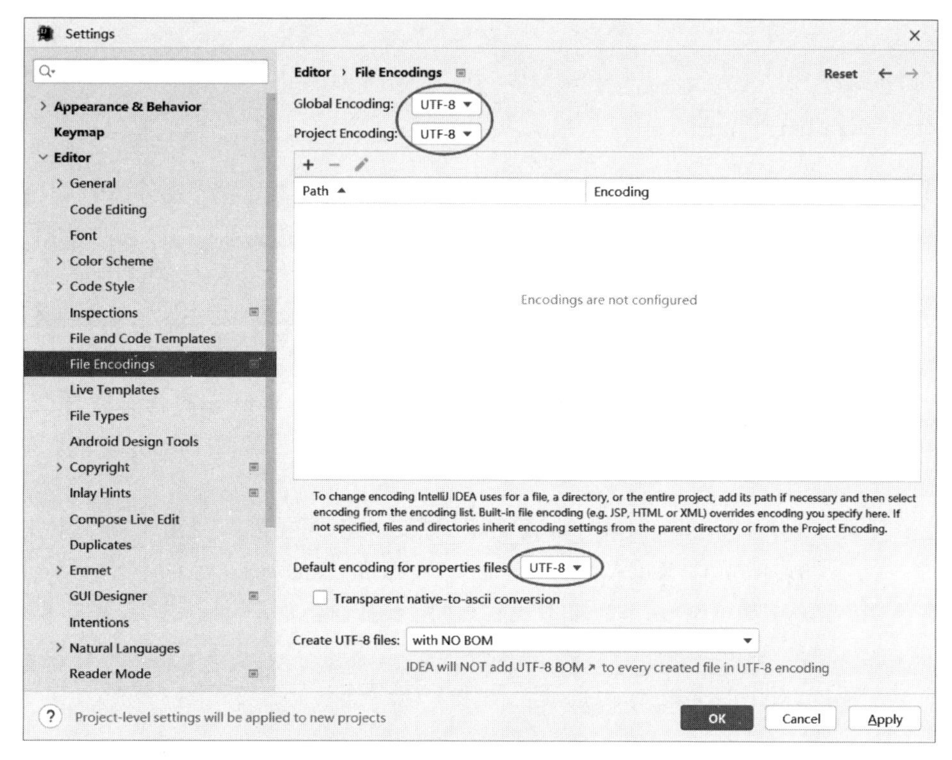

图 1-23　统一编码为 UTF-8

（3）自动编译项目。通过 Build，Execution，Deployment→Compiler，勾选 Build project automatically，再单击 Apply 按钮。

（4）设置默认浏览器。通过 Tools→Web Browsers，根据自己的需要，勾选相应浏览器，再单击 Apply 按钮。本书所有章节的代码，使用 Google Chrome 浏览器和 Microsoft Edge 浏览器，调试通过。

（5）修改 HTML 页面模板。依次选择 Editor→File and Code Templates→HTML File，如图 1-24 所示。将默认的英文 Lang="en"修改为 Lang="zh"，再单击 Apply 按钮。

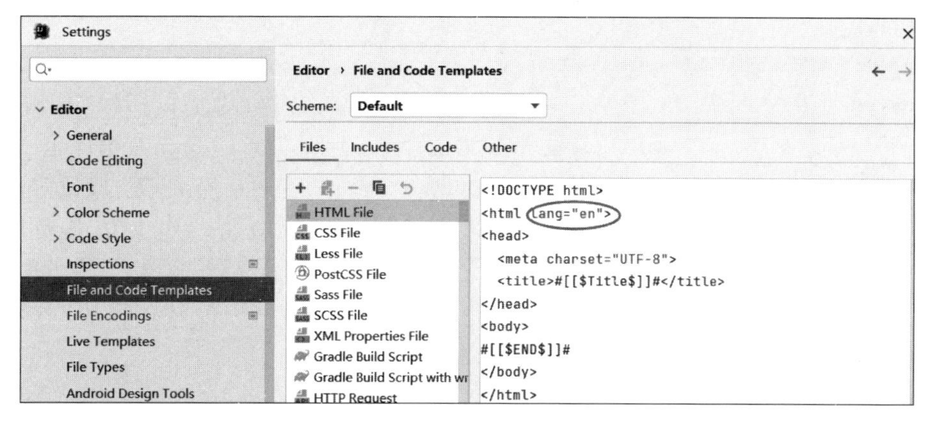

图 1-24　修改 HTML 模板

1.5 Gradle 自动化构建工具

1.5.1 Gradle 概述

软件开发是一个复杂的活动，一般要经过需求调研、系统分析、系统设计、编写代码、编译测试、打包、发布等过程才能走向应用。“构建工具”一般是指那些能够帮助用户进行编译、测试、打包的自动化工具。早期，Ant 是 Java 自动化构建工具的代表，通过在 XML 文件中定义一系列的任务来构建软件。2004 年，Maven 出现，通过 pom. xml 文件，用仓库来管理软件的各种依赖包，成为 Ant 的替代者。Gradle 是 Google 推出的、基于 JVM 的开源自动化构建工具，诞生于 2008 年，官网地址为 https://gradle. org/。Gradle 结合了 Ant 的任务概念、Maven 的仓库管理概念，通过脚本来定制构建，迅速成为后起之秀，对 Maven 形成挑战，例如，著名的 Spring Boot 就支持通过 Maven 或 Gradle 进行自动化构建。

Gradle 几乎可以构建任何类型的软件，高性能、易于构建、可扩展。目前市场上主流的 IDE 工具，如 Android Studio、IntelliJ IDEA、Eclipse、VSCode 和 NetBeans 等，都支持 Gradle 构建。Gradle 允许使用 Groovy 或 Kotlin 作为脚本语言，使用丰富简洁的脚本语法，编译速度快，更为灵活高效。

本书的各章项目，采用 Gradle 作为自动化构建工具。

1.5.2 Gradle 核心概念

1. 项目

项目(Projects)就是利用 IDE 创建的项目，也是 Gradle 构建的对象。每个项目根目录下都有一个构建脚本，文件名通常为 build. gradle，里面定义了项目的任务、依赖项、插件和其他配置等内容，如图 1-25 所示。

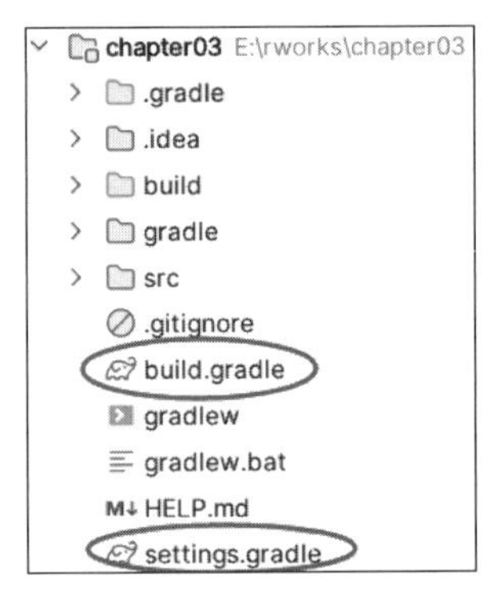

图 1-25 项目结构

如果是多模块项目，父项目一般只需要定义该项目包含哪些子项目，这些内容在 setting. gradle 中设置即可。因此，这时候父项目不再需要 build. gradle，只需要配置各子项目的 build. gradle 的内容。

2. 任务

任务(Tasks)就是要执行的动作，通常包括操作、输入和输出。Gradle 内置提供了常规任务，例如，JavaCompile(编译 Java 源文件)、Copy(复制)、Jar(打包成 jar 文件)、Test(测试)等，以便实现应用系统的构建需求。当然，也可以自定义任务。定义任务使用 tasks 关键字。

```
tasks.withType(JavaCompile).configureEach {          //对每个编译任务,设置 UTF - 8 编码
    options.encoding = "UTF - 8"
}
tasks.register('myCopy', Copy) {                      //自定义复制任务 myCopy,扩展自内置任务 Copy
    from 'src/main/resources/image'                   //源文件所在文件夹
```

```
    into 'build/tmp'                              //复制到目标文件夹
    doLast {                                      //任务完成后显示提示信息
        println 'copy finished!'
    }
}
```

3. 插件

插件(Plugins)常用来定义一些通用任务(例如,编译、复制等)、常规配置(例如,依赖项、版本管理之类)等内容,然后在多个构建中使用,实现任务或配置的复用,减少了重复工作。下面简要列出了 Gradle 的一些常用插件。

(1) java: 内置的标准插件,是 Gradle JVM 构建基础,提供了一系列的任务用于构建,例如,JavaCompile、Copy、Jar、Javadoc、Test 等。

(2) base: 基础配置插件。常用于配置常规信息,例如,打包后的文件名、版本等。

(3) application: 应用程序插件。创建可执行的 Java 应用,并可指定主程序入口类。

(4) java-library: 是 Java 插件的扩展,提供一些附加功能以供消费者(组件、项目)使用,例如,使用 java-library 构建一个供其他组件或项目使用的库。

(5) java-platform: 平台插件。通过对其他库的引用,达到资源共享、协同工作的目的,例如,版本相同的模块、子项目之间共享一组依赖项版本等。

(6) groovy: 是 Java 插件的扩展,用来增加对 Groovy 语言的支持。

示例: 指定项目源代码的 Java 版本。

```
plugins {
    id 'java'                                     //java 插件
}
java {
    sourceCompatibility = JavaLanguageVersion.of(17) //源代码兼容版本
}
```

1.5.3　构建和配置

1. 构建

Gradle 主要是通过 build.gradle 文件来定义构建要素。一般来说,build.gradle 文件由以下部分组成。

```
plugins {…}                                       //定义需要用到的插件
java {…}                                          //编译配置
base {…}                                          //项目基础配置
configurations {…}                                //对依赖项的特定配置
repositories {…}                                  //依赖所在的仓库
dependencies {…}                                  //应用所需要的依赖项
tasks.named(…) {…}                                //定义任务
```

当然,每个部分并不是必须都具备,根据项目需要而定。

示例: 构建 Spring 响应式项目。

```
plugins {
    id 'java'
    id 'base'
```

```
    id 'org.springframework.boot' version '3.1.4'          //Spring Boot 类加载器
    id 'io.spring.dependency-management' version '1.1.3'   //Spring 依赖管理插件
}
java {
    sourceCompatibility = JavaLanguageVersion.of(17)       //源代码版本
}
group = 'com.demo'                                         //组名
version = '1.0'                                            //版本号
base {
    archivesName.set('reactive.' + project.name + '.demo')    //打包后的 jar 文件名
    libsDirectory.set(layout.buildDirectory.dir('demo-jars'))  //打包 jar 文件存放目录
}
repositories {
    mavenCentral()                                         //使用 Maven 仓库中心
}
dependencies {
    //定义参与编译和打包的依赖项
    implementation 'org.springframework.boot:spring-boot-starter-webflux'
    //测试的依赖项
    testImplementation 'org.springframework.boot:spring-boot-starter-test'
    testImplementation 'io.projectreactor:reactor-test'
}
tasks.named('test', Test) {                                //测试任务
    useJUnitPlatform()
}
tasks.register('myCopy', Copy) {
    from 'src/main/resources/image'                        //源文件所在文件夹
    into 'build/tmp'                                       //复制到目标文件夹
    doLast {
        println 'copy finished!'
    }
}
```

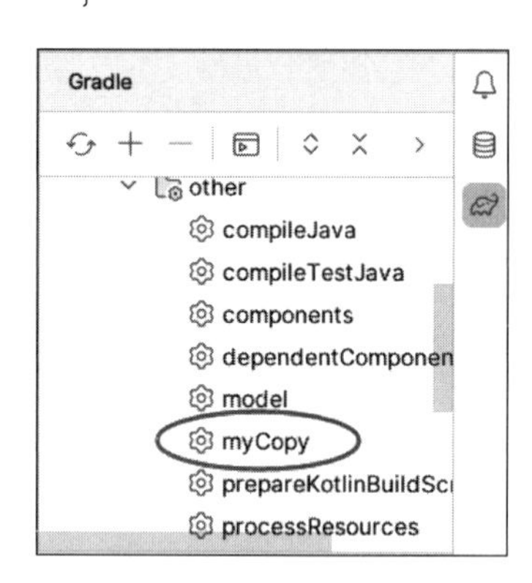

图 1-26 myCopy 任务

这里将前面的自定义复制任务 myCopy 放到 build.gradle 中。要运行这个任务，可在 IDEA 右边 Gradle 面板中，双击 other 下的 myCopy，即可运行该任务，如图 1-26 所示。运行后，IDEA 控制台将输出“copy finished!”。

2. 配置

要对构建过程进行各种配置，就需要利用 settings.gradle 配置文件。可以为整个项目设置一个全局 settings.gradle，然后子项目根据需要设置各自的 settings.gradle。settings.gradle 的内容可以只是配置项目名称。

```
rootProject.name = 'demo'
```

也可以对多模块项目进行划分。

```
rootProject.name = 'tams'                //总项目
includeBuild('app-common')               //公共模块子项目
includeBuild('app-server')               //服务端子项目
includeBuild('app-view')                 //前端子项目
```

详细示例请参阅第 5 章。

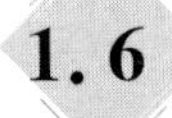

1.6 创建 Spring 响应式项目

现在来创建一个以 Gradle 为构建工具的 Spring 响应式 Web 项目 chapter01。具体步骤如下。

(1) 新建项目。单击欢迎主界面(见图 1-22)的 New Project，弹出 New Project 对话框。选择左边的 Spring Initializr，如图 1-27 所示。填写好相关信息。

```
Name(项目名称):chapter01              Location(存放位置):E:\rworks
Language(语言):Java                   Type(构建类别):Gradle - Groovy
Group(组名):com.chapter01             Artifact(打包声明):chapter01
Package name(包名):com.chapter01 JDK:JDK17
Java:17                               Packaging(打包方式):Jar
```

注意：本书后续各章项目的存放位置均为 E:\rworks，不再重复说明。

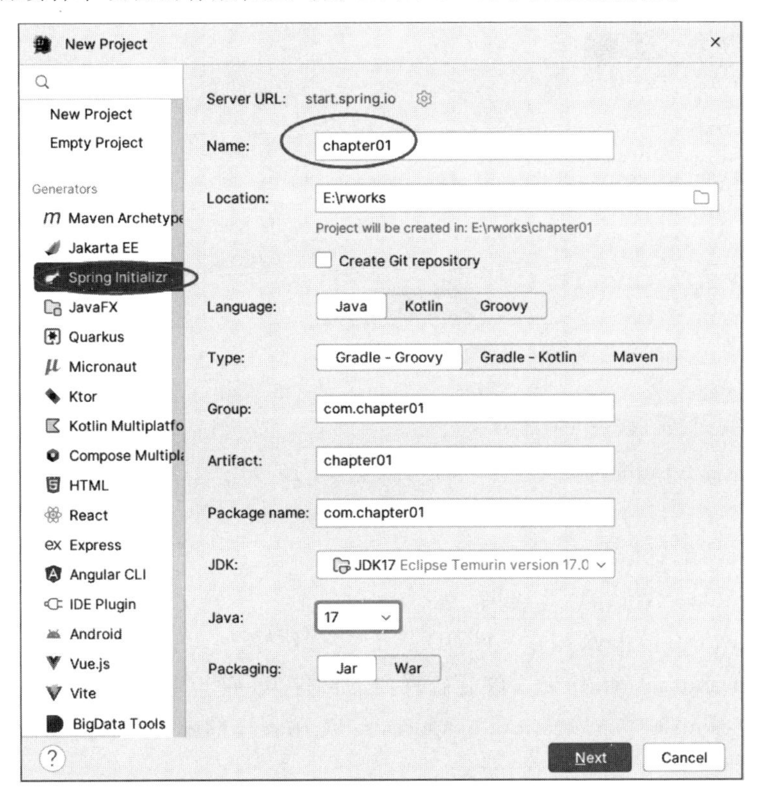

图 1-27　New Project 对话框

(2) 选择依赖项。单击 Next 按钮，选择 Spring Boot 3.1.4 版本，本书后续各章均使用这个版本。再勾选 Lombok、Spring Reactive Web 这两个依赖项。Lombok 是一个 Java 实用工具，提供了辅助生成 Getter、Setter 等方法的功能，能够避免一些冗长的 Java 代码，如图 1-28 所示。单击 Create 按钮，完成项目的创建。

(3) 创建默认主页。在项目的 src/main/resources 下创建文件夹 static。在 static 上右击，选择 New→HTML File，新建主页文件 index.html，再在< body >中输入内容，例如"我的主页……"。现在，整个项目结构如图 1-29 所示。

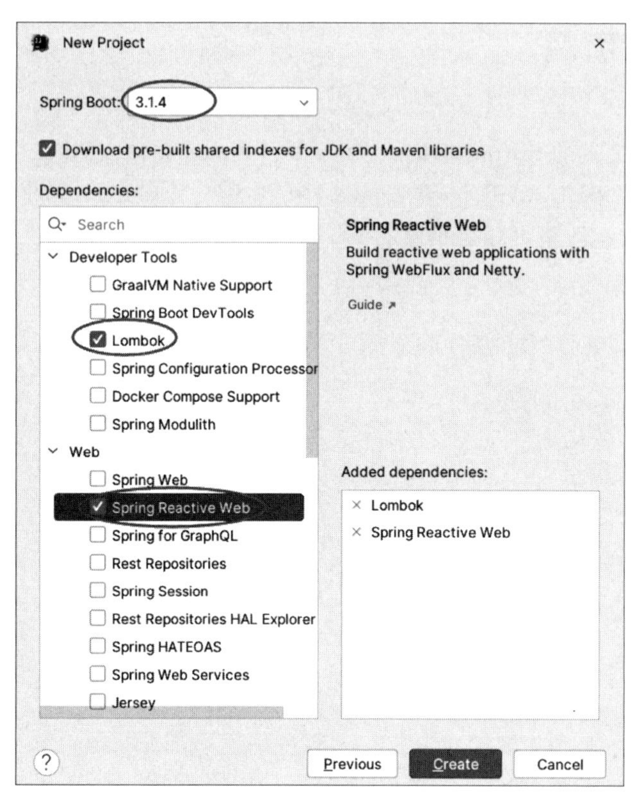

图 1-28　勾选项目依赖

图 1-29　项目结构

下面简要了解一下项目各组成部分。

① .gradle：包含 Gradle 构建的支持文件，默认使用的是 8.2.1 版本，本书后续各章均采用这个版本。

② .idea：项目的配置信息。

③ gradle：Gradle 配置信息，并提供一些命令行工具。

④ src/main/java：存放 Java 程序文件，IDEA 已经创建好了应用的入口类 Chapter01Application。

⑤ src/main/resources/static：存放静态页面的文件夹，如 html、css、js、image 等。

⑥ src/main/resources/application.properties：应用程序的配置文件，可在该文件中配置诸如项目服务器地址、端口号、数据库连接、全局常量等。

⑦ src/test：测试文件夹，用于编写各种单元测试任务进行测试。

⑧ build.gradle：项目构建文件。

⑨ gradlew 和 gradlew.bat：gradlew 是 Gradle 命令行工具的脚本化封装，gradlew.bat 则是构建命令的批处理文件。

⑩ settings.gradle：项目基本配置信息。

(4) 使用国内资源库。在开发项目的过程中，经常需要去下载各种各样的 JAR 资源。这些资源通常存放在某些资源仓库中，只需要在 build.gradle 中指定需要哪些依赖项，Gradle 会自动去资源仓库中下载，非常方便。默认情况下，Gradle 会去 Maven 官方的中央仓库下载，但其下载速度可能不尽如人意。好在国内一些厂商或大学也提供了 Gradle 资源仓库，如阿里云、网易、清华大学等。打开项目的 build.gradle，将资源仓库 repositories 修改成：

```
repositories {
    maven {
        url 'https://maven.aliyun.com/repository/google'
    }
    mavenLocal()
    mavenCentral()
}
```

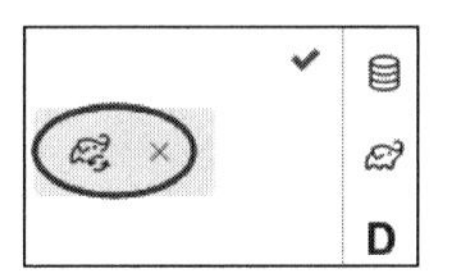

图 1-30　重载更改

优先使用阿里云的资源仓库，其次是 Maven 本地仓库，最后才是 Maven 中央仓库。修改后，请务必单击图 1-30 中的 Load Gradle Changes 按钮，以便修改及时生效。

（5）启动项目。单击 IDEA 的“启动”按钮，如图 1-31 中①所指示的图标。项目成功启动后，IDEA 控制台将输出如图 1-32 所示信息。在浏览器地址栏中输入“http://localhost:8080/”，将打开主页 index.html。

图 1-31　启动项目

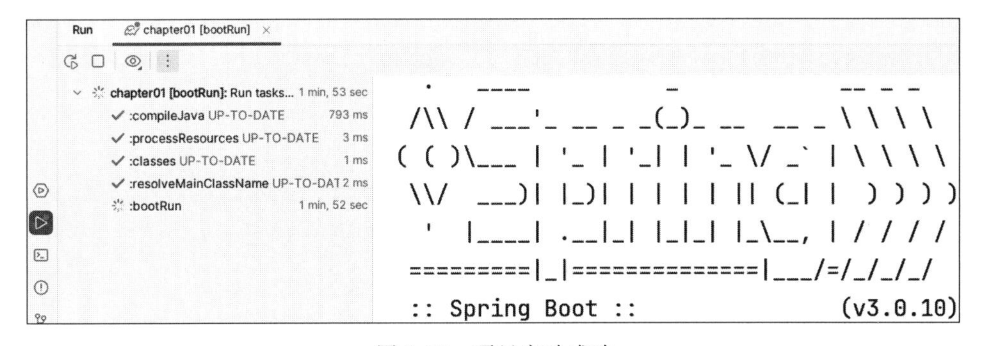

图 1-32　项目启动成功

也可以通过 IDEA 界面右侧的 Gradle 面板，双击 Tasks→application →bootRun 启动项目，如图 1-33 所示。另外，双击 Tasks→build →bootJar，将项目组装成可启动的 JAR 文件，而 Tasks→build→build 是编译构建项目，Tasks→build→clean 则是清理项目。

（6）自定义 Gradle 版本。如果希望采用其他版本的 Gradle，可展开项目的 gradle→wrapper，打开 gradle-wrapper.properties 文件，修改 distributionUrl 的值为某个版本，例如，修改为 8.1.1 版本。

```
distributionUrl = https\://services.gradle.org/distributions/gradle-8.1.1-bin.zip
```

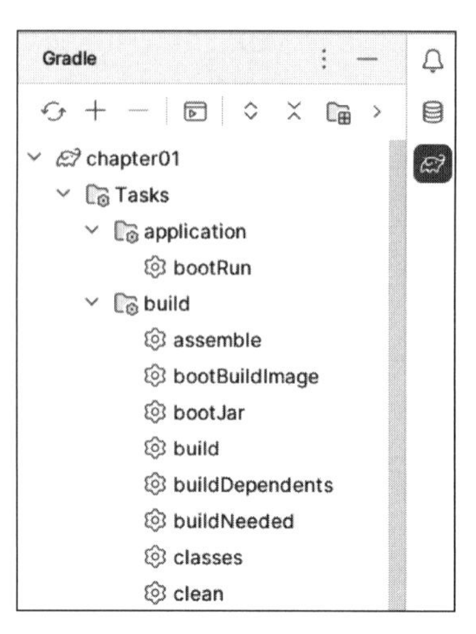

图 1-33　Gradle 面板

（7）组装扫描。有时候希望能够查看项目构建信息，例如，有无构建失败、构建效率、项目依赖情况等，Gradle 为此提供了组装扫描命令。单击 IDEA 主界面左下方工具栏图标中的 Terminal 按钮，输入命令：

```
./gradlew assemble -- scan
```

稍后会提示“Do you accept these terms?[yes, no]”，在光标闪烁处输入“yes”，如图 1-34 所示。

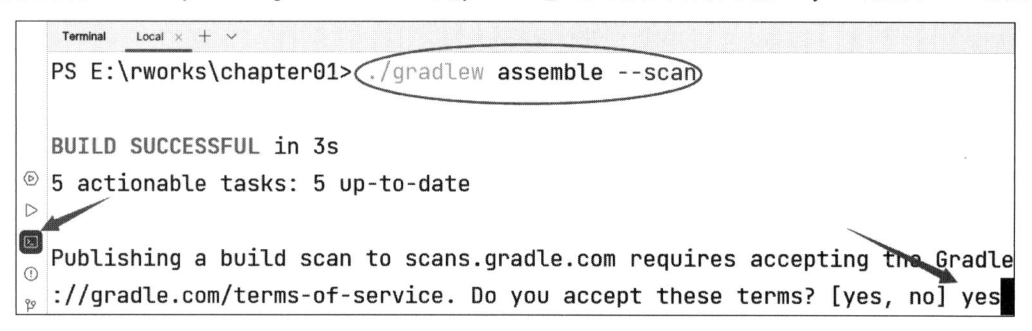

图 1-34　组装扫描

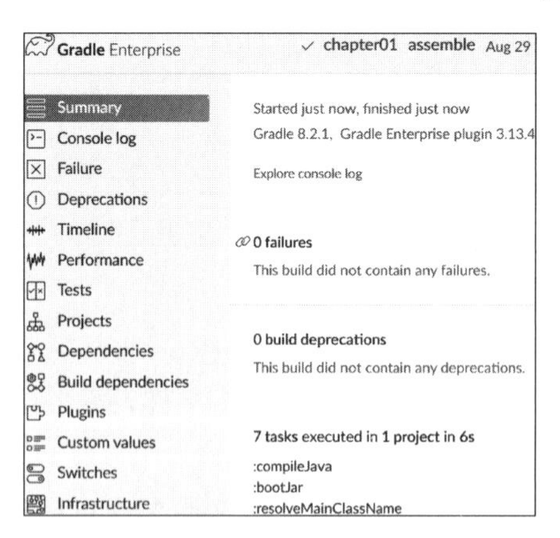

图 1-35　Gradle 总结报告

接下来，Gradle 会进行一系列扫描，完成后会出现类似于下面的提示信息。

```
Publishing build scan...
https://gradle.com/s/cbhcsg2q44pf2
```

单击该链接，Gradle 会给出一个扫描结果的总结报告，并附有详细的各类其他信息。例如，失败情况、有无使用未来会废弃的命令等，如图 1-35 所示。通过这个报告，能够对项目构建情况有一个非常明晰的了解。

第2章 RxJS响应式扩展库

RxJS是JavaScript响应式扩展库。本章主要介绍RxJS响应式处理的基础知识，精选了使用频率较高的操作符进行细致讲解，并辅之以大量的示例。深入理解并熟练掌握RxJS，将为开发响应式Web前端页面，带来巨大的技术优势。

2.1 RxJS概述

2.1.1 RxJS简介

RxJS是日益普及的Reactive Extensions Library for JavaScript(JavaScript响应式扩展库)的简写。为什么需要学习RxJS?

先来看一个简单的处理需求：单击页面上id为onlyOneButton的按钮，在控制台输出“只有一次机会”，且只能输出一次。再次单击按钮时，不再输出该内容。原生的JavaScript代码如下。

```
const button = document.querySelector('#onlyOneButton')
let handler = () => {                                          //定义处理函数
    console.log('只有一次机会')                                 //控制台输出
    button.removeEventListener('click', handler)               //移除按钮的click事件
}
button.addEventListener('click', handler)                      //给按钮添加click事件
```

而RxJS的写法则是：

```
fromEvent(document.querySelector('#onlyOneButton'), 'click')  //添加click事件
    .pipe(take(1))                                             //只发射一次
    .subscribe(() => console.log('只有一次机会'))               //订阅事件,输出内容
```

哪一种写法更为直观、可读性强、简洁明了？相信读者已经有了答案！

RxJS在专业开发人员中广受好评，不仅是这个原因。RxJS通过提供通信管道来简化工作任

务的处理。在管道中,可以将复杂的任务分解为多个单元任务,然后如同搭积木一样,组合、合并、查询、过滤各种单元任务,降低了业务处理的复杂性。

RxJS是一个采用流的方式来异步处理任务和事件的强大工具,著名的前端框架Angular中,很多核心模块就是由RxJS实现的。RxJS在国内外受到越来越多专业开发人员的关注,享有很高的赞誉度!

提示: 在页面上右击,选择右键菜单中的"检查"(少数浏览器是"审查元素"),即可打开浏览器控制台。

2.1.2 引入RxJS支持库

可以采用NPM方式安装RxJS,例如npm install rxjs,但这并不适合非Node.js环境。或者,通过CDN方式在页面引入,这种方式可直接使用,无须安装配置。

```
<script src="https://unpkg.com/rxjs@^7/dist/bundles/rxjs.umd.min.js"></script>
```

CDN是Content Delivery Network(内容分发网络)的简称,比较知名的CDN提供商有UNPKG、StackPath、谷歌、微软、CDNJS等。

还有一种方式是下载RxJS的库文件作为项目的资源直接使用。在浏览器地址栏中打开:

```
https://cdnjs.cloudflare.com/ajax/libs/rxjs/7.8.1/rxjs.umd.min.js
```

出现rxjs.umd.min.js源码界面。在界面上右击,选择"另存为",即可下载并保存为rxjs.umd.min.js。将其复制到项目的某个文件夹下,例如js,然后在页面引用即可。

```
<script src="js/rxjs.umd.min.js"></script>
```

本书采用这种方式,并使用7.8.1版本。如果cdnjs.cloudflare.com网站访问速度不佳,可到BootCDN中文网下载,速度较快,只不过版本更新速度比cdnjs稍慢。BootCDN中文网致力于为Bootstrap、RxJS、Vue.js等优秀的前端开源项目提供稳定、快速的免费CDN加速或下载服务。打开BootCDN官网https://www.bootcdn.cn/,搜索"RxJS",默认将显示搜索到的RxJS最新版,如图2-1所示。

图2-1 BootCDN中的RxJS

单击"https://cdn.bootcdn.net/ajax/libs/rxjs/7.8.1/rxjs.umd.min.js"旁边的"复制链接"按钮,粘贴到浏览器地址栏并打开,将会显示rxjs.umd.min.js源码。同样右击鼠标并选择"另存为"进行保存,然后在页面引用。

2.2 RxJS 响应式处理基础

2.2.1 可观察对象

Observable 即可观察对象(或称可观察量),是可调用的未来值或事件的集合,是 RxJS 的构建基础。Observable 是一个集合,集合里面的元素会在某个时点被推送。因此,Observable 像一个生产者,推送需要的数据或事件,同时自身也具备一些处理方法。下面创建一个可观察对象。

```
const observable = new Observable(subscriber => {      //创建可观察对象 observable
    subscriber.next({                                   //同步推送数据对象张三丰
        name: '张三丰',
        email: 'sanfengz@126.com'
    })
    subscriber.next({                                   //同步推送数据对象杨过
        name: '杨过',
        email: 'guoy@126.com'
    })
    subscriber.complete()                               //完成
})
```

现在,订阅这个 Observable,以便接收其推送的数据流。

```
observable.subscribe({                                  //订阅
    count: 0,                                           //自定义的计数器
    next(value) {                                       //接收流中的数据
        this.count++
        console.log(`${value.name}\u3000${value.email}`)  ①
    },
    complete() {
        console.log(`总人数:${this.count}`)
    }
})
```

① 代码中的"`",既不是英文的单引号,也不是中文的单引号,而是键盘数字键 1 旁边的键。这句话也可以用字符串连接形式写成 console.log(value.name + '\u3000' + value.email)。\u3000,表示全角空格。

代码执行后,在浏览器控制台输出以下结果。

```
张三丰　sanfengz@126.com
杨过　guoy@126.com
总人数:2
```

Observable 可以被订阅,或者说是被观察。订阅,意味着对 Observable 的内容感兴趣,这就类似于看电视,用遥控器转到 CCTV1 频道,表示订阅了 CCTV1 频道,就可以观察到 CCTV1 频道推送的内容。没有订阅时,是观察不到其内容的。而执行订阅操作的,则称之为观察者(Observer)。

2.2.2 观察者

观察者(Observer),是对可观察对象提供的值感兴趣的使用者。观察者主要有以下三个方法。

(1) next()：每当 Observable 推送新值时，就会调用 next。

(2) error()：当 Observable 发生错误时，就会被调用。

(3) complete()：通知订阅全部完成，next 不再起作用。

可以根据需要组合使用这三个方法。为了方便理解，下面给出了一个观察者订阅数据流的完整示例 s2-2-2. html。要观察本章各示例的运行效果，请事先创建一个项目 chapter01(请参阅 1. 6 节)，然后新建 HTML 文件，如 s2-2-2. html，输入代码。类似的这种操作，后续章节不再赘述。

示例：Observer 观察者示例文件 s2-2-2. html。

```
<!DOCTYPE html>
<html lang="zh">
<head>
    <meta http-equiv="Content-Type" content="text/html; charset=UTF-8">
    <title>观察者</title>
    <script src="js/rxjs.umd.min.js"></script>
</head>
<body>
<script>
    //从全局对象 rxjs 中解构出 Observable,可以形象地理解为"抠出来"
    const {Observable} = rxjs
    const observer = {                              //定义观察者
        count: 0,
        next(value) {
            this.count++
            console.log(`${value.name}\u3000${value.email}`)
        },
        error(err) {
            console.log(err)                        //输出错误描述
        },
        complete() {
            console.log(`总人数:${this.count}`)
        }
    }
    const observable = new Observable(subscriber => { //创建可观察对象
        subscriber.next({
            name: '张三丰',
            email: 'sanfengz@126.com'
        })
        subscriber.next({
            name: '杨过',
            email: 'guoy@126.com'
        })
        subscriber.complete()
    })
    observable.subscribe(observer)                  //订阅
</script>
</body></html>
```

运行后，浏览器控制台输出的内容与 2. 2. 1 节相同。如果将 subscriber. complete()语句替换成 throw '推送数据出错!'，模拟出错情景，浏览器控制台将输出以下内容。

```
张三丰　sanfengz@126.com
杨过　guoy@126.com
推送数据出错!
```

2.2.3　订阅

订阅(Subscription),代表一个可清理资源的对象。订阅有一个重要方法 unsubscribe(),用于清理释放订阅持有的资源。来看下面的示例。

```
const {interval, take} = rxjs
const observable1 = interval(500).pipe(take(5))        //每隔 0.5s 发射一次数据,总共 5 次
const observable2 = interval(400).pipe(take(3))        //每隔 0.4s 发射一次数据,总共 3 次

const subscription1 = observable1.subscribe(i => console.log('observable1:' + i))
const subscription2 = observable2.subscribe(i => console.log('observable2:' + i))
subscription1.add(subscription2)                        //合并
setTimeout(() => subscription1.unsubscribe(), 4000)    //延迟 4s 后取消订阅
```

代码中的 pipe()函数,可以将其想象成水管,自来水厂(源 Observable)源源不断地制造出水(发射数据),水(数据)通过管道不停地流动,很多消费者就能够消费(订阅)水了。2.3.1 节会专门介绍 pipe()。

由于将 subscription2 合并到 subscription1 里面,因此 subscription1 取消订阅时,subscription2 会一并取消。代码运行后输出内容如下。

```
observable2:0
observable1:0
observable2:1
observable1:1
observable2:2
observable1:2
observable1:3
observable1:4
```

尽管有 4s 的足够长时间,但因为 take()限制了次数,所以 observable2 只取到了三个数据,而 observable1 取到了 5 个数字,然后都被取消订阅,不再输出数据流了。

2.2.4　主题

在前面的示例中,Observable 都只订阅了一次,但实际上 Observable 是能够多次订阅的。主题(Subject)是一种特殊类型的可观察对象,可以将数据或事件以流的形式多播给多个观察者。这意味着每个主题自身都是可观察的,只要提供观察者就能接收主题提供的数据。这类似于英语四级考试,校广播台四级考试调频的频率即是 Subject,只要学生将耳机调频到广播台四级考试的频率(订阅),就可以收到信息。校广播台将数据多播给众多的考生。

主题有其特殊性。每个主题本身也是观察者,也有三个方法:next()、error()和 complete()。因此,可以认为主题既是 Observable,又是 Observer。只要调用主题的 next()方法,就会将数据或事件多播给已注册监听(订阅)该主题的若干个观察者们。

示例 1:订阅了同一主题的两个观察者。

```
const {interval, take, Subject} = rxjs                  //解构出相应函数或方法
const source = interval(1000).pipe(take(3))             //源 Observable,每隔 1s 发射,共发射 3 次
const subject = new Subject()                           //创建主题
subject.subscribe({                                      //附加到该主题的观察者 A
    next: (value) => console.log(`观察者 A: ${value}`), //输出流中的数据
    complete: () => console.log('观察者 A 完成!')
```

```
})
subject.subscribe({                                    //附加到该主题的观察者 B
    next: (value) => console.log(`观察者 B: ${value}`),
    complete: () => console.log('观察者 B 完成!')
})
source.subscribe(subject)
```

运行后浏览器控制台输出以下内容。

```
观察者 A: 0
观察者 B: 0
观察者 A: 1
观察者 B: 1
观察者 A: 2
观察者 B: 2
观察者 A 完成!
观察者 B 完成!
```

示例 2：收不到任何值的观察者。

```
const {interval, take, Subject} = rxjs
const observerA = {                                              //观察者 A
    next: (value) => console.log(`观察者 A: ${value}`),
    complete: () => console.log('观察者 A 完成!')
}
const observerB = {                                              //观察者 B
    next: (value) => console.log(`观察者 B: ${value}`),
    complete: () => console.log('观察者 B 完成!')
}
const subject = new Subject()                                    //创建主题
subject.subscribe(observerA)                                     //观察者 A 订阅主题
interval(1000).pipe(take(3)).subscribe(i => subject.next(i))     //提供源数据给主题
setTimeout(() => subject.subscribe(observerB), 3000)             //观察者 B 订阅主题
```

先思考一下：运行后浏览器控制台会输出什么结果？内容如下。

```
观察者 A: 0
观察者 A: 1
观察者 A: 2
```

为什么观察者 B 没有订阅到任何数据？因为观察者 B 在 3s 后才订阅，而此时数据流已经发射完毕！那么，有没有办法保留最近一次的状态，以供观察者 B 使用？这就需要用到 BehaviorSubject 主题。BehaviorSubject 会保留最新一次发射的数据并将其作为当前值。该类型主题需要传入一个预设值来表示起始状态。

示例 3：保留最新一次发射的数据给订阅者。

```
const {interval, take, BehaviorSubject} = rxjs

const observerA = { … }                                          //与示例 2 相同
const observerB = { … }                                          //与示例 2 相同
const subject = new BehaviorSubject(0)                           //预设值为 0
subject.subscribe(observerA)
interval(1000).pipe(take(3)).subscribe(i => subject.next(i))
setTimeout(() => subject.subscribe(observerB), 3000)
```

运行后浏览器控制台输出内容如下。

```
观察者 A: 0
观察者 A: 0
```

```
观察者 A: 1
观察者 A: 2
观察者 B: 2
```

可以看到，观察者 B 获得了最新的数据 2。如果观察者 B 希望订阅到最近 N 次的数据，又该如何处理？这就需要用到 ReplaySubject 主题。ReplaySubject 会保留最近 N 次发射的数据，并在有订阅时重播这些数据给订阅者。

示例 4：重播最近 N 次发射的数据。

```
const {interval, take, ReplaySubject} = rxjs

const observerA = { … }                                         //与示例 2 相同
const observerB = { … }                                         //与示例 2 相同
const subject = new ReplaySubject(2)                            //重播最近两次发射的数据
subject.subscribe(observerA)
interval(1000).pipe(take(3)).subscribe(i => subject.next(i))
setTimeout(() => {
    subject.subscribe(observerB)
    observerA.complete()
    observerB.complete()
}, 3000)
```

运行后浏览器控制台输出以下内容。

```
观察者 A: 0
观察者 A: 1
观察者 A: 2
观察者 B: 1
观察者 B: 2
观察者 A 完成!
观察者 B 完成!
```

显然，观察者 B 尽管“姗姗来迟”，仍然订阅到了最近两次的数据。如果是 new ReplaySubject(3)，则能订阅到全部发射的数据。

前面介绍主题时提到过，Subject 非常适合多播。可以利用 connectable()创建源 Observable，专门作为多播的数据源。一旦调用 connect()，就会将消息多播给已订阅的不同观察者。来看下面的示例。

示例 5：用 Subject 多播数据。

```
const {interval, take, Subject, connectable} = rxjs

const multicast = connectable(interval(1000).pipe(take(3)), {
    connector: () => new Subject(),                             //内建主题
    resetOnDisconnect: false                                    //订阅失效时不重置
})

const observerA = { … }                                         //与示例 2 相同
const observerB = { … }                                         //与 observerA 类似
const observerC = { … }                                         //与 observerA 类似
multicast.subscribe(observerA)                                  //观察者 A 订阅
multicast.subscribe(observerB)                                  //观察者 B 订阅
const subscription = multicast.connect()                        //开始多播
setTimeout(() => multicast.subscribe(observerC), 2000)          //观察者 C 延迟订阅
setTimeout(() => subscription.unsubscribe(), 3000)              //取消订阅
```

需要注意，只有调用了 connect()才会开始多播，观察者才能接收到发射的数据。运行后浏览

器控制台输出：

```
观察者 A: 0
观察者 B: 0
观察者 A: 1
观察者 B: 1
观察者 A: 2
观察者 B: 2
观察者 C: 2
观察者 A 完成!
观察者 B 完成!
观察者 C 完成!
```

或者，通过 share()在观察者之间分享主题的多播数据。

示例 6：用 share 分享多播数据。

```
const {interval, take, share, Subject} = rxjs
const observerA = {
    next: (value) => console.log(`观察者 A: ${value}`),
    complete: () => console.log('观察者 A 完成!')
}
const observerB = {
    next: (value) => console.log(`观察者 B: ${value}`),
    complete: () => console.log('观察者 B 完成!')
}
const multicast = interval(1000).pipe(
    share({
        connector: () => new Subject()
    }),
    take(3)
)
multicast.subscribe(observerA)
setTimeout(() => multicast.subscribe(observerB), 1000)             //延迟 1s 订阅
```

运行后浏览器输出：

```
观察者 A: 0
观察者 A: 1
观察者 B: 1
观察者 A: 2
观察者 A 完成!
观察者 B: 2
观察者 B: 3
观察者 B 完成!
```

由于观察者 B 是延迟 1s 订阅，此时观察者 A 订阅到数据 1，因此观察者 B 此后共享了数据 1 和数据 2，最后又订阅到数据 3。那如果延迟 2s、3s 呢？表 2-1 列出了观察者 B 延迟不同秒数时，各自的数据输出情况。

表 2-1　延迟输出情况

观察者 B 延迟 1s		观察者 B 延迟 2s		观察者 B 延迟 3s	
观察者 A	观察者 B	观察者 A	观察者 B	观察者 A	观察者 B
0		0		0	
1	**1**	1		1	
2	**2**	2	**2**	2	

续表

观察者 B 延迟 1s		观察者 B 延迟 2s		观察者 B 延迟 3s	
观察者 A	观察者 B	观察者 A	观察者 B	观察者 A	观察者 B
	3		3		0
			4		1
					2

当延迟 3s 时,为什么 B 订阅到的数据是 0、1、2,而不是 3、4、5? 因为此时已经没有订阅者可以分享了,默认会重置源 Observable 的值。可以稍微修改一下 share()函数。

```
share({
    connector: () => new Subject(),
    resetOnRefCountZero: false
})
```

这样一来,延迟 3s 后,观察者 B 订阅到的数据就是 3、4、5 了。

2.3 RxJS 常用操作符

操作符 Operators 允许以可读性强的方式轻松组合代码,完成复杂的业务逻辑,是 RxJS 功能处理的基础。RxJS 内置了很多标准操作符。

2.3.1 管道 pipe

管道 pipe()能够将各种 Operator 组合连接起来,组成业务逻辑处理的"业务流",完成预期的工作。pipe()类似于工厂流水线,流水线中的每一个生产单位只专注处理某一个片段的工作(Operator),处理完后将结果传递给下一个生产单位,以此类推。

管道 pipe()中,每个 Operator 输出 Observable,将其作为下一个 Operator 的输入 Observable。管道中的流程走完后,就会得到一个全新的 Observable,可供其他观察者订阅并使用订阅到的数据。下面的代码运行结果会是什么?

```
const {interval, take, last} = rxjs
interval(1000).pipe(
    take(5),                                        //发射 5 次
    last()                                          //只取最后一次发射的数据
).subscribe(v => console.log(v))                    //浏览器控制台输出 4
```

每隔 1s 发射数据,形成的数据流为 0、1、2、3、4,但只会订阅到最后发射的 4。

2.3.2 对象创建函数

range()创建一个在指定数字范围内的可观察对象。from()从数组、类数组对象或其他可迭代的对象中创建可观察对象。of()从序列数据中创建可观察对象。而 toArray()则收集源 Observable 发射的数据,当源 Observable 发射结束时,以数组形式将收集到的数据发射出去。来看下面的示例。

```
const {range, from, of, interval, take, toArray} = rxjs
range(1, 3).subscribe(data => console.log(`range 示例: ${data}`))
from([10, 20, 40]).subscribe(                          //将数组转换为可观察对象
    {
        next: value => console.log(value * 2),         //流中的数据乘以 2 后显示
        error: err => console.log('出错:' + err),
        complete: () => console.log('from 完成!')
    }
)
of(-1, -2, 3).subscribe(data => console.log(`of 示例: ${Math.abs(data)}`))    //输出绝对值
interval(300).pipe(
    take(6),
    toArray()
).subscribe(console.log)
```

运行后浏览器控制台输出数据如图 2-2 所示。

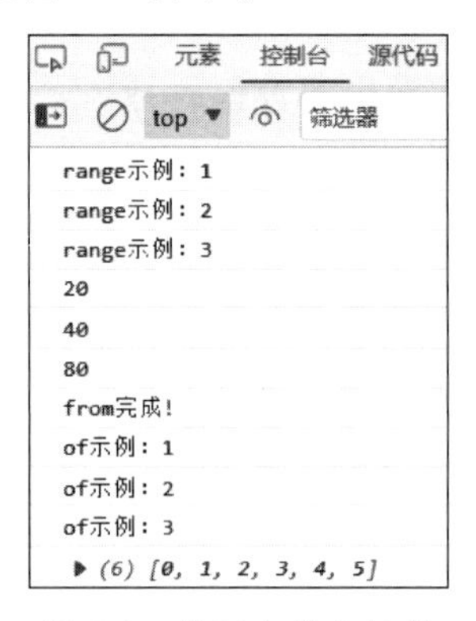

图 2-2　控制台输出结果

2.3.3　工具函数

1. 副业函数

副业函数 tap()常用来执行流处理过程中的额外操作，这种操作不会影响源 Observable，就像一个人看电影（源数据流）时吃爆米花（副业）。

示例：用不同方式执行副业函数。

```
const {tap, interval, take, of} = rxjs

of(Math.random().toFixed(3)).pipe(            //随机生成一个数字，保留三位小数并转成字符串
    tap(() => console.log('开始显示随机数...'))    //tap 显示提示信息
    tap(console.log)                          //显示生成的数，等效于 tap(num => console.log(num))
).subscribe(console.log)                      //订阅显示生成的数，跟上面一句等效

const observer = {                            //创建一个观察者对象
    next: (data) => console.log(`随机生成的数据: ${data}`),
    complete: () => console.log('随机生成结束!')
}
interval(1000).pipe(
    take(Math.round(Math.random() * 10)),     //随机数乘以 10 后四舍五入
    tap(observer)                             //tap 接收观察者对象，并显示信息
).subscribe()
```

上面的代码用了三种方式来调用 tap()函数，执行一些额外的处理。请仔细比较体会这三种方式的差异。运行代码后，浏览器控制台某次显示的内容如下。

```
开始显示随机数...
0.756
0.756
随机生成的数据:0
随机生成的数据:1
随机生成的数据:2
随机生成的数据:3
随机生成结束!
```

2. 延迟函数

延迟函数 delay()根据指定时间(ms)或指定日期，延迟源 Observable 的发射。这个函数的使用比较简单。

```
const {of, delay} = rxjs
of(1, 2, 3).pipe(
    delay(5000)                              //延迟 5s 发射
).subscribe(console.log)
of('a', 'b', 'c').pipe(
    delay(new Date('2024-01-01 12:00:00')) //延迟到 2024-01-01 12:00:00 发射
).subscribe(console.log)
```

2.3.4　过滤函数

1. filter()

过滤函数 filter()从源 Observable 发射的流中进行筛选，仅当条件满足时元素才会发射出去。常用格式如下。

```
filter( (value, index) => boolean)
```

其中，value 表示上游流传递的数据；index 表示第几次发射的值；boolean 代表逻辑判断条件，true 时则发射 value 给下游流使用，否则不发射。

示例 1： filter()常规使用。

```
const {of, filter, tap, interval, take, range} = rxjs
let val = 3.14
of(Math.random()).pipe(
    filter(data => {
        let tag = false                      //默认不发射
        if (data >= 0.5) {                   //大于或等于 0.5,发射数据,即过滤掉小于 0.5 的值
            val += data
            tag = true                       //可以发射
        }
        return tag                           //通过 tag 的逻辑值,决定是否过滤
    }),
    tap(() => console.log(val.toFixed(2)))  //显示保留两位小数的结果
).subscribe()
interval(1000).pipe(
    take(10),                                //只取 10 次
    filter(data => data % 2 === 0)           //能被 2 整除,则发射;否则不发射
).subscribe(console.log)
```

```
range(1, 20).pipe(
    filter((data, index) => data >= 10 && index % 2 === 0)
).subscribe(console.log)
```

第一个 console.log 打印出的值是随机的，因此运行后控制台某次出现 11 个数字：3.98、11、13、15、17、19、0、2、4、6、8，但也可能只出现后面 10 个数字。除了 3.98 外，后面的 10 个数字都是固定不变的。最后一个 filter，由于 index 表示第几次发射的值，从 0 开始计数，而 range 产生的数是从 1 开始的。当 data 等于 11，此时 index 等于 10，data >= 10 && index % 2 === 0 结果为 true，所以数据 11 被发射出去，以此类推。

示例 2：模拟文件上传的控制处理，如图 2-3 所示。

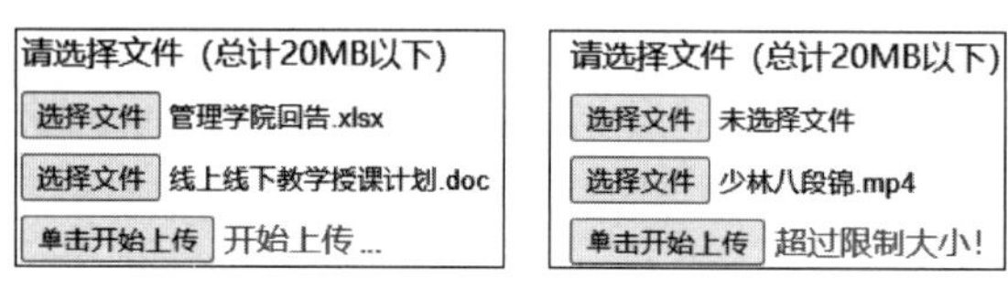

图 2-3　文件上传控制

上传界面提供两个选择待上传文件的按钮。如果没有选择任何文件，提示“未选择任何文件!”；两个文件大小总和超过 20MB 时，提示“超过限制大小!”；符合条件后，显示“开始上传...”字样。代码如下。

```
<div style="display: table-cell; width:300px; line-height: 30px">
    请选择文件(总计 20MB 以下)
    <input type="file" multiple/>
    <input type="file" multiple/>
    <button onclick="fileUpload()">单击开始上传</button>
    <span id="message" style="color: #f00"></span>
</div>
<script>
    const fileUpload = () => {
        const {tap, filter, of} = rxjs
        const myFiles = document.querySelectorAll("input[type='file']")     //文件集合
        const message = document.querySelector('#message')                  //信息提示
        let totalSize = 0                                                   //文件总计大小
        of(myFiles).pipe(                                             //文件集合转换为可观察对象
            tap(f => {
                if (f[0].files.length > 0)                                  //第 1 个文件不为空
                    totalSize += f[0].files[0].size                         //累加文件大小
                if (f[1].files.length > 0)                                  //第 2 个文件不为空
                    totalSize += f[1].files[0].size }),
            tap(() => message.innerText = '未选择任何文件!'),
            filter(() => totalSize > 0),
            tap(() => message.innerText = '超过限制大小!'),
            filter(() => totalSize <= 1024 * 1024 * 20),
            tap(() => message.innerText = '开始上传...')
        ).subscribe()
    }
```

整个代码没有嵌套的 if…else 判断，逻辑结构非常清晰。当然，这里并没有真正向后台服务器传送文件，只是进行模拟上传文件的前端控制而已。

2. distinctUntilChanged()

distinctUntilChanged()暂存一个当前元素，并与源 Observable 发射的元素比较，如果相同就不发射，相当于被过滤掉了，否则将暂存的元素替换成刚收到的元素并发射出去。第一个元素总是发射。例如：

```
of('a', 'b', 'a', 'a', 'c').pipe(distinctUntilChanged()).subscribe(console.log)
```

运行后浏览器控制台输出：

```
a b a c
```

也可以传入对象，并利用对象的属性进行逻辑判断，决定当前元素是否发射出去，例如：

```
const {from, distinctUntilChanged} = rxjs
const students = [
    {no: '220701023', score: 67},
    {no: '220504012', score: 90},
    {no: '220602008', score: 80},
    {no: '220701020', score: 77},
    {no: '220504018', score: 93}
]
from(students).pipe(                                              //源 Observable
    distinctUntilChanged((previous, current) => current.score <= previous.score)
).subscribe(console.log)
```

这里不是比较对象是否相等，而是比较考试分数大小。如果当前元素的分数小于或等于前一个元素的分数时，逻辑条件为 true，认为"相同"，即符合前面说的"相同就不发射"。换句话说，当前元素的分数大于前一个元素的分数，认为"不同"，就发射出去。按照规则，第一个元素总是发射；然后当前元素的分数 90，大于前一个元素的分数 67，"不同"，发射；下一步，当前元素分数是 80，前一个元素的分数是 90，符合逻辑条件，认为"相同"，不发射；接下来，当前元素分数是 77，前一个元素的分数是 90，符合逻辑条件，认为"相同"，不发射……以此类推。最后浏览器控制台输出：

```
{no: '220701023', score: 67}
{no: '220504012', score: 90}
{no: '220504018', score: 93}
```

3. takeUntil()

takeUntil()持续地发射源 Observable 中的值，直到被指定的另外一个 Observable 的发射而打断。这类似于一个人正在聚精会神地看书，被一个电话打断。下面是示例代码。

```
const {interval, filter, map, takeUntil, timer} = rxjs
interval(1000).pipe(                                   //源 Observable
    filter(value => value % 2 !== 0),                  //如果是奇数则发射
    map((value, index) => `${index} : ${value}`),      //index 是发射次数的索引
    takeUntil(timer(10000))                            //10s 后，结束发射
).subscribe(console.log)
```

这里用了一个定时器 timer，定时 10s。因为 timer，原有的流发射被打断，数据输出结束。输出结果：0：1　1：3　2：5　3：7。

2.3.5 转换函数

1. map()

map()对源 Observable 中的每一个发射值进行某种处理，然后返回一个新的可观察对象，其

操作原理如图 2-4 所示。

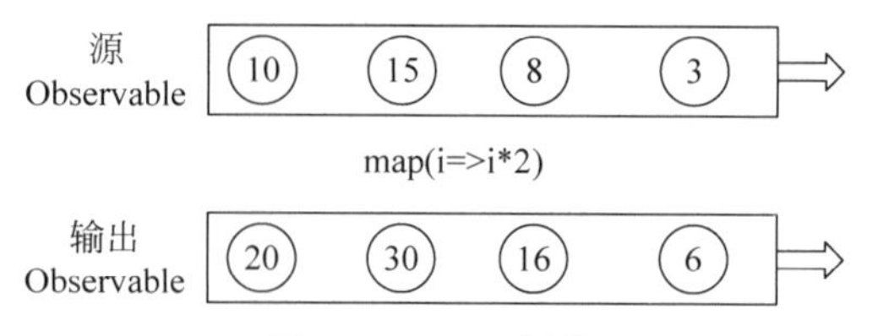

图 2-4　map()操作

显然，map()将流中的每个值转换成了一个新值。

示例 1：对某序列数据计算 3 次方，在浏览器控制台输出保留两位小数的结果。

```
const {of, map, tap} = rxjs
of(5, 3.2, 6.5, 11).pipe(
    map(value => Math.pow(value, 3)),
    tap(value => console.log('3 次方的值:' + value.toFixed(2)))        //输出到浏览器控制台
).subscribe()
```

示例 2：某次考试题目偏难。现要求对学生分数统一进行处理：36 分以上及格。因此，需要对分数进行平方根运算，然后乘以 10，在浏览器页面中输出及格学生名单。

```
const {map, from, filter} = rxjs
const exam = [
    {no: '2301007', name: '杨过美', score: 36},
    {no: '2304008', name: '孙大升', score: 68},
    {no: '2306017', name: '张胜利', score: 25},
    {no: '2305009', name: '王宏志', score: 89}
]
from(exam).pipe(
    map(student => ({...student, newScore: Math.sqrt(student.score)})),    ①
    map(student => ({...student, newScore: student.newScore * 10})),       //再乘以 10
    map(student => ({...student, newScore: Math.round(student.newScore)})), //四舍五入
    filter(student => student.newScore >= 60), //过滤掉仍然不及格的学生
    map((student, index) => `${index + 1}: ${student.name} ${student.newScore}\n`)
).subscribe(student => document.body.innerText += student)              //输出到页面<body>中
```

① 对分数开平方。这里使用了对象展开运算符"..."。以杨过美为例，对象展开运算"...student"展开对象 student，再对分数开平方，然后返回一个 Observable 对象，类似于下面代码的效果。

```
of({no: '2301007', name: '杨过美', score: 36, newScore: 6})
```

使用对象展开运算符可简化处理。整个代码将业务逻辑用 map()分解成若干个基本的业务单元，可读性很强。在浏览器中打开后页面将输出：

```
1:杨过美 60
2:孙大升 82
3:王宏志 94
```

2. concatMap()和 exhaustMap()

1) concatMap()

concatMap()将源 Observable 的每个值投射到一个可观察对象，处理完成后，每个值以串行方式链接起来，直到全部源值的投射处理完毕，最后形成一个新的 Observable 输出。在这个过程中，

前一个 Observable 处理结束,才会处理下一个。其操作原理如图 2-5 所示。

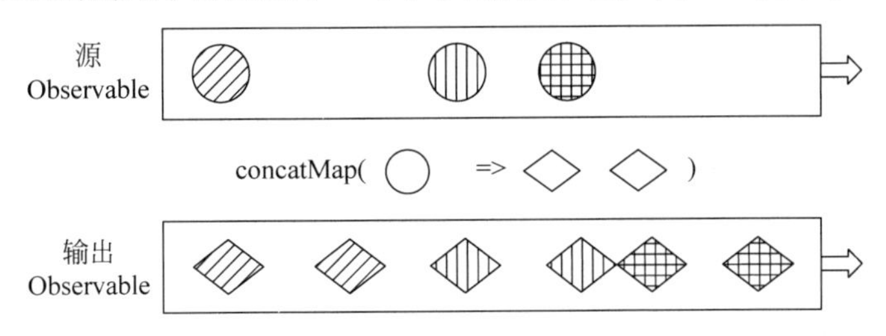

图 2-5　concatMap()操作

示例 3:对源 Observable 中的每个值分别进行乘以 2、乘以 10 计算。

```
const {of, concatMap} = rxjs
of(1, 3, 5).pipe(
    concatMap(i => of(2 * i, 10 * i))
).subscribe(console.log)
```

of(1, 3, 5)是源 Observable,而 of(2 * i, 10 * i)提供了投射的可观察对象。首先,源 Observable 发射值 1,并创建内部 Observable(2-10)。内部 Observable 发射所有值后,源 Observable 发射值 3,触发一个新的内部 Observable(6-30),如此进行下去。最后,浏览器控制台将依次输出 6 个数字:2　10　6　30　10　50。

示例 4:concatMap()一个 interval()可观察对象并计算输出。

```
const {interval, concatMap, map, take} = rxjs
interval(1000).pipe(
    take(3),
    concatMap(i => interval(500).pipe(
            take(2),
            map(value => (value + 3.14 + i).toFixed(2))
        )
    )
).subscribe(console.log)
```

源 Observable 每隔 1s 投射一次,总共投射三次,因此可以认为总共输出了三组数据。代码运行后,浏览器控制台将依次输出 6 个数字:3.14　4.14　4.14　5.14　5.14　6.14。

2) exhaustMap()

exhaustMap()将源 Observable 的每个值投射到一个可观察对象,仅当上一个投射的可观察对象已完成时,如图 2-6 所示。

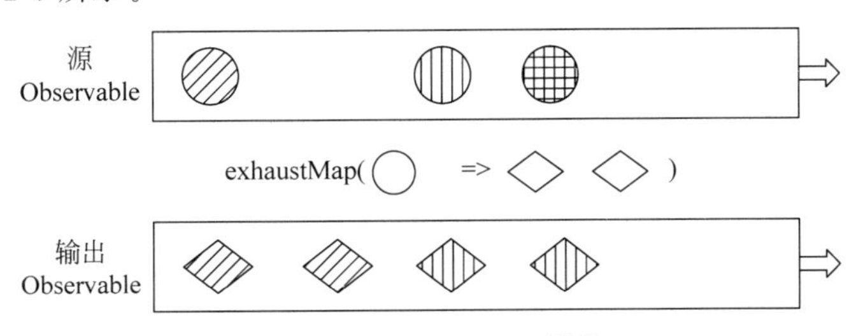

图 2-6　exhaustMap()操作

示例 5:修改示例 3、示例 4,用 exhaustMap()处理并观察输出结果。

```
const {of, exhaustMap, interval, map, take} = rxjs
```

```
of(1, 3, 5).pipe(
    exhaustMap(i => of(2 * i, 10 * i))
).subscribe(console.log)            //这里没变化,仍然输出:2 10 6 30 10 50
interval(1000).pipe(
    take(3),
    exhaustMap(i => interval(500).pipe(
            take(2),
            map(value => (value + 3.14 + i).toFixed(2))
        )
    )
).subscribe(console.log)
```

重点关注代码里面的第二个 exhaustMap()。首先,源 Observable 发射值 0,并创建内部 Observable(0-1),并相应计算出:3.14、4.14。内部 Observable 发射 4.14 时,从时间上来看,源 Observable 发射值 1,但由于内部 Observable 还在进行,因此被丢弃。内部 Observable 发射完成,源 Observable 发射值 2,触发一个新的内部 Observable(0-1),相应计算出:5.14、6.14,内部 Observable 发射这两个值,结束。浏览器控制台将依次输出 4 个数字:3.14　4.14　5.14　6.14。思考一下:如果将 interval(1000)修改成 interval(1500),控制台会输出多少?

3. mergeMap()、switchMap()

1) mergeMap()

mergeMap()将源 Observable 的每个值投射到一个可观察量进行操作,转换后会合并到同一个流中以供订阅,如图 2-7 所示。mergeMap()不像 concatMap(),需要等待前一个 Observable 处理结束才去处理下一个;也不像 exhaustMap()有退订舍弃的动作,而是即时并行处理源值。因此,mergeMap()比较适合需要并行处理的场景。

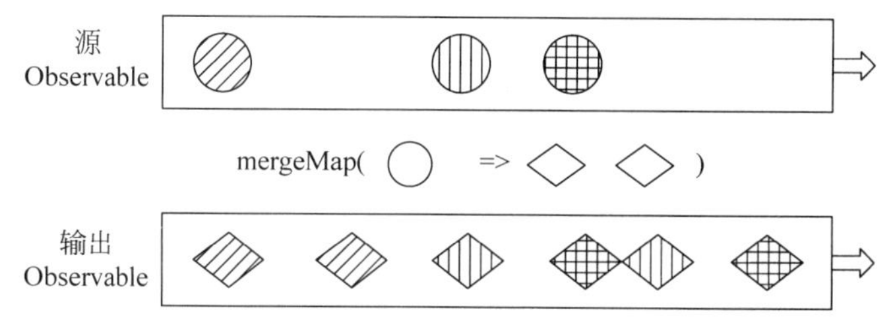

图 2-7　mergeMap()操作

示例 6:用不同方式实现 mergeMap()操作。

```
const {from, of, mergeMap, interval, map, take} = rxjs
from([1, 3, 5]).pipe(
    mergeMap(i => of(2 * i, 10 * i))
).subscribe(console.log)          //跟前面一样,输出 6 个数字:2 10 6 30 10 50
const myPromise = (value) => Promise.resolve(`${value}项目开发实战!`)
of('RxJS', '响应式', 'Vue.js')
    .pipe(mergeMap(myPromise))
    .subscribe(console.log)
of('张三丰', '杨过').pipe(
    mergeMap(name => interval(1000).pipe(
        take(2),
        map(i => `${name}:第${i}次参考.`)
    ))
).subscribe(console.log)
```

第二个 mergeMap()合并的是一个 Promise。我们知道，Promise 是异步执行的，与 mergeMap 合作，异步并行操作，配合默契！对应的 console.log 输出内容如下：

```
RxJS 项目开发实战!
响应式项目开发实战!
Vue.js 项目开发实战!
```

2）switchMap()

switchMap()将源 Observable 的每个值投射到一个可观察量进行操作，但仅发射最近投射的源值，如图 2-8 所示。

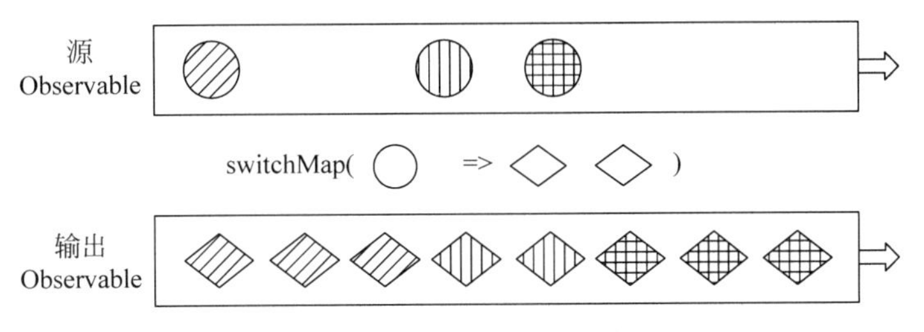

图 2-8 switchMap()操作

由图 2-8 所知，当新的 Observable 到来时，switchMap()会直接退订前一个未处理完的 Observable。另外，switch 有“开关、切换”之意，这说明 switchMap()最终会生成一个新的 Observable 并返回，也就是说，源 Observable 被换成内部 Observable 以供订阅。所以，如果旧数据流不再重要，更关注的是新数据流，这种场景就比较适合用 switchMap()。来看下面的代码。

```
const {of, map} = rxjs
of('a', 'b', 'c').pipe(
    map(s => `字符为:${s}`),
).subscribe(console.log)
```

这个比较简单，浏览器控制台会输出：

```
字符为:a
字符为:b
字符为:c
```

那如果修改成下面这样，会输出什么内容？

```
const {of, map, switchMap, interval, timer, takeUntil} = rxjs
of('a', 'b', 'c').pipe(
    map(s => `字符为:${s}`),
    switchMap(() => interval(200)),
    takeUntil(timer(1000))                //1s 后结束
).subscribe(console.log)
```

正如所预料的，原来的输出内容没有了，因为 switchMap()已经切换到新的内部 Observable，所以 subscribe()订阅到的是 interval()发射的内容：0 1 2 3。那么，下面的示例又会输出什么？

```
const {map, switchMap, interval, timer, takeUntil} = rxjs
timer(0, 4000).pipe(                      //开始发射，每隔 4s 重复
    map(value => 'source:' + value),      //源值输出格式
    switchMap(() => interval(1000)),      //切换到内部 Observable
    map(value => 'switch:' + value),      //新值输出格式
```

```
    takeUntil(timer(10000))                    //10s 后结束
).subscribe(console.log)
```

尽管定义了源值输出格式，但同样原因，switchMap()切换到了内部 Observable，所以并没有输出。运行过程中，switchMap()舍弃了部分值。浏览器控制台输出以下内容。

```
switch:0
switch:1
switch:2
switch:3
switch:0
switch:1
switch:2
switch:0
```

2.3.6 事件处理函数 fromEvent()

fromEvent()将 DOM 事件转换成 Observable，常用的参数如下。

- target：必需，要监听事件的页面元素。
- eventName：必需，事件名称。
- resultSelector：可选，用来转换事件返回值的函数。以事件为参数，返回单值。

示例：给按钮绑定 click 事件。当在文本框中输入内容时，在下面同步显示。

```
<button id="myBtn">fromEvent 测试</button><br/>
当前输入:<input type="text" id="myInput"/><br/>
同步显示:<span id="inContent"></span>
<script>
    const {fromEvent} = rxjs
    fromEvent(document.querySelector('#myBtn'), 'click')        //绑定 click 事件
        .subscribe(event => {
            console.log(`单击了${event.target.id}按钮!`)
            console.log(`单击时间:${new Date(event.timeStamp)}`)
        })
    const myInput = document.querySelector('#myInput')
    const inContent = document.querySelector('#inContent')
    fromEvent(myInput, 'keyup')                                  //绑定键盘 keyup 事件
        .subscribe(event => inContent.innerText = event.target.value)
</script>
```

代码利用 event 事件的 target 属性，获取到了当前单击按钮的 id，以及在文本框中输入的具体内容。绑定键盘 keyup 事件时，也可用 fromEvent()的第三个参数：

```
fromEvent(myInput, 'keyup', (event) => event.target.value)
    .subscribe(value => inContent.innerText = value)
```

运行效果完全一样。

2.3.7 合并函数

1. concat()

concat()能够将多个 Observable，以指定顺序连接起来。连接时，必须等前一个 Observable 完成才会继续下一个。

示例 1：使用 concat()合并三个源 Observable，进行报数处理。

```
const {interval, take, of, concat, mergeMap} = rxjs
const numPlus = (value) => Promise.resolve(`报数：${++value}`)      //对每个数据+1
const source = interval(1000).pipe(take(2))
concat(source, of(2, 3), of(4, 5))                                //串连源 Observable
    .pipe(mergeMap(numPlus))                                      //处理+1业务
    .subscribe({
        next: console.log,
        complete: () => console.log('结束!')
    })
```

代码运行后，浏览器控制台输出：

```
报数:1
报数:2
报数:3
报数:4
报数:5
报数:6
结束!
```

2. merge()

merge()是一种静态方法，对多个输入的源 Observable 发射的值，同时进行处理，最后合并为一个 Observable 输出，如图 2-9 所示。从图中可以看出，merge()跟 concat()类似，都是用来合并 Observable，但在行为上有非常大的不同。concat()需要等待，而 merge()即时处理。

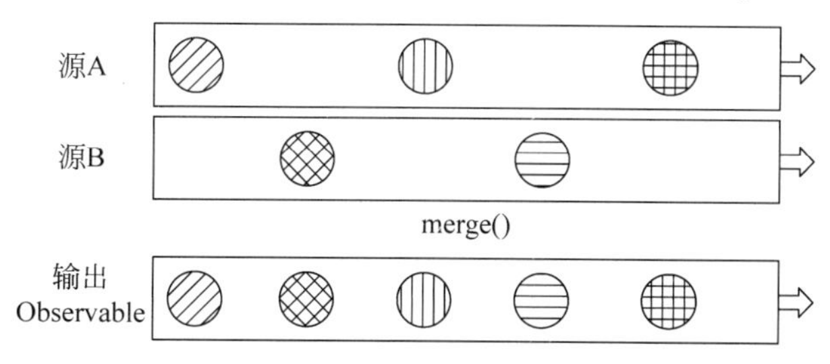

图 2-9　merge()操作

示例 2：利用 merge()合并三个源 Observable。

```
const {interval, map, take, merge} = rxjs
const shanghai = interval(1000)
const hangzhou = interval(3000)
const shenzhen = interval(5000)
merge(
    shanghai.pipe(
        take(5),
        map(() => '上海')
    ),
    hangzhou.pipe(
        take(2),
        map(() => '杭州')
    ),
    shenzhen.pipe(
        take(1),
        map(() => '深圳')
    )
```

```
).subscribe(console.log)
```

代码运行时，第1、2秒，shanghai各发射了一个数据；第3秒，shanghai、hangzhou同时发射一个数据；第4秒，shanghai发射了一个数据；第5秒，shanghai、shenzhen同时发射了一个数据；第6秒，hangzhou发射了一个数据，整个过程结束。用下面的展现形式，更容易理解数据流的处理过程。

```
shanghai:  - 上海 - 上海 - 上海 - 上海 - 上海
hangzhou:  ----------- 杭州 ---------- 杭州
shenzhen:  --------------------- 深圳
```

最终浏览器控制台输出的数据为：上海 上海 上海 杭州 上海 上海 深圳 杭州，这个结果，很像是对上面格式进行"下压展平"（压平）的效果。这就像现实中若干条高速公路（源Observable）上的车流（值），在某处汇合成一条高速公路（merge）上的车流。

3. mergeAll()

mergeAll()是一个实例方法，与merge()使用方式有差异，功能有些类似。如果需要合并多个独立发射值的源Observable，并压平为单个输出流，则可使用mergeAll()，例如，实际中的多个独立请求的任务需要合并到单个输出流中。mergeAll()不退订之前的流数据，且并行处理多个源Observable发射的数据。那么，下面的代码会输出什么？

```
const {interval, map, from, take, mergeAll} = rxjs
const tasks = [                                              //定义多个源 Observable
    interval(400).pipe(
        map(data => `task1: ${data}`),
        take(4)
    ),
    interval(800).pipe(
        map(data => `task2: ${data}`),
        take(3)
    ),
    interval(300).pipe(
        map(data => `task3: ${data}`),
        take(3)
    )
]
from(tasks).pipe(mergeAll()).subscribe(console.log)
```

直接来看下面的流处理过程示意：压平三维数据，变成一维数据。因此，很容易得出输出结果是：0 0 1 1 0 2 2 3 1 2。

```
task1: --- 0 --- 1 --- 2 --- 3
task2: ------- 0 ------- 1 ------- 2
task3: -- 0 -- 1 -- 2
```

由于mergeAll()是即时并行处理数据，如果订阅的源Observable数量庞大时，可能会带来效率问题，因此还可以给mergeAll()传递一个参数，例如mergeAll(2)，表示最多可以并行处理两个源Observable，其他的Observable则需排队等待。现在，将上面代码中的mergeAll()修改成mergeAll(2)，输出的序列数字会是多少？

会不会是0 1 0 2 3 1 2 0 1 2？因为task1、task2并行处理，task3等待二者完成，所以不少人认为会输出这样的结果。但在16s时，task1处理完成，这时输出的数据是0 1

0 2 3 1。但既然允许并行处理的数量是2，现在只有一个任务task2，那这时候task3自然可以参与了，所以输出结果应该是0 1 0 2 3 1 0 1 2 2，且倒数第二个数字2来自task2。

4. mergeWith()

mergeWith()将所有Observable中的值合并为单个可观察结果。

示例3：页面上放置一个层。当向层中拖放文件时，将所有拖放文件的文件名，以三列形式显示在层中，如图2-10所示。

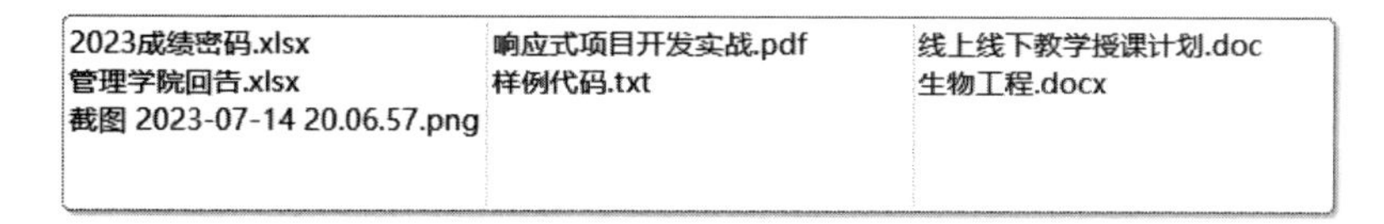

图2-10 文件拖放

首先，需要对层进行简单的CSS修饰。

```
<style>
    #dragDropDiv {
        margin: 20px auto;                     /* 层中元素之间的间距 */
        padding: 3px;                          /* 层中元素与边框的间距 */
        width: 700px;
        height: 100px;
        border: 1px dotted #00f;               /* 蓝色、点线、一个像素的边框 */
        border-radius: 5px;                    /* 边框弧度 */
        column-count: 3;                       /* 内容划分为3栏显示 */
        column-gap: 5px;                       /* 列间距为5px */
        column-rule: 2px dotted #ccc;          /* 列规则：列间距2px、浅灰色点线 */
        box-shadow: 2px 2px 2px #ccc;          /* 边框阴影 */
    }
</style>
```

而页面的<div>层和JavaScript代码如下。

```
<body>
<div id="dragDropDiv"></div>
<script>
    const {Observable, tap, map, fromEvent, mergeWith, switchMap} = rxjs
    const dragDropDiv = document.querySelector('#dragDropDiv')
    new Observable().pipe(
        mergeWith(                                  //合并dragover、drop事件，统一处理后续行为
            fromEvent(dragDropDiv, 'dragover'),     //绑定拖放事件
            fromEvent(dragDropDiv, 'drop')          //绑定拖曳释放事件
        ),
        tap(event => event.preventDefault()),       //阻止浏览器直接打开文件的默认行为
        switchMap(event => event.dataTransfer.files),     //获得拖放事件的文件
        map(file => file.name + '\u000D')           //文件名后附加换行
    ).subscribe(value => dragDropDiv.innerText += value)  //文件名显示在层里面
</script>
</body>
```

5. combineLatest()

combineLatest()对多个源Observable组合输出，但只组合各Observable最后发射的值，如图2-11所示。combineLatest()有两个参数：sources，必需，源Observable；resultSelector，可选，

用函数来指定自定义形式的某个返回值。

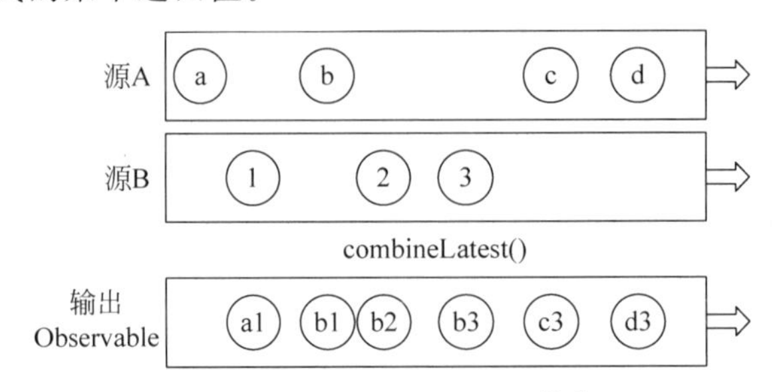

图 2-11　combineLatest()操作

图 2-11 中，为什么输出是 a1、b1、b2、b3、c3、d3？来看下面的流程跟踪分析。

(1) 源 A 发射 a，此时源 B 无发射，无组合输出。

(2) 源 B 发射 1，此时源 A 最后送出的是 a，故组合输出 a1。

(3) 源 A 发射 b，此时源 B 最后送出的是 1，故组合输出 b1。

(4) 源 B 发射 2，此时源 A 最后送出的是 b，故组合输出 b2。

(5) 源 B 发射 3，此时源 A 最后送出的是 b，故组合输出 b3。

(6) 源 A 发射 c，此时源 B 最后送出的是 3，故组合输出 c3。

(7) 源 A 发射 d，此时源 B 最后送出的是 3，故组合输出 d3。

```
const {interval, take, combineLatest} = rxjs
combineLatest([interval(600), interval(300)])         //数组形式传入两个源 Observable
    .pipe(take(7))
    .subscribe(data => console.log(`${data}`))        //组合成字符形式
```

代码里面的两个源 Observable 不妨分别称为源 A、源 B，发射数据的过程表示如下。

```
源 A：-----0-----1-----2
源 B：--0--1--2--3--4
```

不难得出，最终会输出：

```
0,0  0,1  0,2  1,2  1,3  1,4  2,4
```

示例 4：combineLatest()组合输出。

```
const {interval, take, combineLatest} = rxjs
combineLatest([
        interval(600).pipe(take(3)),
        interval(500).pipe(take(5))
    ],
    (src1, src2) => src1 + ':' + src2                  //自定义形式的返回值
).subscribe(console.log)
```

这个例子使用了 combineLatest()的第二个参数，用函数形式，将两个源 Observable 各自发射的值，用“:”连接组合的形式进行格式化输出。不妨先思考一下，输出结果会是多少？代码运行后，浏览器控制台输出内容：

```
0:0  0:1  1:1  1:2  2:2  2:3  2:4
```

6. withLatestFrom()

withLatestFrom()与 combineLatest()有点类似，也是对多个源 Observable 组合输出。但是，

源 Observable 有主从关系。只有当“主 Observable”发出一个值，且“从 Observable”至少发出过一个值时，才会组合发射，如图 2-12 所示。

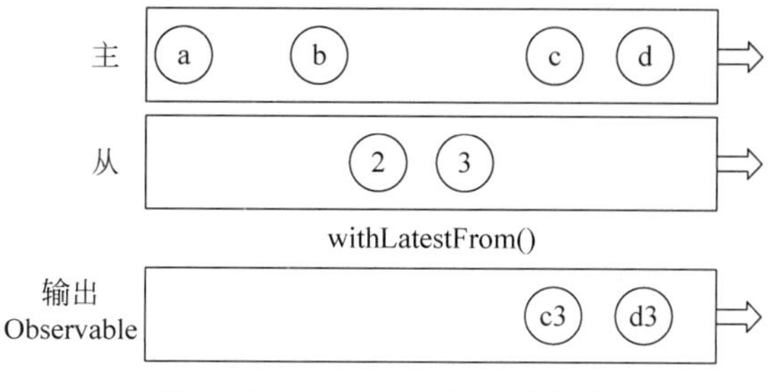

图 2-12　withLatestFrom()操作

示例：利用 withLatestFrom()组合输出数据。

```
const {interval, take, map, withLatestFrom} = rxjs
const main = interval(3000)                          //主 Observable
const slave = interval(7000)                         //从 Observable
main.pipe(
    take(6),                                         //主 Observable 取 6 个值
    withLatestFrom(slave),
    map(([primary, secondary]) => `${primary} : ${secondary}`)      //格式化输出
).subscribe(console.log)
```

运行后，“主 Observable”的值 0、1 并没有发射出来，因为此时“从 Observable”没有发射任何值。最终浏览器控制台输出：

```
2 : 0   3 : 0   4 : 1   5 : 1
```

7. forkJoin()

当一组流数据到来时，有时候只关心每个流发射的最后一个值，这时候可使用 forkJoin 操作符。当所有的源 Observable 完成时，forkJoin()只保留每个源 Observable 发出的最后一个值，然后将这些值合并发射出去。来看下面的示例代码。

```
const {forkJoin, of, delay} = rxjs
forkJoin({
    sourceOne: of('湖北武汉', '湖北黄冈', '湖北襄阳'),       //数据流 1
    sourceTwo: Promise.resolve('浙江杭州'),                //数据流 2
    sourceThree: of('上海').pipe(delay(1000))              //数据流 3
}).subscribe(console.log);
```

代码运行后，延迟 1s 在控制台输出数据对象：

```
{sourceOne: '湖北襄阳', sourceTwo: '浙江杭州', sourceThree: '上海'}
```

2.3.8　扫描函数 scan()

扫描函数 scan()对于每个源 Observable 发出的值，连续进行累加（累减）处理，并即时发射累加（累减）结果。scan()需要传入两个参数：accumulator()，累加（累减）函数；seed，初始值。accumulator()函数又有三个参数：acc，当前累加值；value，当前事件值；index，当前事件索引。

示例：连续累积输出 4 个数组，并计算学生考试平均分。

```
const {interval, take, of, finalize, map, scan} = rxjs
interval(500).pipe(
    take(4),
    scan((a, c) => [...a, c], []),                              ①
).subscribe(console.log)                                        ②
const exam = [
    {no: '2301007', name: '杨过美', score: 36},
    {no: '2304008', name: '孙大升', score: 68},
    {no: '2306017', name: '张胜利', score: 25},
    {no: '2305009', name: '王宏志', score: 89}
]
let average = 0                                                 //平均分
of(...exam).pipe(
    scan((acc, student) => (acc + student.score), 0),           //初始值为 0
    map((sum, index) => sum / (index + 1)),                     ③
    map(avg => average = avg),                                  //将计算结果 avg 赋值给 average
    finalize(() => console.log(`平均分: ${average}`))            //源 Observable 结束时显示最终值
).subscribe()
```

① 这里的[]是用空数组作为初始值,然后每次向里面添加当前值 c。将上次累积的数组对象展开"...a",再加上当前值 c,构成一个新的数组并返回。

② 浏览器控制台输出 4 次,内容分别为[0] [0, 1] [0, 1, 2] [0, 1, 2, 3]。

③ index 相当于学生记录条数,也就是总的记录个数。由于索引起始值从 0 开始,所以需要加 1。

2.3.9 定时缓冲 bufferTime()

有些场景下需要每隔一定时间才处理数据,例如,每隔 1s 将收集的数据进行集中处理,这时候可使用 bufferTime()操作符。bufferTime()会将源 Observable 发射的数据,在指定时间段内缓存到数组里面,这有利于对数据进行批处理或调节高频发射数据的处理频率。bufferTime()操作符的用法比较简单,来看下面的示例代码。

```
const {interval, take, bufferTime} = rxjs
interval(500).pipe(
    bufferTime(2000),                                           //缓冲 2s
    take(3)
).subscribe(console.log)
```

控制台将输出三个数组:[0, 1, 2][3, 4, 5, 6, 7] [8, 9, 10, 11]。如果将 bufferTime()赋值第二个参数,定义启动新缓冲区的时间间隔为 1s,即:

```
bufferTime(2000, 1000),
```

控制台输出数组为[0, 1, 2][1, 2, 3, 4, 5] [3, 4, 5, 6, 7]。如果再将 bufferTime()赋值第三个参数,定义缓冲区最大量为 4,即:

```
bufferTime(2000, 1000,4),
```

那么控制台输出为[0, 1, 2][1, 2, 3, 4] [3, 4, 5, 6]。

2.3.10 重试函数 retry()

当源 Observable 发生错误时,可以使用 retry()函数重试整个流程,例如,登录失败允许重试三次。retry()的最基本使用格式就是:retry(n),n 表示重试次数。若不指定 n,则表示无限次重试。

下面的代码展示了 retry()的基本应用。程序试着将数组中的内容转换成小写，故意放置了一个数字 10。这时候，toLowerCase()会出错，然后重试一次，仍然不能成功。浏览器控制台两次输出转换后小写的 vue.js、rxjs、spring，并显示出错提示信息。

```
const {interval, from, map, retry, of} = rxjs
from(['Vue.js', 'RxJS', 'SPRING', 10]).pipe(
    map(x => x.toLowerCase()),
    retry(1)                                        //重试一次
).subscribe({
    next: console.log,                              //显示转换成功的数据
    error: console.error,                           //显示出错提示信息
    complete: () => console.log('转换结束!')
}))
```

也可以给 retry()提供 RetryConfig 配置信息，主要的参数有三个：count，重试的最大次数；delay，重试前要延迟的毫秒数，或者提供一个函数进行特别处理；resetOnSuccess，是否重新设置重试计数器。

示例：模拟连接后台服务器失败后的两次重试操作。

```
const {interval, mergeMap, tap, iif, throwError, map, retry, of} = rxjs
let retryNum = 0                                    //记录重试次数
interval(1000).pipe(
    mergeMap(value =>
        iif(() => value > 2, throwError('重试连接失败,结束!'), of(value))),
    retry({
        count: 2,                                   //重试两次
        delay: (() => of(null).pipe(                //一个空的 Observable
            tap(retryNum++),                        //重试次数加 1
            tap(() => console.log(`第${retryNum}次重试连接后台服务器!`))
        ))
    })
).subscribe({
    next: console.log,                              //显示生成的数字
    error: console.error                            //显示失败结束提示信息
})
```

代码使用了 RetryConfig 配置信息 count 和 delay。iif()函数类似于 if…else…语句。如果 interval(1000)生成的数字大于 2，这时候模拟连接不上后台服务器的场景，利用 throwError 抛出错误，这会激发 retry()动作进行重试操作。运行效果如图 2-13 所示。

图 2-13　重试操作

2.3.11 异步请求函数 ajax()

ajax()函数常用来进行异步的 HTTP 请求,基本语法格式非常简单。

```
const {interval, catchError, map} = rxjs
const {ajax} = rxjs.ajax                              //注意 ajax()函数需要从 rxjs.ajax 模块中解构
    ajax('stu/query?sno = 2107040116').pipe(          //调用后端的 stu/query 查询数据
        map(response => console.log(response)),       //response 是后端返回的数据
        catchError(error => {                         //出错处理
            console.log('error: ', error)
            return of(error)
        })
    ).subscribe({
        next: console.log,
        error: console.error
    })
```

代码调用后端的"stu/query"控制程序去查询学生信息,传送给 stu/query 的参数名是 sno,参数值是 2107040116。也可用 ajax. getJSON('stu/query?sno=2107040116'),这种情况下后端返回的数据被转换成了 JSON 数据格式。那么 JSON 是什么?

JSON(JavaScript Object Notation,JavaScript 对象表示法)是一种用于文本数据存储或交换的格式。JSON 在实践中得到非常广泛的应用,例如,页面临时保存用户信息、前端向后端服务器传送数据、后端服务器向前端返回数据等,都可以采用 JSON。JSON 优点很多:轻量级,比 XML 更小、更快,更易解析;使用 JavaScript 语法来描述数据对象;独立于语言和平台;纯文本,没有结束标签,读写速度快。

JSON 可表示数字、布尔值、字符串、null、数组以及对象,但不支持复杂数据类型。实践中,用 JSON 语法规则处理数据时,主要遵从以下几条规则。

(1) 数据保存在名称/值对中。

(2) 数据由逗号分隔。

(3) 对象用花括号{}表示。

(4) 数组用[]表示。

例如,用 JSON 表示单个学生对象、多个学生对象:

```
{"sno":"007" , "sname":"杨过", "sclass":"电商 2101"} //单个学生对象
[                                                    //多个学生对象
    {"no": "007", "name": "杨过美", "class": "电商 2201"},
    {"no": "008", "name": "孙大升", "class": "信管 2201"},
    {"no": "009", "name": "张宏志", "class": "工管 2201"}
]
```

要解析 JSON 字符串,可使用 JSON. parse()函数,该函数返回相应的 JavaScript 值或对象,例如:

```
const s = JSON.parse('{"name":"张三", "age":22}');    //s 的值:{"name":"张三", "age":22}
```

反过来,要将 JavaScript 值或对象转换为 JSON 字符串,则可使用 JSON. stringify()函数,例如:

```
const s = JSON.stringify({"name":"张三", "age":22}); //s 的值: '{"name":"张三", "age":22}'
```

熟悉了JSON相应知识后，再回到ajax()函数。根据实际需要，可对ajax进行更细致的配置：

```
ajax({
    url: '地址',
    method: 'GET',                              //提交方式,GET(默认)或 POST
    headers: { /* 提交时附加的 HTTP 头信息 */},
    body: { /* 提交的内容 */},
    responseType: 'json',              //响应类型:json(默认)、arraybuffer、blob、document 或 text
    queryParams: {/* 请求参数 */}
}).subscribe()
```

下面是更为详细些的代码片段。

```
ajax({
    url: 'stu/query',
    method: 'GET',
    headers: {
        'Content-Type': 'application/json',
        'Authorization': 'egc07@!tams-edu.cn'        //HTTP 请求头附加的 Authorization 数据
    },
    responseType: 'json',
    queryParams: {sno: 2107040116}                  //与 stu/query 附加在一起传送给后端的数据
})
```

由于目前还没有学习到后端处理，暂时还无法与后端交互，后续章节会有实战应用。

2.3.12　资源请求函数 fromFetch()

fromFetch()是对JavaScript全局函数fetch()的包装，使用方法与fetch()基本相同，但fromFetch()返回的是Observable对象。fromFetch()也可以像ajax()一样，调用某个后端程序，例如前面例子中的stu/query，去获取数据。

```
const {switchMap, catchError} = rxjs
const {fromFetch} = rxjs.fetch                          //注意 fromFetch 是从 rxjs.fetch 模块中解构
const observer = fromFetch('stu/query?sno=2107040116').pipe(
    switchMap(response => response.ok ?                 //后端是否返回 OK 成功标志
            response.json() : of('无法获取数据!')), //成功返回的数据转成 JSON 格式
        catchError(console.log)                         //显示出错信息
    )
    const consumer = {
        next: console.log,                              //显示查询到的数据
        complete: () => console.log('查询完成!')
    }
    observer.subscribe(consumer)
```

上面的代码只是一个处理思路，并不能单独运行。下面来看一个可以实际运行的样例。

实践中，有时候需要根据不同情况，临时加载不同的CSS文件，来动态修饰样式，而非采用<link rel=stylesheet type=text/css href="css/book.css"/>这种固定写法。假定现有一个css2311.css文件，存放在css文件夹下，需要动态加载。css2311.css文件代码如下。

```
#students {                                             /* 常规式样 */
    position: relative;
    width: 150px;
    height: 20px;
    font-size: 14px;
```

```
        background: #9EEA6A;
        border-radius: 3px;
        padding: 3px;
    }
    #students::after {                          /* 用伪元素添加小箭头,模拟微信消息样式 */
        position: absolute;
        content: "";                            /* 伪元素的内容为空字符 */
        top: 100%;
        left: 99%;
        margin-top: -18px;
        border: 6px solid;
        /* 伪元素边框:左边线为绿色实线,上、右、下边线透明 */
        border-color: transparent transparent transparent #9EEA6A;
    }
```

示例:动态加载 CSS 文件。

```
<div id="colleges"></div>
<script>
    const {map} = rxjs
    const {fromFetch} = rxjs.fetch

    fromFetch('./css/css2311.css').pipe(                      //获取 CSS 文件资源
        map(response => Promise.resolve(response.text())     //转换为 Promise 对象
            .then(css => {                                    //解析数据
                const colleges = document.querySelector("#colleges")
                const shadowRoot = colleges.attachShadow({mode: 'open'})        ①

                const style = document.createElement('style');      //创建 CSS 样式标签
                style.innerHTML = String(css)                       //赋值为加载的 css2311.css 的内容
                shadowRoot.appendChild(style)                       //添加到 shadowRoot

                const students = document.createElement('div');     //创建<div>层
                students.id = 'students'
                students.innerText = '生源稳定,逐年提升!'
                shadowRoot.appendChild(students)
            }))
    ).subscribe()
</script>
```

①attachShadow()是做什么的?有时候,需要将某个 Web 组件的结构、样式、行为等封装起来,再利用 Shadow DOM,在页面渲染时将其附加到文档的 DOM 树中,以达到不影响其他元素、高度封装的目的。这时候,这个 Web 组件的 DOM 树在文档 DOM 树中是不可见的,且以 shadow-root 作为起始根结点。那么,要访问这个 Web 组件,就需要通过 shadow-root。这里将 students 层及 CSS 样式,一并以 Shadow DOM 方式封装并附加到 id 为 colleges 的<div>层下。

运行效果和 Shadow DOM 结构,如图 2-14 所示。

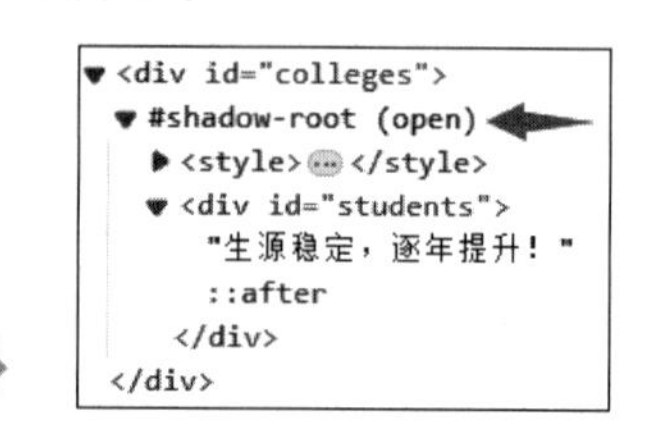

图 2-14　运行效果和 Shadow DOM 结构

2.3.13　通信函数 webSocket()

RxJS 的 webSocket()函数是对 W3C 标准中的 WebSocket 的包装。WebSocket 是 W3C 标准中定义的能够进行全双工通信的协议。WebSocket 使得客户端和服务器之间的数据交换变得更加简单：客户端和服务器只需一次 HTTP 握手，通过单个 TCP 进行连接，通信过程建立在全双工双向通信通道中。WebSocket 常用于实时数据采集、聊天、金融股票展示等方面。

在 RxJS 中，可以用较简单的方式，进行 webSocket 通信。

```
const {webSocket} = rxjs.webSocket
const ws = webSocket('ws://192.168.1.5/schat')              //连接 WebSocket 端点 schat
ws.subscribe();                                             //订阅
ws.next({message: '你好!'})                                  //发送消息
ws.complete()                                               //关闭连接
```

更常见的 webSocket 使用方式，则是下面的流程结构。

```
const {webSocket} = rxjs.webSocket
const ws = webSocket({
    url: socketUrl,                                         //socket 服务器地址
    protocol: myProtocol,                                   //连接协议
    openObserver: {                                         //侦听到连接打开
        next() { /* 可在这里进行接收消息前的初始化工作,例如发送欢迎信息 */}
    },
    closeObserver: {                                        //侦听到连接关闭
        next() {/* 可在这里进行清理工作,例如,注销用户 */}
    }
})
ws.subscribe({                                              //订阅消息
    next: msg => {/* 可在这里对接收到的消息进行处理,例如,显示到界面上 */},
    error: (() => {/* 可在这里进行错误处理 */})
})
…
ws.next(message)                                            //在恰当的地方发送消息
```

请熟悉该流程结构，第 14 章将使用 webSocket 实战聊天消息处理。

2.4　场景应用实战

2.4.1　多任务处理进度条

有耗时不等的 5 个各自独立的工作单元，需要进行处理。要求用进度条指示这 5 个任务的处理进程，如图 2-15 所示。

图 2-15　进度条

新建一个 HTML 文件 s2-4-1.html，先定义好 CSS 样式。

```
<head>
    <meta http-equiv="Content-Type" content="text/html; charset=UTF-8">
    <title>多任务处理进度条</title>
    <style>
        .container {                                        /* 外部容器层 */
            display: flex;
            align-items: flex-start;
            flex-direction: column;
            color: #00f;
            height: 3em;
            border: 1px solid #2497e5;
            width: 400px;
            box-shadow: 2px 2px 2px #d7d4d4;
        }
        .container .progress {                              /* 进度条样式 */
            text-align: center;
            height: 100%;
            background-color: #81a966;
            transition: all 0.6s ease;                      /* 使用动画来平滑效果 */
            width: 0;                                       /* 进度条初始长度为 0 */
        }
        .container .progress.complete {                     /* 进度完成后的样式 */
            background-color: #4be64b;
        }
        #task {                                             /* 任务名称显示层 */
            text-align: center;
            margin: 0 auto;
            color: #fff;
            background-color: #3f78a6;
            width: 100%;
            height: 50px;
        }
    </style>
    <script src="js/rxjs.umd.min.js"></script>
</head>
```

然后，在 HTML 文件的 BODY 中定义外部容器层、进度指示层，编写脚本代码。

```
<body>
<div class="container">
    <div id="task"></div> <!-- 显示正在执行的任务名称 -->
    <div class="progress" id="progress"></div> <!-- 进度条 -->
</div>
<button id="clickBtn">开始执行任务</button>
<script>
    const {
        of, delay, from, fromEvent, mergeAll, map, scan,
        BehaviorSubject, switchMap, withLatestFrom
    } = rxjs

    const progressBar = document.querySelector('#progress')
    const taskDiv = document.querySelector('#task')
    const multiTasks = [
        //用 delay 模拟耗时不同的任务，可以替换为实际的业务处理代码
        of('推送最新通知').pipe(delay(1000)),
        of('材料初步筛选').pipe(delay(1300)),
        of('计算综合测评').pipe(delay(900)),
```

```
        of('检查资格标记').pipe(delay(200)),
        of('导入优选数据').pipe(delay(3000))
    ]
    const mergeTask = from(multiTasks).pipe(mergeAll())        //合并 5 个任务流
    const subject = new BehaviorSubject(0)                     //创建任务主题
    const progressTask = subject.pipe(
        switchMap(() => mergeTask),                            //切换到多任务 mergeTask
        map(task => taskDiv.innerText = task),                 //显示正在执行的任务名称
        scan(current => ++current, 0),                         //累积执行任务数
        withLatestFrom(of(multiTasks.length), (curr, count) => curr / count),    //任务总进度
        //渐次推进进度条的长度变化
        map(progress => progressBar.style.width = `${(100 * progress).toFixed(0)}%`),
        map(progress => progressBar.innerText = progress) //显示进度推进的百分比
    )
    const clickBtn = document.querySelector('#clickBtn')
    fromEvent(clickBtn, 'click').pipe(switchMap(() => progressTask))
        .subscribe(percentage => {
            if (percentage === '100%')
                progressBar.className += ' complete'           //切换到进度完成后的样式
        })
</script>
</body>
```

值得注意的是,' complete'字符串左边是有一个空格的。这 5 个任务实际上是按照最短时间优先的策略执行的。

2.4.2 动态增删图书

某学院需要对图书进行动态增删管理。具体要求:①默认情况下,页面上有一行空白图书;②用户可以随时单击"添加"图标按钮,动态增加一行,添加后,光标自动定位到"书名"文本框,以便输入;③用户可勾选待删除图书,但不能全部删除,必须保留一本图书;④单击"删除"图标按钮,删除全部已勾选的图书,删除前需要用户确认;⑤奇偶数行图书的背景色交替变化;⑥"保存"功能暂不需要实现。页面效果如图 2-16 所示。

这个问题乍看起来有点复杂,其实不然。来看看处理思路:

(1) 将每一行的图书用<div>层包装起来,作为一个整体使用,即"书名"文本框、单选按钮、复选框,都是该<div>层的子元素。

(2) 添加图书时,最简单的处理方法是将最近图书所在结点层克隆一份,添加到页面即可,这样就无须分别添加"书名"文本框、单选按钮、复选框了。

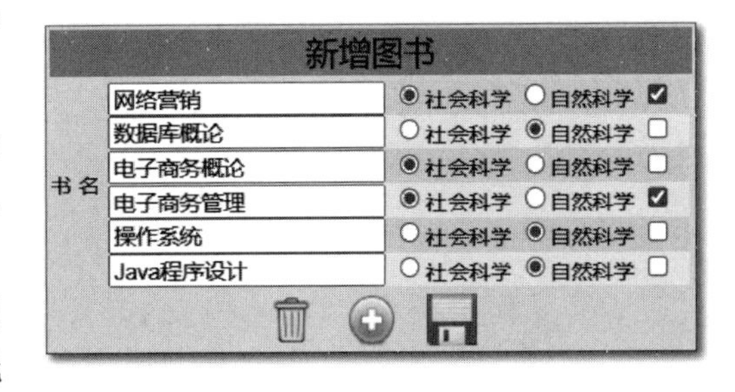

图 2-16 动态增删图书

(3) 删除图书时,先找到全部被勾选(input[type='checkbox']:checked)的复选框,再通过 parentNode 属性定位到待删除图书所在<div>层,然后删除之。

创建一个 HTML 文件 s2-4-2.html,同样先编写好 CSS 样式代码。

```
<style>
    img {
        vertical-align: middle;                    /* 图片与文字在垂直方向对齐 */
        cursor: pointer;                           /* 鼠标形状为手形 */
```

```
    }
    #bookList {
        margin: 0 auto;
        width: 400px;
        border: 1px outset #0099FF;
        background: #D7E9FF;
        font-size: 13px;
        box-shadow: 3px 3px 5px #888888;                    /* 设置边框的阴影 */
    }
    .title {
        background: rgba(118, 171, 247, 0.88);
        text-align: center;
        font-size: 20px;
    }
    .button {
        text-align: center;
    }
    #books div:nth-child(odd) {                             /* 设置奇数行背景色 */
        background-color: #e0e0f3;
    }
    #books div:nth-child(even) {                            /* 设置偶数行背景色 */
        background-color: #e8f1fb;
    }
    #message {
        font-size: 18px;
        color: #f00;
    }
</style>
```

接下来，完成 s2-4-2.html 页面主体及 JavaScript 代码。在<body>标签中加入以下内容。

```
<table id="bookList">
    <tr>
        <td colspan="2" nowrap class="title">新增图书</td>
    </tr>
    <tr>
        <td nowrap>书 名</td>
        <td id="books" nowrap>
            <div>
                <input type="text" name="bname" autofocus>
                <input type="radio" name="r0" value="01" checked/>社会科学
                <input type="radio" name="r0" value="02"/>自然科学
                <input type="checkbox"/>
            </div>
        </td>
    </tr>
    <tr>
        <td colspan=2 class="button">
            <img src="image/delete.png" id="delBtn" title="删除图书"/>  
            <img src="image/add.png" id="addBtn" title="新增图书"/>  
            <img src="image/save.png" title="保存入库"/><br>
            <span id="message"></span>
        </td>
    </tr>
</table>
<script>
    const {fromEvent, tap, filter, map, scan, switchMap, of} = rxjs
```

```
    const books = document.querySelector("#books")
    //绑定 click 事件
    const addBook = fromEvent(document.querySelector("#addBtn"), 'click')
    addBook.pipe(
        map(() => 1),                                  //图书添加次数的计数器,初始值为 1
        scan((all, one) => (all + one), 0),          //累计添加次数,作为 radio 元素 name 的索引
        switchMap(count => of({                        //返回一个 Observable
            index: count,                              //图书添加次数累计值
            newBook: books.lastElementChild.cloneNode(true)  //克隆最后添加的图书
        })),
        map(obj => {
            obj.newBook.children[0].value = ''         //书名置空
            //每本图书两个单选按钮的 name 必须跟其他图书的 name 不同
            //否则全部图书的单选按钮成为一组,导致无法单选
            obj.newBook.children[1].name = 'r' + obj.index
            obj.newBook.children[2].name = 'r' + obj.index
            obj.newBook.children[3].checked = false    //默认不勾选
            books.appendChild(obj.newBook)
            obj.newBook.children[0].focus()            //光标定位到"书名"文本框
        })
    ).subscribe()

    const message = document.querySelector("#message")
    fromEvent(document.querySelector("#delBtn"), 'click').pipe(
        map(() => books.querySelectorAll("input[type = 'checkbox']:checked")),    //被勾选的
        tap(() => message.innerText = '未选择待删除图书!'),
        filter(delBooks => delBooks.length > 0),       //有被勾选的图书,才"流"向下一步
        tap(() => message.innerText = '不能全删,至少需要保留一本图书!'),
        //被删除的图书少于全部图书,才"流"向下一步
        filter(delBooks => delBooks.length < books.children.length),
        map(delBooks => {                            // delBooks 实际上是全部已勾选的复选框集合
            if (confirm("确认删除所选图书?")) {
                for (let book of delBooks) {
                    // parentNode 是当前复选框的父结点,即包装图书的<div>层
                    books.removeChild(book.parentNode)
                }
                message.innerText = ''                 //提示信息重置为空
            }
        })
    ).subscribe()
</script>
```

Vue.js渐进式框架

Vue. js 是一个渐进式 JavaScript 框架。本章主要介绍了 Vue 基本原理、基础语法、组合式和响应性函数、事件绑定及触发、自定义元素、组件、渲染函数、聚合器、Pinia 状态管理等内容。熟练掌握 Vue. js，将为开发基于响应式数据驱动的 Web 前端页面提供强大支撑。

3.1 Vue 概述

Vue. js 简称 Vue(官方拼读/vjuː/，发音类似于英文单词 view)，是一个专注于视图层数据展示的数据驱动、渐进式 JavaScript 框架，官网地址为 https://vuejs.org/。所谓数据驱动，就是只需要改变数据，Vue 就会自动渲染并展示新内容页面。渐进式的意思则是可以分阶段、有选择性地使用 Vue，无须使用其全部特性，小到输出“Hello，Vue!”的简单页面，大到复杂的 Web 应用系统，增量使用。

很多人注意到 Vue 是一种渐进式框架，却对其核心特性之一的响应性有所忽略。在第 2 章中已经学习到 RxJS 是基于 JavaScript 进行响应式逻辑处理，Vue 的底层也是采用响应式编程的概念思想来构建的。Vue 能跟踪数据的变化并即时响应式地更新页面，实现无缝的用户体验，体现出类拔萃的响应式数据管理能力。

Vue 易于学习，很容易与其他 JavaScript 库集成使用，在实践中得到了广泛应用，受到业界极高的关注，被誉为 JavaScript 热门框架的三大巨头之一。Vue 为高效率开发 Web 应用系统的前端页面处理提供了强大动力。

为更方便地使用 Vue，建议在 IntelliJ IDEA 中安装 Vue. js 插件，如图 3-1 所示。

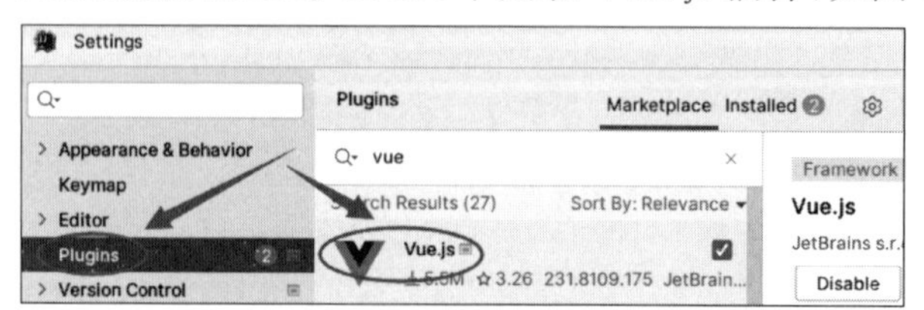

图 3-1　Vue. js 插件

3.2 Vue 应用基础

3.2.1 创建 Vue 应用

1. 安装

可以采用 NPM(不适合非 Node.js 环境),或在页面引入 CDN 地址方式,例如:

```
<script src="https://unpkg.com/vue@3/dist/vue.global.js"></script>
```

但这种方式无法使用单文件组件 SFC 的语法。还有一种是下载 JS 文件存入项目文件夹的方式,以 3.3.10 版本为例,下载链接为

```
https://cdnjs.cloudflare.com/ajax/libs/vue/3.3.10/vue.global.prod.min.js
```

vue.global.prod.min.js 是用于项目生产环境的压缩版。在浏览器源码界面上右击另存到项目的 js 文件夹下,然后在页面中引用:

```
<script src="js/vue.global.prod.min.js"></script>
```

这种方式可以直接在脚本中使用全局构建对象 Vue,无须做其他任何安装配置。本书采用这种方式,并使用 3.3.10 版本。

提示: 也可到 BootCDN 中文网下载,请参阅 2.1.2 节的内容。

2. 第一个 Vue 应用

下面来创建第一个 Vue 应用,在页面上输出“你好,Vue!”。为便于理解,这个示例给出了完整代码。

```
<!DOCTYPE html>
<html lang="zh">
<head>
    <meta charset="UTF-8">
    <title>hello Vue</title>
    <script src="js/vue.global.prod.min.js"></script>                    ①
</head>
<body>
<div id="app">                                                             ②
    <span>{{welcome}}</span>
</div>
<script>
    const app = Vue.createApp({                                            ③
        data() {                                                           ④
            return {
                welcome: '你好,Vue!'
            }
        }
    })
    app.mount('#app')                    //将 Vue 应用实例挂载到 id="app"的层上面
</script>
</body>
</html>
```

① 引入 Vue 的支撑库,这个不要忘记了。后面不再重复提示。

② 定义了一个层,用来挂载 Vue 应用的实例,通俗地说,就是让 Vue 来渲染这个层里面所有元素的数据及事件处理。打个比方就是,这个层类似于某个名叫“app”的公司,现在请 Vue 来接管该公司,对公司的各种数据业务(设备、资金、人事等)进行管理。所以,这个层里面标题为< span >的数据,将由 Vue 渲染显示。

③ 利用全局对象 Vue 的 createApp()函数,创建一个 Vue 应用的实例。Vue 会完成一系列初始化过程,例如,设置数据、编译模板等,并运行一些被称为“生命周期钩子”的函数。利用这些钩子函数,就可以在适当的时候处理各种业务逻辑。这有点类似于去坐车(id="app"的层),司机(Vue)要运行绕车检查、检查车辆、打火启动、发车等“钩子函数”,而我们(层的内部元素)则可以在司机起步检查时处理自己的业务逻辑“调整坐姿”“系好安全带”。

④ 通过 data()函数返回了一个 welcome 数据。当然,也可以返回多个数据。

还有一种创建 Vue 应用的方式:

```
<div id = "app">
    <span>{{welcome}}</span>
</div>
<script>
    const MyData = {
        data() {
            return {
                welcome: '你好,Vue!'
            }
        }
    }
    Vue.createApp(MyData).mount('#app')
</script>
```

这种方式基于 MyData 组件创建 Vue 应用,运行效果跟第一种方式完全相同。

3.2.2 生命周期

从创建 Vue 应用实例,到初始化、模板编译,再到渲染、挂载 DOM 结点,然后更新界面,最后销毁实例,完成了整个生命周期过程。读者可以去 Vue 官网参阅详细的生命周期流程图,有助于更好地理解 Vue 的整个运行原理。

在整个生命周期过程中,Vue 提供了 8 个重要的钩子函数。下面选取了其中 4 个比较常用的钩子函数做简要说明。

(1) created():Vue 实例创建完成后调用。此时一些数据和函数已经创建好,但还没有挂载到页面上。可在这个函数里面进行一些初始化处理工作。

(2) mounted():模板挂载到 Vue 实例后调用,HTML 页面渲染已经完成。可以在这个函数中开始业务逻辑处理。

(3) beforeUpdate():页面更新之前被调用。此时数据状态值已经是最新的,但并没有更新到页面上。

(4) beforeDestroy():解除组件绑定、事件监听等。在实例销毁之前调用。

示例:在待输出数据“你好,Vue!”后加上“渐进式框架!”字样。

```
const app = Vue.createApp({
```

```
    data() {
        return {
            welcome: '你好,Vue!'
        }
    },
    mounted() {
        this.addStr()
    },
    methods: {
        addStr: function () {
            this.welcome += '渐进式框架!'
        }
    }
})
app.mount('#app')
```

自行编写的若干函数,可以放置在 methods 里面。这里利用 mounted()钩子函数,调用 addStr()函数,对原有的数据进行修改。打开页面后,将显示“你好,Vue! 渐进式框架!”。

提示:要使用数据或函数,需要用 this 进行限定,this 代表当前 Vue 实例。

3.2.3　组合式函数 setup()

为了更好地管理代码,Vue 提供了组合式函数 setup()。setup()能够很好地将代码整合在一起,还可以有选择性地对外暴露我们定义的变量、常量和函数,基本语法格式如下。

```
const app = Vue.createApp({
    props: {
        addr: {type: String}
    },
    setup(props, context) {
        ...
    }
})
```

- props:外部传入的数据,可以是数组或对象,这里传入的是一个 addr 字符串数据。后面结合数据绑定知识再举例。
- context:上下文对象,可用来获取应用的一些属性,context 和 props 都是可选参数。

示例:用 setup()函数,重写 3.2.2 节的例子。

```
const app = Vue.createApp({
    setup() {
        const welcome = Vue.ref('你好,Vue!')
        const addStr = () => welcome.value += '渐进式框架!'
        Vue.onMounted(addStr)
        return {welcome}
    }
})
app.mount('#app')
```

较 3.2.2 节写法,现在简洁明了很多。在 setup()函数里面,生命周期钩子函数的写法有所变化,原来的 mounted()变成了 onMounted(),类似的还有 onBeforeMount()、onBeforeUpdate()等。

Vue 是一个全局量,里面定义了很多常量、函数或方法,例如,ref()、onMounted()等。在 Vue.onMounted()里面调用 addStr()函数,返回 welcome 对象添加内容后的值。

通过 setup()函数的 return，可以有选择性地对外暴露某些值或方法。这里如果不返回 welcome，<span>中是无法插值显示 welcome 的值的。读者可能对代码中的 Vue. ref()感到疑惑，这是一个响应性函数，下面将会介绍。

提示：推荐使用 setup()函数组合式写法！注意，setup()函数里面不能使用 this。

3.2.4 插值

语法格式：

```
{{message}}
```

插值属于 Vue 的模板语法，是数据绑定最常见的形式。可以简单理解为：将<script>脚本中的 message 变量(或常量)的内容“插入”到 HTML 指定位置。实际上，这是一种数据绑定，页面绑定了 message 数据属性的值。当 message 的值发生改变时，插值处的内容会自动发生改变。在前面的示例中其实已经使用过了。

在插值里面，甚至可以使用 JavaScript 表达式(不能是语句)进行某些处理。例如：

```
<div id="app">
    <span>
        {{welcome.indexOf('Vue') > 0 ? welcome + '我要努力学习之!' : welcome}}
    </span>
</div>
<script>
    Vue.createApp({
        setup() {
            const welcome = Vue.ref('你好,Vue!')
            return {welcome}
        }
    }).mount('#app')
</script>
```

这里的插值使用了三目条件运算来输出不同字符串。现在，页面显示内容将变成“你好，Vue！我要努力学习之！”。

3.2.5 响应性函数

在 Vue 应用中，当脚本中的数据(例如，服务器推送数据，或用户手工改变)被修改时，页面就会自动发生改变，体现了高度的响应性。要为对象创建响应性状态，需要使用 ref()、reactive()等函数。

1. ref()

ref()是 Vue 响应式 API 的核心函数。如果希望将字符串'你好，Vue！'变成响应式对象，则可使用 ref()函数。ref()会创建一个值为“你好，Vue！”的字符串对象，并将该字符串“包裹”在一个带有 .value 属性的 ref 对象中返回。因此，ref 返回对该响应式对象(只包含一个 value 属性)的引用，ref 一般用于结构较简单的类型。例如下面的 welcome：

```
const welcome = Vue.ref('你好,Vue!')
```

字符串'你好，Vue!'被包裹在一个带有.value 属性的 ref 对象中返回。因此，若要访问 welcome 的值，则需要通过“. value”的形式：

```
console.log('welcome 的值:' + welcome.value)
welcome.value += '努力践行!'
```

这里的".value"形式是指在<script>脚本中。在 HTML 中访问 welcome 的值,并不需要这个".value"。

```
<div id = "app">
    <span>{{welcome}}</span>
</div>
```

对于常见的简单数据类型,如 string、number 等,一般习惯性使用 ref。但是,实际上 ref 适用于任何类型的值。除了简单数据类型外,ref 也适用于数组、对象等数据结构。只不过,如果将一个非简单数据类型的对象赋值给 ref,例如:

```
const welcome = Vue.ref({title:'你好,Vue!'})
```

ref()函数的内部会通过 reactive()将其转换为响应式代理,这将使该对象变成一种深层次的响应式对象。"深层次的响应式对象"意味着当嵌套对象的值发生改变时,变化能被 Vue 监测到并可反映到页面效果上,例如:

```
const welcome = Vue.ref({
    author:{
            no: '23070156',
            name:'张三丰',
            caption: '响应式项目'
        },
    address: '杭州教工路 10 号'
})
```

welcome 所代理的是一个具有嵌套子对象 author 的对象。如果改变 author 的属性值:

```
welcome.value.author.no = '23070158'
welcome.value.author.name = '杨过'
welcome.value.author.caption = '响应式项目开发实战'
welcome.value.address = '武汉解放大道 10 号'
```

子对象属性值的变化会被 Vue 监测到并影响页面效果,体现了深层次响应性。读者可能注意到,当比较多的地方都需要使用 welcome 时,如果每次都要通过".value"的形式存取数据,显然比较烦琐!这时候可通过代理函数 proxyRefs()进行简化。来看下面的示例。

```
<div id = "app">
    主题 - {{welcome.author.caption}} 地址 - {{welcome.address}}
    <button id = "resetCapAddr">重置主题和地址</button>
</div>
<script>
    Vue.createApp({
        setup() {
            const welcome = Vue.ref({
                author: {
                    no: '23070156',
                    name: '张三丰',
                    caption: '响应式项目'
                },
                address: '杭州教工路 10 号'
            })
```

```
            Vue.onMounted(() => {
                const {fromEvent, tap} = rxjs
                const proxyWelcome = Vue.proxyRefs(Vue.unref(welcome))        ①
                fromEvent(document.querySelector("#resetCapAddr"), 'click').pipe(
                    tap(() => {                                                ②
                        proxyWelcome.author.caption = '响应式项目开发实战'
                        proxyWelcome.address = '武汉解放大道 10 号'
                    })
                ).subscribe()
            })
            return {welcome}
        }
    }).mount('#app')
</script>
```

① 函数 proxyRefs()创建了一个对目标对象(welcome 所指引的对象)的代理(Proxy)访问。代理 Proxy 类似于在目标对象之前架设了一层“捕捉器”,外界对目标对象的访问都必须先通过这层“捕捉器”,这有利于保证目标对象原始信息的安全性。该函数首先判断传递过来的参数值是否是响应式对象:如果是,则直接返回该对象;否则,利用 new Proxy()函数对参数值进行“包裹”后返回。那为什么 proxyWelcome 获取数据不再需要“.value”?因为这里使用了 unref()函数进行解除处理。

② 通过代理对象 proxyWelcome,改变响应对象 welcome 所“包裹”对象的 author、address 的值,以便观察代理对象 proxyWelcome 的属性值改变时,是否会影响到 welcome。从运行结果来看,这种改变会直接反映到 welcome。当然,使用代理对象 proxyWelcome 后,就不再需要每次带上“.value”了,代码简洁了很多。也可以“return { proxyWelcome}”,并在<div>中使用对应插值:

```
主题 - {{proxyWelcome.author.caption}} 地址 - {{proxyWelcome.address}}
```

效果是一样的。那么,如果希望放弃深层次响应性,怎么办?可使用 shallowRef()。

提示:不要忘了引入 RxJS 支撑库文件<script src="js/rxjs.umd.min.js"></script>。

2. shallowRef()

shallowRef()函数是 ref()函数的浅层作用形式,其内部值以原值形式存储和暴露,无法从顶层到子层,递归地转换为响应式。仍以上面的重置主题和地址为例,这里不再需要使用 proxyRefs()代理函数了。如果修改按钮的 click 事件代码,直接像下面这样赋值,不会触发任何变化,是没有效果的。

```
welcome.value.author.caption = '响应式项目开发实战'
welcome.value.address = '武汉解放大道 10 号'
```

因为这种浅层作用形式,不会将对象内部属性的访问处理成响应式,而只有顶层才是响应式的,即只有对目标对象 welcome 的“.value”进行赋值,才是响应式的,如下。

```
...
const welcome = Vue.shallowRef({
    author: {
        no: '23070156',
        name: '张三丰',
        caption: '响应式项目'
    },
    address: '杭州教工路 10 号'
```

```
})
const {fromEvent, tap} = rxjs
fromEvent(document.querySelector("#resetCapAddr"), 'click').pipe(
    tap(() => {
        const tmp = {
            author: {
                no: '23070158',
                name: '杨过',
                caption: '响应式项目开发实战'
            },
            address: '武汉解放大道 10 号'
        }
        welcome.value = {...tmp}
    })
).subscribe()
...
```

这里构造了一个临时对象 tmp,通过对象展开运算符,将 tmp 的值赋值给 welcome. value,将触发页面变化,达到了目的。

3. reactive()

reactive()函数不像 ref()函数那样对对象进行“包裹”,而是直接使得对象本身就具有响应性。例如:

```
const addr = Vue.reactive({
    webSocket: 'ws://192.168.1.5',
    role: 'student',
    endpoint: 'schat'
})
```

代码创建了一个有三个属性的响应对象 addr。究其本质,reactive()是对原数据对象(reactive()函数括号中的内容)的代理(Proxy),即 Vue 将数据对象包装在代理中,而代理对象可检测属性的更新或删除,依赖于 addr 的全部界面就会自动更新以反映这些更改。

reactive()常用在创建需要具备响应性状态的结构较复杂的类型上,例如,对象、数组、列表等。一般不建议用于原始数据类型,如 number、boolean、string 等。与 ref()不同,若要访问 addr 的值,并不需要采用“addr. value”的形式,直接获取即可。

```
<div id="app"><span>{{url}}</span></div>
<script>
    Vue.createApp({
        setup() {
            const addr = Vue.reactive({
                webSocket: 'ws://192.168.1.5',
                role: 'student',
                endpoint: 'schat'
            })
            const url = addr.webSocket + '/' + addr.role + '/' + addr.endpoint
            return {url}
        }
    }).mount('#app')
</script>
```

与前文所述的 shallowRef()一样,reactive()也有对应的浅层作用形式 shallowReactive(),其原理类似,在此不再赘述。

3.2.6 解构

读者可能对前面代码中的诸如“Vue. createApp”“Vue. ref”“Vue. onMounted”“Vue. reactive”等使用方式感到烦琐。确实如此！使用解构，就可写得更为简便。解构，通俗一点的说法就是将一些属性、函数或方法从某个定义中“抠”出来以方便使用。例如，没有解构前：

```
<div id="app"><span>{{str}}</span></div>
<script>
    Vue.createApp({
        setup() {
            const guoy = Vue.ref({
                name: '杨过',
                email: 'guoy@126.com'
            })
            const str = guoy.value.name + ';' + guoy.value.email
            return {str}
        }
    }).mount('#app')
</script>
```

解构后，访问形式就简单些。

```
<div id="app"><span>{{str}}</span></div>
<script>
    const {createApp, ref} = Vue                                //解构
    createApp({
        setup() {
            const guoy = ref({
                name: '杨过',
                email: 'guoy@126.com'
            })
            const {name, email} = guoy.value                    //解构
            const str = name + ';' + email
            return {str}
        }
    }).mount('#app')
</script>
```

从全局对象 Vue 中解构出 createApp()、ref()函数，从 guoy 中解构出 name、email 属性。而 3.2.3 节的 setup()函数则可修改成这样：

```
setup() {
    const {ref, onMounted} = Vue
    const welcome = ref('你好,Vue!')
    onMounted(() => welcome.value += '渐进式框架!')
    return {welcome}
}
```

解构，是一个很方便的做法。以后，也可以将一些对象、函数等放在一个专门的自定义集合器里面，统一管理。当需要使用某个函数或对象的时候，从集合器中解构出来即可。

3.3 基础语法

Vue 使用了基于 HTML 的模板语法。模板泛指任何合法的 HTML。Vue 将模板编译并渲

染成虚拟 DOM。

3.3.1　模板语法

Vue 的指令,通常以 v-为前缀,如 v-html、v-bind、v-if、v-show 等。

1. v-html

通常情况下,插值语句会将里面的内容解读为纯文本。如果前面的示例中 message 的内容是这样的:

```
'你好,<b>Vue!</b>'
```

页面上将会原样输出上述内容,而不是期望的加粗的"Vue!"。v-html 指令可以实现 HTML 内容的解析输出:

```
<span v-html="welcome.indexOf('Vue') > 0 ? welcome + '我要努力学习之!' : welcome"></span>
```

现在,页面上的"Vue!"将粗体显示。

2. v-bind

绑定指令 v-bind 日常使用非常频繁。v-bind 用于绑定数据以便动态更新 HTML 元素的状态。当绑定的表达式的值发生改变时,这种改变将实时应用到页面元素上。例如:

```
<img v-bind:src="myimg">
```

可在 setup()函数里面定义 myimg。

```
const myimg = Vue.ref('image/username.png')
return {myimg}
```

页面上将显示 username.png 图片。下面再举一个稍微综合点的示例:一个能够输入文字的文本框。①要求文本框的文字颜色、边框、阴影的样式能够组合变化,例如,可只设定边框、文字颜色,或者只设定文字颜色、阴影样式。②某些场景下改变的是文本框的 size 属性,而另外一些场景下改变的则是 maxlength 属性。因为文本框的 size 是设定外观长度的,而 maxlength 则表示在文本框内允许输入的最大字符长度,所以具体需要设置哪个属性,要求能够灵活变化。

上面这些处理需求,显然是需要动态绑定属性的。下面先来简单定义三个 CSS 样式名称。

```
<style>
    .myColor { color: #00f; }
    .myBorder { border: 1px dotted #f00; }
    .myShadow { box-shadow: 2px 2px 2px #a9a5a5; }
</style>
```

然后,在页面上放置一个包含文本框、按钮的层。

```
<div id="app">
    <input v-bind:class="myStyle" v-bind:[attr]="10" value="你好,Vue!"/>
     <button id="changeStyle">单击改变样式</button>
</div>
```

最后,使用 Vue 进行处理。

```
<script>
    const {createApp, reactive, ref, onMounted} = Vue
    createApp({
```

```
            setup() {
                const myStyle = reactive({
                    myColor: true,                                //颜色
                    myBorder: false,                              //边框
                    myShadow: false                               //阴影
                })
                const attr = ref('size')                          //默认值为文本框的外观长度
                onMounted(() => {
                    const {fromEvent, tap} = rxjs
                    fromEvent(document.querySelector("#changeStyle"), 'click').pipe(
                        tap(() => {
                            myStyle.myColor = !myStyle.myColor    //原值的否定
                            myStyle.myBorder = !myStyle.myBorder
                            myStyle.myShadow = !myStyle.myShadow
                            attr.value = attr.value === 'size'? 'maxlength' : 'size'
                        })
                    ).subscribe()
                })
                return {myStyle, attr}
            }
        }).mount('#app')
    </script>
```

单击按钮时，myStyle 对象三个属性的值会改变为原值的否定，文本框的样式就会发生组合式变化。

v-bind:[attr]中 attr 是一种动态参数，是根据响应数据 attr 的不同值设置不同的属性。单击按钮时，attr 的值在 size、maxlength 之间切换。当 attr 的值切换到 maxlength 时，意味着文本框中总计最多只能输入 10 个字符。

3. 语法糖

v-前缀对标识 Vue 行为很有帮助，但也稍显烦琐，Vue 为 v-bind 和 v-on 这两个最常用的指令提供了语法糖来简化写法，直接写一个“:”号：

```
<input :class="myStyle" :[attr]="10" value="你好,Vue!"/>
```

4. style 绑定

有时候，对于一些 HTML 元素的简单修饰，常用 style 直接定义，而非采用 CSS 文件方式，例如：

```
<span style="color:#f00">你好</span>
```

Vue 提供了方便的 style 样式绑定处理，先在层里面添加一个<span>：

```
<div id="app">
    <span :style="[style1,style2]">{{welcome}}</span>
</div>
```

这个<span>叠加绑定了两个样式对象：style1、style2。再看 setup()函数代码：

```
setup() {
    const {ref, reactive} = Vue
    const welcome = ref('你好,Vue!')
    const style1 = reactive({
        background: '#090',
        borderRadius: '3px'
```

```
    })
    const style2 = reactive({
        fontWeight: 'bold',
        color: welcome.value.indexOf('Vue') > 0 ? '#fff' : '#f5c609',
        fontSize: '1.2em',
        textShadow: '3px 3px 3px #605d5d'
    })
    return {welcome, style1, style2}
}
```

读者可能觉得用CSS直接修饰效果也一样。确实如此。不过请注意粗体代码，这里是由Vue根据情况进行控制，有些场景就需要这种处理。读者可运行看看最终效果。

5. template

字符串模板template在运行时即时编译，可用于显示HTML内容，该模板将会替换已经挂载的HTML元素。

示例：用template显示两句古诗。

```
<div id="app">
    <span>{{welcome}}</span>
</div>
<script>
    Vue.createApp({
        setup() {
            const welcome = Vue.ref('你好，Vue!')
            return {welcome}
        },
        template:
                `<div>
                    <img src="image/username.png" width="32" height="32">
                    <span>时人不识凌云木，直待凌云始道高</span>
                </div>`
    }).mount('#app')
</script>
```

页面上不会显示“你好，Vue!”，而是显示一张图片和那两句诗。

提示：template内容中<div>前面的引号不是英文的单引号“'”，也不是中文的“‘”，而是键盘数字1旁边的“`”符号！

3.3.2 计算属性computed

computed常用于简单计算。当数据发生改变时，计算属性会自动重新执行并刷新页面数据。下面通过示例来学习其应用。

示例1：对count进行赋值、取值运算。

```
setup() {
    const {ref, computed} = Vue
    const count = ref(5)
    const comp = computed({
        get: () => ++count.value,
        set: val => count.value = val - 20
    })
    console.log(count.value)                ①
```

```
        console.log(comp.value)           ②
        comp.value = 10
        console.log(count.value)          ③
        console.log(comp.value)           ④
        return {count}
}
```

get()函数用于获取 count 的值：将 count 的值加 1 后返回。而 set()函数则设置 count 的值：将 count 的值减去传递过来的参数值 val。

① 浏览器控制台输出 5。数据并没发生改变，所以日志输出 5。

② 输出 6。通过 get()获取到计算结果。count 的值先加 1，返回给 comp。此时，count 的值也为 6。如果是后加“count.value++”，则输出 5，然后 count 的值仍然是 6。

③ 输出−10。给 comp 赋值为 10，将触发 set()函数进行计算，传递给 val 的值为 10，所以最终输出为−10。

④ 输出−9。同前面一样，因为触发 get()函数得到的计算结果为(−10+1)。

如果在页面用插值显示 count 的值：

```
<span>{{count}}</span>
```

这时候会显示多少？请读者考虑。

示例 2：计算图书总金额。

```
<div id="app">
    总金额:<span>{{total}}</span>
</div>
<script>
    Vue.createApp({
        setup() {
            const {reactive, computed} = Vue
            const books = reactive([
                {
                    bname: 'Java Web 开发教程',
                    price: 48.9,
                    count: 135
                },
                {
                    bname: 'PostgreSQL 技术及应用',
                    price: 58.9,
                    count: 140
                }
            ])
            const total = computed(() => {
                let sum = 0
                books.forEach(book => sum += book.price * book.count)
                return sum
            })
            return {total}
        }
    }).mount('#app')
</script>
```

代码定义了一个响应式数组 books，然后迭代 books 中的每个对象，计算总金额，返回一个具体值给 total。

3.3.3　侦听 watch

对指定的数据源进行侦听，以便做出反应。基本用法：

```
const count = ref(0)
watch(count, oldCount => {
    //做出反应,执行处理
    }
)
```

在这个基本用法里面，是对单个数据 count 进行侦听，一旦其值发生变化，就自动进行相应的处理。

示例 1：单击按钮，依次输出数字“0　1　3　6　10　15　21　28　36…”。

```
<div id="app">{{num}} <button id="add">单击增加</button>
</div>
<script>
    Vue.createApp({
        setup() {
            const {ref, watch, onMounted} = Vue
            const num = ref(0)                                  //输出的数字
            const count = ref(0)                                //每次增加的数字
            watch(count, oldCount => num.value += oldCount)     //侦听 count 的变化
            onMounted(() => {
                const {fromEvent, tap} = rxjs
                fromEvent(document.querySelector("#add"), 'click').pipe(
                    tap(() => count.value++)                    //单击改变 count 值,激发侦听事件
                ).subscribe()
            })
            return {num}
        }
    }).mount('#app')
</script>
```

示例 2：某图书仓库默认有 275 本书。每次单击数字文本框的上下小箭头时，可增减 1 本图书。如果是单击向上的小箭头，增加一本随机生成的样本图书（书名、价格随机模拟生成）；如果是单击向下的小箭头，则删除最后入库的那本图书。文本框下方会实时变化增加的图书数及总金额。当图书数恢复到默认的 275 本时，禁止减少图书，即单击向下小箭头无效，此时单击向上小箭头才有效果。另外，为避免输错，禁止用户在文本框中输入数字。效果如图 3-2 所示。

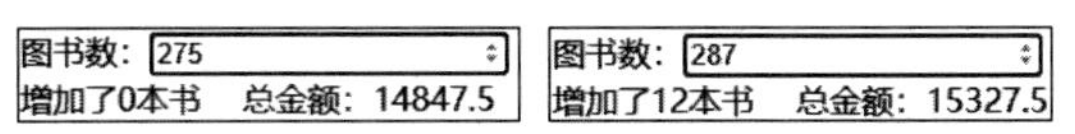

图 3-2　侦听图书变化

看起来处理有点复杂，但利用 Vue 的响应式技术，结合计算属性、watch 侦听，并没有想象得那么复杂。首先，在页面放置一个层：

```
<div id="app">
    图书数:<input type="number" id="bookInput"
                v-model="inBooks.count" min="0"/><br>
    <span>{{inBooks.message}}</span> 
    总金额:<span>{{inBooks.total}}</span>
</div>
```

层里面的<input>数字型文本框，用来增加或减少图书数，其最小值为0。该文本框的值与inBooks对象的count属性用v-model进行了双向数据绑定，即文本框值的变化会引起count值的变化，从而触发watch()函数，进行相应处理。关于v-model，3.3.4节将会介绍。

插值{{inBooks.message}}用来显示增加了几本书的提示信息。插值{{inBooks.total}}则显示总金额。从这里可以得出，inBooks至少有三个属性：count、message、total。接下来是重头戏，来看<script>代码。

```
<script>
    Vue.createApp({
        setup() {
            const {reactive, computed, watch, onMounted} = Vue
            const books = reactive([          //仓库中存放的图书情况,默认是 275 本书
                {
                    name: 'Java Web 开发教程',
                    price: 48.9,
                    count: 135
                },
                {
                    bname: 'PostgreSQL 技术及应用',
                    price: 58.9,
                    count: 140
                }
            ])
            const initBooks = {               //用来记录仓库原始的图书数、总金额
                count: 0,
                total: 0
            }
            books.forEach(book => {           //计算出仓库原始的图书数、总金额
                initBooks.count += book.count
                initBooks.total += book.price * book.count
            })
            const inBooks = reactive({        //当前仓库情况:图书数量、相关信息、总金额
                count: initBooks.count,
                message: '增加了 0 本书',
                total: computed(() => {       //利用计算属性计算总金额
                    let sum = 0
                    books.forEach(book => {
                        sum += book.price * book.count
                    })
                    return sum
                })
            });

            watch([books, () => inBooks.count],          ①
              ([newBooks, count], [, oldCount]) => {     ②
                if (count > oldCount && oldCount >= initBooks.count)    //新增图书处理
                    newBooks.push({           //产生一本新书,书名、价格随机生成
                        name: '随机书名' + Math.floor(Math.random() * 100),
                        price: Math.floor(Math.random() * 100),
                        count: 1
                    })
                else if (count < oldCount && count >= initBooks.count) ③
                    newBooks.splice(newBooks.length - 1, 1)       //删除最新入库图书
                if (count <= initBooks.count)                 //当前仓库图书数已达到原始库存数
```

```
                inBooks.count = initBooks.count              //当前图书数重置为原始库存数
            let num = Math.abs(inBooks.count - initBooks.count)     //计算绝对增加数
            inBooks.message = `增加了${num}本书`
        }
      )
      onMounted(() => {
          //返回 id 为 bookInput 的元素，即调整图书数的文本框
          const bookInput = document.querySelector('#bookInput')
          rxjs.fromEvent(bookInput, 'keydown')                  //添加按键事件监听器
              .subscribe((event) => event.preventDefault())   //禁止键盘输入
      })
      return {inBooks}
    }
  }).mount('#app')
</script>
```

① 侦听两个数据 books、count，需要用数组表示。用箭头函数返回 inBooks 对象的 count 属性，对这个属性值进行侦听。

② 这是一个箭头函数，传入的是被侦听的两个数据的新旧状态值。由于两个数据都有新旧两种数据状态，所以需要两个数组。第一个数组[newBooks，count]，分别对应所侦听数据的当前值，元素顺序与被侦听数据的顺序一致。第二个数组[，oldCount]，对应这两个数据的旧值。同样，第二个数组中的元素顺序也要与被侦听数据的顺序一致。由于程序并不关心 books 的旧值，所以写成“[，oldCount]”，省略变量名，表示 books 的旧值被忽视。

③ 减少图书的处理。这时候当前图书数 count 比旧值 oldCount 小，实际上是单击图书文本框向下小箭头的操作，说明需要从 books 数组中删除最新入库的一本书。但是，不允许一直单击向下小箭头，否则图书数可能变成 0，原始图书数也没有了。所以，有一个逻辑与条件“count >= initBooks.count”，也就是说，一旦 count 与 oldCount 相等，说明新增的图书已经删完，后续不能再从 books 中删除图书了。

3.3.4　表单域的数据绑定

表单域包含 text（文本框）、textarea（多行文本框）、checkbox（复选框）、radio（单选按钮）、select（下拉选择框）等，用于采集用户输入或选择的数据。

Vue 提供了 v-model 指令，能够实现在这些域元素上的双向数据绑定。下面来看一个包含这几种元素双向绑定的综合性示例。

```
<div id="app">
    姓名:<input v-model="student.name"/>
    简介:<textarea v-model="student.intro"></textarea>
    <p>爱好:<input type="checkbox" v-model="student.fav" value="football"/>足球
        <input type="checkbox" v-model="student.fav" value="dance"/>舞蹈
        <input type="checkbox" v-model="student.fav" value="art"/>艺术
        性别:<input type="radio" v-model="student.sex" value="male"/>男
        <input type="radio" v-model="student.sex" value="female"/>女
        <select v-model="student.major">
            <option value="0701">信息管理</option>
            <option value="0702">电子商务</option>
        </select>
    </p>
    <p>{{student.name}}</p> <!-- 这句及下面这句是为了测试双向绑定效果 -->
```

```
    <p style = "white - space:pre - wrap">{{student.intro}}</p>
</div>
<script>
    const MyApp = {
        setup() {
            const {reactive, watch} = Vue
            const student = reactive({
                name: '',
                intro: '',
                fav: [],                        //复选框是多个值,所以需要用数组,而非字符串
                sex: '',                        //没有设置默认选中的值
                major: '0701'                   //默认选中"信息管理"
            })
            watch(student, oldStudent => {
                console.log('\u000D')           //换行
                //遍历出选中的全部爱好,在浏览器控制台输出
                student.fav.forEach((s) => console.log(s))
                console.log(newStudent.sex)
                console.log(newStudent.major)
            })
            return {student}
        }
    }
    Vue.createApp(MyApp).mount('#app')
</script>
```

打开页面,如果在姓名、简介文本框中输入内容,将实时同步显示到页面下方。而选中不同爱好、性别、专业后,触发 watch 侦听并在浏览器控制台显示结果。从上面代码中可以总结出一个规律,一般 checkbox、radio、select 的数据绑定常常与 value 属性结合使用。

3.3.5 条件和列表渲染

1. 条件渲染

1) v-if、v-else-if、v-else

v-if 指令用于有条件地渲染内容,只有 v-if 的值为真时才会被渲染,类似于 JavaScript 的 if、else if、else 之类。下面对 3.3.2 节的示例 2 计算图书总金额进行判断输出。

```
<div id = "app">
    总金额:<span>{{total}}</span>
    <p v - if = "total >= 500000">超额</p>
    <p v - else - if = "total >= 150000">正常</p>
    <p v - else>萎缩</p>
</div>
```

2) v-show

v-show 通过改变元素的 CSS 显示属性来控制 HTML 元素的显示或隐藏,例如:

```
<span v - show = "role == 'teacher'">欢迎老师加入!</span>
```

当 role 的值为 teacher 时才会显示"欢迎老师加入!"。

2. 列表渲染

v-for 指令对数组中的数据进行循环来渲染列表,常常与 in 或 of 配合使用。来看下面的示例。

```
<div id = "app">
    <ul>
        <li v-for = "college in colleges">                                    ①
            {{college.name}}({{college.no}})
            <ul>
                <li style = 'list-style: none' v-for = "(m,index) of college.major">    ②
                    {{index + 1}}.{{m}}
                </li>
            </ul>
        </li>
    </ul>
</div>
<script>
    Vue.createApp({
        setup() {
            const colleges = Vue.ref([
                {
                    no: '0301',
                    name: '传媒学院',
                    major: ["动画", "广告", "数字媒体", "新闻传播"]
                },
                {
                    no: '0302',
                    name: '经济学院',
                    major: ["国际贸易", "金融学", "财政学"]
                }
            ])
            return {colleges}
        }
    }).mount('#app')
</script>
```

① colleges 是响应式数组对象，代表全部学院，而 college 代表了数组中的某个学院。

② 这里的 m 代表专业名称，而 index 则表示该专业所对应的索引。索引是从 0 开始编号的，这里使用 index+1 以便更符合日常的数字排序习惯。

打开页面后，效果如图 3-3 所示。

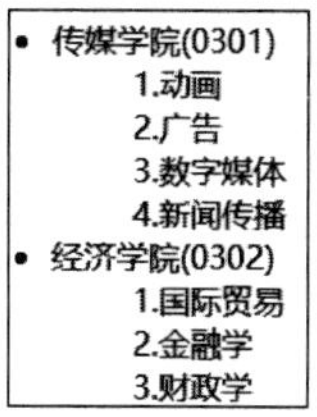

- 传媒学院(0301)
  1.动画
  2.广告
  3.数字媒体
  4.新闻传播
- 经济学院(0302)
  1.国际贸易
  2.金融学
  3.财政学

图 3-3　渲染后的列表

3.3.6　对象组件化

组件是一种可重用的独立单元。Vue 可以轻松实现对象的组件化。首先定义一个简单的对象 HelloVue：

```
const HelloVue = {
    props: {
        welcome: String
    },
    template: `<span>{{ welcome }}</span>`
}
```

在前面介绍过 props，用来接收外部传入的数据。这里通过 props 接收字符串数据并传给 welcome 属性。然后，通过 template 模板用插值方式输出到页面上。

组件化对象时，对象的命名请尽量采用驼峰命名法：每个单词的首字母大写，如 HelloVue。

下面构建 Vue 应用。

```
Vue.createApp({
    components: {
        HelloVue
    },
    setup() {
        const hello = Vue.ref('你好,Vue!')
        return {hello}
    }
}).mount('#app')
```

这里最为关键的是用 components 关键字声明了该 Vue 应用要使用的组件是 HelloVue。如果是多个组件,组件之间用逗号隔开。默认情况下,Vue 会将 HelloVue 解析为< hello-vue >元素,即下面的形式。

```
<hello-vue :welcome="hello"></hello-vue>
```

也可以显式指定其他名称的标签名。

```
components: {
        'say-hello':HelloVue
}
```

现在,页面需要这样应用该组件。

```
<div id="app">
    <say-hello :welcome="hello"></say-hello>
</div>
```

由代码可知,HelloVue 中 props 属性 welcome 绑定的是 setup()函数中定义的 hello。就这样,HelloVue 对象被组件化了。

显然,在 HTML 标准里面,并没有 hello-vue(或 say-hello)这样的标签。需要格外注意的是命名方式:将对象名称按单词小写化,单词之间以“-”符号连接。

3.3.7 插槽

很多超市门口放了储物箱(类似于插槽)。超市并不知道顾客会往储物箱里面放什么内容,储物箱里面的内容由顾客决定,且是变化的。计算机主板上有很多内存插槽,插槽上插入什么规格、品牌的内存条,事先无法确定。组装兼容计算机时,有的买家会购买 2GB 金士顿内存条,插入到内存插槽位置,而有的买家则购买 4GB 三星内存条插入到内存插槽。

与上述类似,Vue 的插槽(Slot)允许将不确定的、希望可以动态变化内容的那部分定义为插槽,类似于事先预留的内存插槽。Vue 的插槽实际上是一个内容占位符,可以在这个占位符中填充任何模板代码,例如,一句话、HTML 标签、组件等。当页面渲染显示时,原本 Slot 插槽标记的位置,会显示这些填充的内容。

1. 基本使用

插槽用< slot ></slot >表示,可为其指定默认内容:< slot >插槽默认内容…</slot >。来看下面的完整示例。

```
<div id="app">
    <hello-vue></hello-vue>
```

```
    <hello-vue>你好,Vue!</hello-vue>
    <hello-vue>学而时习之!</hello-vue>
</div>

<script>
    const {createApp, ref} = Vue
    const HelloVue = {
        template: `<div><slot>我是插槽...</slot></div>`
    }
    createApp({
        components: {
            'hello-vue': HelloVue
        }
    }).mount('#app')
</script>
```

代码定义了一个 HelloVue 组件,在组件的模板中使用了插槽<slot>。如果用户未给插槽指定内容,则显示默认内容“我是插槽...”。在<div>层里面,三次使用了 HelloVue 组件,但插槽内容不一样。在浏览器中打开页面后,会显示如下内容。

```
我是插槽...
你好,Vue!
学而时习之!
```

2. 具名插槽

可以使用带有名称属性的插槽,来划分不同的待显示内容。

```
<slot name="插槽名"></slot>
```

然后,在模板中利用“#插槽名”指定即可。

```
<template #插槽名>插槽内容</template>
```

下面来看一个示例。

```
<div id="app">
    <poem-extract>
        <template #header>望岳</template>
        <template #content>
            会当凌绝顶,一览众山小。
        </template>
    </poem-extract>
    <poem-extract>
        <template #header>忆秦娥·娄山关</template>
        <template #content>
            雄关漫道真如铁,而今迈步从头越。
        </template>
    </poem-extract>
</div>

<script>
    const PoemExtract = {
        template: `<div style="width:300px;text-align:center">
                        <span style="color:#f00;">
                            <slot name="header">标题</slot>
                        </span><br/>
                        <span style="color:#00f">
```

```
                        <slot name = "content">诗句</slot>
                    </span>
                    </div>`
        }
        Vue.createApp({
            components: {
                'poem - extract': PoemExtract
            }
        }).mount('#app')
</script>
```

这里使用了两个具名插槽 header、content，分别用来显示某首诗的标题、诗句。标题字体颜色为红色，而诗句内容的字体颜色为蓝色。在< div >层里面显示的两首诗，将会显示同样的 CSS 效果。在浏览器中打开页面后显示如下。

望岳

会当凌绝顶，一览众山小。

忆秦娥・娄山关

雄关漫道真如铁，而今迈步从头越。

3. 具名作用域插槽

作用域的意思是指数据的应用范围。组件所具有的数据，一般情况下都是在各自组件的内部（作用域）使用。而插槽作为占位符，本身没有数据，其数据来自于父组件提供的内容。也就是说，父组件域内的数据，通过插槽，作用到子组件了。

但是，反过来则不行。某些场景下，父组件除了给插槽内容提供数据外，还需要使用子组件内部的数据。也就是说，插槽内容，一部分来自父组件域内的数据，这本身就是可行的。另外一部分插槽内容，需要来自子组件中的数据，这是不允许的，因为 Vue 组件之间的数据流是单向的，只能从父组件流向子组件。这时候，可以先将子组件的数据，附加给具名作用域插槽，然后就可直接通过解构方式，获得所附带的数据。这样一来，插槽内容，有一部分就来自于子组件了。因此，具名作用域插槽相当于延展了数据的作用域，将子组件数据延展到父组件域内，并在父组件域内使用。来看具名作用域插槽的具体使用方法：

```
<slot name = "header" topic  = "计算机">标题</slot>
```

这里向具名插槽 header 直接传递了一个对象数据{ topic: '计算机' }。

而 template 模板可以解构并使用这个数据，并在页面形成统一数据格式。下面利用具名作用域插槽修改前面的示例。

```
<div id = "app">
    <poem - extract>
        <template #header = "{message}">
            【{{message}}】望岳
        </template>
        …
        <template #header = "{message}">
            【{{message}}】忆秦娥・娄山关
        </template>
        …
</div>
```

```
<script>
    const PoemExtract = {
        setup() {
            const message = Vue.ref('诗词精选')
            return {message}
        },
        template: `
          <div style="width:300px;text-align:center">
          <span style="color:#f00;">
            <slot name="header" :message=message>标题</slot>
          </span><br/>
          <span style="color:#00f">
            <slot name="content">诗句</slot>
          </span>
          </div>`
    }
    ...
</script>
```

给插槽绑定了一个 message 属性，并通过“:message=message”将 message 数据绑定到具名插槽 header。然后，将原来的父模板代码：

```
<template #header>望岳</template>
```

修改成了：

```
<template #header="{message}">
    【{{message}}】望岳
</template>
```

读者可能注意到“#header="{message}"”，这里利用{message}从附加在插槽的数据对象中解构出 message，以供父组件使用。接下来，再利用插值{{message}}显示数据，只不过用“【】”包裹一下，做了简单修饰而已。同样，对<template #header>忆秦娥·娄山关</template>也做了类似修改。再次打开页面，将显示如下效果。

【诗词精选】望岳

会当凌绝顶，一览众山小。

【诗词精选】忆秦娥·娄山关

雄关漫道真如铁，而今迈步从头越。

3.3.8　事件绑定和触发

1. 事件绑定 v-on

v-on 用于绑定事件监听器。例如：

```
<button v-on:click="doLogin"></button>
```

可以用语法糖形式简化：

```
<button @click="doLogin"></button>
```

v-on 支持使用以下修饰符。

- .left：单击鼠标左键时触发。
- .right：单击鼠标右键时触发。

- .self：单击当前元素时触发。
- .once：只触发一次。
- .stop：阻止事件继续传播。
- .prevent：阻止元素的默认事件处理

示例 1：使用 v-on 修饰符。

```
<a href = "http://www.hust.edu.cn" @click.prevent = "goUrl">华科</a>
<form name = "form1" action = "usr/issue" @submit.prevent = "check">
    <input type = "submit" value = "开始发送">
</form>
```

单击链接时，默认会跳转到华中科技大学主页，这里阻止了这个默认行为，而是执行 goUrl()函数。同样，单击表单中的"开始发送"按钮，不会执行默认动作 usr/issue，而是执行 check()函数。

示例 2：先准备两张灯泡图片 bulbon.gif(点亮)、bulboff.gif(熄灭)。单击按钮时，实现灯泡的点亮/熄灭状态切换。

```
<div id = "app">
    <bulb - image :my - img = "current"></bulb - image>
    <button @click = "changeImg">点我切换</button>                    ①
</div>
<script>
    const {createApp, ref} = Vue
    const BulbImage = {
        props: {
            myImg: String
        },
        template:`<img :src = 'myImg' width = '133' height = '160'/>`
    }
    createApp({
        components: {
            'bulb - image':BulbImage
        },
        setup() {
            const current = ref('image/bulbon.gif')
            const changeImg = () =>                                  ②
                        current.value = current.value.match('bulbon') ?
                            'image/bulboff.gif' : 'image/bulbon.gif'
            return {current, changeImg}
        }
    }).mount('#app')
</script>
```

① 绑定按钮单击事件，调用 changeImg()函数。

② 使用三元条件运算，判断 current 的内容是否匹配 bulbon，以此切换 current 的图片值。

2. 事件触发 $ emit

也可以使用 $ emit 触发当前对象上的各种标准或自定义事件，基本使用格式：

```
$ emit(事件名,参数)
```

例如 $ emit('toggle')，其中，toggle 是自定义事件名，然后可与具体的某个函数进行绑定。改写上面的灯泡切换示例，去掉"点我切换"按钮，直接单击灯泡图片时实现灯泡点亮/熄灭状态切换。

```
<div id="app">
    <bulb-image width='133' height='160' alt="灯泡切换" style="cursor:pointer"
                :image="current" @switch-bulb="changeImg">
    </bulb-image>
    ...
    props: {
        image: String
    },
    emits: ['switchBulb'],                              //定义事件名数组
    template: `<img :src='image' @click="$emit('switchBulb')" v-bind="$attrs"/>`
    ...
</script>
```

代码@switch-bulb="changeImg"将 switchBulb 事件与 changeImg()函数绑定,@click="$emit('switchBulb')"则将图片的 click 事件与事件 switchBulb 绑定。单击图片时,触发 switchBulb 事件,自然就会调用 changeImg()函数实现图片的切换处理。有人可能疑惑<bulb-image>标签中为什么是“@switch-bulb”而不是“@switchBulb”? 这正是需要注意的地方:需要将 switchBulb 变形为贴近 HTML 书写风格的 switch-bulb 形式。当然,完全可以在定义事件名数组时直接写成:emits:['switch-bulb']。

细心的读者会注意到 template 模板中的 v-bind="$attrs",这叫“属性透传”。BulbImage 组件 template 模板中的<img>标签,只是绑定了 src、click 等,而在<div>层中显然设置了<img>标签的 width、height、alt、style 等属性。这些属性是怎么传递到<img>标签的? Vue 允许通过属性传递:v-bind="$attrs",直接将父组件提供的数据传递到子组件,非常方便!

请仔细与前面事件绑定 v-on 中的示例 2 进行比较,体会其差异性。

3.3.9　自定义元素

defineCustomElement 用于自定义元素,可实现灵活、高度复用的功能性封装。下面是其基本使用格式,里面的元素读者应该并不会感到特别陌生。

```
const MyElement = Vue.defineCustomElement({
  props: {},                                      //参数
  setup() {},                                     //组合函数
  template: `...`,                                //模板
  styles: [`/* CSS 样式 */`]                      //样式
  ...
})
```

可以将 MyElement 作为单独部分存在,然后在需要使用的地方注册即可。

```
customElements.define('my-element', MyElement)
```

现在,就可以在页面中使用了:

```
<my-element></my-element>
```

用 defineCustomElement 重新实现灯泡切换处理:

```
<div>
    <bulb-img></bulb-img>
</div>
<script>
    const {defineCustomElement, ref} = Vue
```

```
    const BulbImage = defineCustomElement({
        setup() {
            const current = ref('image/bulbon.gif')
            const changeImg = () => current.value = current.value.match('bulbon') ?
                'image/bulboff.gif' : 'image/bulbon.gif'
            return {current, changeImg}
        },
        template: `<img :src = 'current' @click = "changeImg" class = 'bulb'/>`,
        styles: [`
                    .bulb {
                        width: 133px;
                        height: 160px;
                        cursor: pointer;
                        box-shadow: 1px 1px 2px #ccc;
                    }
                `]
    })
    customElements.define('bulb-img', BulbImage)
</script>
```

自定义元素BulbImage将灯泡图片的切换功能、样式、事件处理等，全部封装在一起了，实现了高度的复用性。代码中的styles只适用于defineCustomElement，用于将CSS代码直接封装在自定义元素里面。styles是一个数组，可以定义若干样式，具体写法与CSS完全一样。

当然，这里仍然可以对<img>使用属性透传，请读者自行修改实验。

3.3.10 自定义指令和插件

1. 自定义指令

Vue内置了v-html、v-if、v-model、v-show等一系列指令，也允许自定义指令满足应用需要。一般有两种方式自定义指令，一种是通过directive注册为全局指令，另外一种则是通过directives注册为当前组件可用的局部指令方式。下面结合示例来说明。

(1) 通过directive注册为全局指令。

```
<div id = "app">
    <button v-my-button:style.color = "'#00f'">查询</button>          ①
    <button v-my-button:color = "'#f00'">打印</button>                ②
    <button>退出</button>
</div>
<script>
    Vue.createApp()
        .directive('myButton', {
            mounted: (el, binding) => {
                el.style.cursor = 'pointer'                          //鼠标形状
                el.style.color = binding.value                       //字体颜色
                el.style.width = '100px'                             //长度
            }
        }).mount('#app')
</script>
```

这里自定义指令名称为“myButton”，用来定制某类按钮的外观：手形鼠标，字体颜色可定制，长度都是100px。该指令被注册为全局指令，因为是挂载在Vue应用上面。

应用自定义指令时，其名称一般以“v-”开头，全部字母小写，以单词为单位展开并以“-”连接，例如 v-my-button。当然定义指令时并不需要以“v-”为前缀。

自定义指令一般包含钩子函数以便确定其调用时机，例如，代码中的 mounted 就是钩子函数，表示组件挂载完成后调用自定义指令。可以利用 mounted 的参数进行额外处理，主要有以下可选参数。

- el：自定义指令绑定的元素，例如，这里绑定的元素是<button>。
- binding：一个对象，主要包含 value(传递给指令的值)、oldValue(之前的值)、arg(传递给指令的参数名)、instance(使用指令的组件实例)等属性。
- vnode：指令所绑定元素的底层虚拟结点(VNode)。

其他钩子函数还有 created()、beforeMount()、beforeUpdate()、updated()、beforeUnmount()、unmounted()等，这里不再赘述，请参阅 Vue 官方文档。

① 传递给自定义指令的 value 值'#00f'，arg 参数名 style，修饰符 color。使用这种形式给指令传递数据，可读性比第②种的更强。

② 传递给自定义指令的 value 值'#f00'，arg 参数名 color，修饰符为空。

从页面运行结果看，“查询”“打印”按钮的鼠标手形、长度一致，“查询”按钮的字体颜色为蓝色，“打印”按钮的字体颜色为红色。而“退出”按钮的外观完全不一样，是默认的外观形式。

传递数据还可以使用对象形式，一次传递多个数据。

```
<button v-my-button={color:'#00f',width:'100px'}>查询</button>
<button v-my-button={color:'#f00',width:'70px'}>打印</button>
```

在 mounted 里面，这样赋值：

```
el.style.color = binding.value.color
el.style.width = binding.value.width
```

(2) 通过 directives 注册为局部指令。

```
<div id="app">
    <button v-my-button>查询</button>
    <button v-my-button>打印</button>
    <button v-my-button>退出</button>
</div>
<script>
    Vue.createApp({
        directives: {
            myButton: {
                mounted: (el) => {
                    el.style.cursor = 'pointer'
                    el.style.color = '#00f'
                    el.style.width = '100px'
                }
            }
        }
    }).mount('#app')
</script>
```

这里的 myButton 指令，只能在 app 作用域内局部使用。跟前面的示例稍有不同，这里三个按钮的外观完全一样了。

2. 插件

插件(Plugins)的主要目的是为应用添加能够在任意模板中使用的全局性功能，例如，全局资源、全局对象、全局方法、全局指令等，而自定义指令有时候是作为局部指令而存在的。

下面将前面注册为局部指令的 myButton，用插件方式注册为全局指令。

```
<div id = "app">
    <button v - my - button>查询</button>
    <button v - my - button>打印</button>
    <button v - my - button>退出</button>
</div>
<script>
    const appPlugin = {
        install(app, options) {
            app.directive('myButton', {
                mounted: (el) => {
                    el.style.cursor = options.cursor
                    el.style.color = options.color
                    el.style.width = options.width
                }
            })
        }
    }
    Vue.createApp()
        .use(appPlugin, {                                   //安装插件并传递数据
            cursor: 'pointer',
            color: '#00f',
            width: '100px'
        }).mount('#app')
</script>
```

插件通常需要利用 install()方法，将其安装到应用实例中去。install()方法有两个参数：目标应用、传递的数据。上面的代码将自定义指令 myButton 安装到 app 应用中，并传递 CSS 属性数据 cursor、color 和 width。现在，myButton 作为全局自定义指令，可在整个 Vue 应用中使用。当然，像下面这样直接使用 install()安装方法也是可以的。

```
...
<script>
    const install = (app, options) => {
            app.directive('myButton', {
            ...
    }
    const app = Vue.createApp()
    install(app, {
        cursor: 'pointer',
        color: '#00f',
        width: '100px'
    })
    app.mount('#app')
</script>
```

3.4 渲染函数

3.4.1 h()函数

h()函数中的“h”是 hyperscript 的简称，即能够生成 HTML 元素的 JavaScript。h()函数返回

一个虚拟结点(Virtual Node,VNode)。虚拟结点,实际上是一个描述 HTML 元素(例如 div、table 等)的 JavaScript 对象。虽然不是真实的 HTML 元素,但又具备 HTML 元素的所有特征。VNode 保存在内存中,通过设计数据结构形式,“虚拟”地表示出 HTML 元素,所以被称为 VNode。虚拟结点能够让我们在内存中,灵活、动态地组合出希望的界面视图效果。

h()函数基本格式如下。

```
h(元素类型,属性,子元素)
```

这个格式是嵌套的,也就是说,子元素一样也可以是 h()函数。如果是多个子元素,则需要用数组,类似于:

```
h(元素类型,属性,[子元素 1, 子元素 2,…])
```

使用 h()函数,可以非常简单:Vue.h('span','你好,Vue!');也可以使用各种复杂的组合。来看下面的示例。

示例 1: 创建并显示文字内容为“强大的 h()函数!”的 div 层。

```
<div id="app"></div>
<script>
    Vue.createApp({
        setup() {
            const {h} = Vue
            //利用 return 直接返回渲染结果
            return () => h('div', {                   //创建 div 层
                innerText: '强大的 h()函数!',
                style: {
                    width: '160px',
                    height: '28px',
                    cursor: 'pointer',                //鼠标为手形
                    textAlign: 'center',              //文字居中
                    border: '1px dotted #00f',        //边框 1px、点线、红色
                    boxShadow: '2px 2px 3px #ccc'     //灰色边框阴影
                }
            })
        }
    }).mount('#app')
</script>
```

代码创建了一个 div 层,利用 style 属性,对该层的 CSS 样式进行了定义,并设置其内部文字为“强大的 h()函数!”。

示例 2: 显示图书馆的馆藏图书及索取号,如图 3-4 所示。

```
<div id="app"></div>
<script>
    Vue.createApp({
        setup() {
            const {h} = Vue
            return () => h('figure', {                //创建 HTML 的 figure 图片标签元素
                    style: {
                        textAlign: 'center',
                        width: '180px',
                        height: '270px',
                        border: '1px solid #f00',
                        boxShadow: '2px 2px 3px #ccc'
```

```
                    }
                },
                [h('img', {                         //figure 的第 1 个子元素：图片< img >
                    src: 'image/springboot.png',    //图片源
                    decoding: 'async',              //异步解析图像
                    style: {
                        display: 'block',
                        objectFit: 'contain',       //调整图片以适应父容器的长宽比
                        maxWidth: '180px',
                        maxHeight: '240px',
                    }
                }),
                    h('figcaption', {               //figure 的第 2 个子元素：标题< figcaption >
                        style: {textAlign: 'center'}
                    }, '馆藏索取号:TP02 - 101')     //figcaption 的内容
                ])
            }
        }).mount('#app')
    </script>
```

图 3-4　h()函数渲染结果

3.4.2　render()函数

渲染函数 render()和 h()函数类似，用法上稍有差异。render()和 h()结合，允许充分利用 JavaScript 的编程能力，灵活实现设计人机交互界面的目的。值得注意的是，render()函数的优先级高于 template 模板，这意味着如果二者同时存在，会优先显示 render()渲染的内容，而非 template 模板的内容。

示例 1：改写 3.4.1 节示例 2，用 render 渲染显示。

```
<div id = "render"></div>
<script>
    Vue.createApp({
        render() {
            const {h} = Vue
```

```
            return h('figure', {
                style: {
                ...
            )
        }
    }).mount('#render')
</script>
```

请仔细阅读代码,你能比较出差异么?

示例 2: 继续改写上面的示例,通过向 render 传递参数来渲染页面。

```
<div id = "render"></div>
<script>
    Vue.createApp({
        setup() {
            const {render, h} = Vue
            const content = h('figure', {
                ...
            )
            //获取页面 id = "render"的<div>层
            const container = document.querySelector('#render')
            render(content, container)          //将虚拟结点渲染到层
        }
    }).mount('#render')
</script>
```

这种情况下,render()语法格式为 render(VNode 虚拟结点, DOM 元素对象)。代码用 h()函数创建了虚拟结点 content,用 document. querySelector 获取到页面中的<div>层。上面代码的处理思路非常重要,需要熟练掌握。

示例 3: 利用 render()、h()、defineCustomElement 组合实现如图 3-5 所示的按钮。单击“消息”按钮时,“消息”二字变成“渲染示例”。

图 3-5 消息按钮

这个效果,如果用 HTML 元素来写,主要代码结构如下。

```
<button>
    <img src = "image/info.png" width = "22" height = "22">消息
</button>
```

注意,这里省略掉了 CSS 修饰代码,以及按钮单击事件的 JavaScript 代码。现在,用一个自定义标签<message-tip>,封装上面的按钮。来看看如何用 h()、defineCustomElement 组合实现。

```
<message - tip></message - tip>  <! -- 自定义元素标签 -->
<script>
    const MessageTip = Vue.defineCustomElement({     //自定义元素
        render() {
            const {h} = Vue
            const button = h('button', {             //最外层的按钮<button>
                    style: {                         //样式修饰
                        border: '0px',
                        width: '70px',
                        height: '45px',
                        borderRadius: '4px',         //边框为圆角
                        background: '#d8d4d4',
                        cursor: 'pointer'
                    }
                }, [
```

```
                    h('img', {                  //向 button 里面添加图片
                        src: 'image/info.png',
                        width: 22,
                        height: 22
                    }),
                    h('br'),                    //在图片后面添加换行
                    h('span', {                 //向 button 里面添加 span 元素
                        //单击时,修改 span 内部文字
                        onclick: (event) => event.target.innerText = '渲染示例',
                        innerText: '消息'        //span 默认的文本内容
                    }),
                    h('div', {                  //向 button 里面添加层,用于显示右上角的数字 6
                        innerText: 6,
                        style: {                //修饰数字 6:圆形、红底白字、显示于右上角
                            position: 'relative',
                            left: '94%',
                            top: '-50px',
                            borderRadius: '50%',
                            textAlign: 'center',
                            color: '#fff',
                            background: '#f15555',
                            width: '12px',
                            height: '12px',
                            fontSize: '10px',
                        }
                    })]
                )
                return h(button)
            }
        })
        customElements.define('message-tip', MessageTip)
    </script>
```

上面的处理思路非常简单：定义好 defineCustomElement 元素 MessageTip，该元素由 render()、h()渲染而成，然后用 customElements 注册为 message-tip。再在页面上直接使用<message-tip></message-tip>标签。甚至都不需要创建 Vue 应用，最大的优势在于体现了良好的封装性，能够带来极高的可复用性。

综上来看，h()、render()函数提供了完全的生成并控制 HTML 页面元素的能力。在某些场景下，可以代替 template，二者配合渲染、构建页面，请读者熟练掌握。

3.5 使用组件

组件能够实现代码的复用，也方便代码的管理。

3.5.1 组件定义及动态化

1. defineComponent 定义组件

定义组件可使用 defineComponent，其参数比较灵活，一般常使用具有组件选项的对象作为其参数。来看下面的示例。

```
<div id="app"></div>
<script>
    const CollegeComponent = Vue.defineComponent({
        setup() {
            const colleges = [
                {id: 'mgc', name: '管理学院'},
                {id: 'mdc', name: '传媒学院'}
            ]
            return {colleges}
        },
        template: `<ul>
                       <li v-for="college of colleges">
                         {{ college.name }}({{ college.id }})
                       </li>
                     </ul>`
    })
    Vue.createApp(CollegeComponent).mount('#app')
</script>
```

在浏览器中打开页面后,将显示如下形式的内容。

- 管理学院(mgc)
- 传媒学院(mdc)

由此可见,前面学过的很多知识点,都可应用在 defineComponent 中。

2. 动态组件

Vue 提供了组件的动态绑定,帮助我们灵活地切换组件。基本格式如下。

```
<component :is="module"></component>
```

利用 is 属性切换不同的组件,实现动态改变效果。只要改变 module 的值,页面就会显示不同组件的内容。下面就利用 is 的这个特性,来实现组件的切换。只要单击"切换组件"按钮,页面内容将在两个组件之间切换。具体代码如下。

```
<div id="app">
    <component :is="curModule"></component>
    <button id="switchBtn">切换组件</button>
</div>

<script>
    const {
        defineComponent, createApp, ref, onMounted, render, h
    } = Vue
    const MgcComponent = defineComponent({            //定义第 1 个组件:管理学院
        template: `<div>管理学院拥有管理科学与工程...</div>`
    })
    const MdcComponent = defineComponent({            //定义第 2 个组件:传媒学院
        template: `<div>传媒学院以新媒体、跨媒体...</div>`
    })
    createApp({
        setup() {
            const curModule = ref('mgc')              //is 默认绑定名为 mgc 的组件,即管理学院
            onMounted(() => {
                document.querySelector("#switchBtn")
                    .addEventListener('click', () => curModule.value === 'mgc' ?
                        curModule.value = 'mdc' : curModule.value = 'mgc')    ①
```

```
            })
            return {curModule}
        }
    }).component('mgc', MgcComponent)                                    ②
      .component('mdc', MdcComponent)
      .mount('#app')
</script>
```

① 给 switchBtn 按钮添加 click 事件。单击按钮时,判断< component >的 is 当前所绑定的组件名。若是 mgc(管理学院),则赋值为 mdc(传媒学院),否则赋值为 mgc。由于 curModule 为响应性对象,其值的变化,将触发< component >内容改变到传媒学院。

② 将组件 MgcComponent 注册到当前应用实例,注册名为 mgc。component()函数用于获取或注册组件,基本格式如下。

```
component(name:String,component:Component)
```

其中,第 2 个参数可选。如果没有提供第 2 个参数,例如 app. component('mgc'),则查找并返回该名字注册的组件。

这个示例基本展现了一些 Web 应用系统,如何实现在单击菜单时,通过切换组件改变页面内容的基本方法。后续章节所实现的系统导航菜单切换,就采用了这种动态组件。

3.5.2 异步组件

异步组件 defineAsyncComponent 在运行时是"懒加载",也就是说,只在需要的时候才会去加载内容。一般使用方法:

```
const AsyncComponent = Vue.defineAsyncComponent(
  () => new Promise((resolve, reject) => {
      resolve({
        template: '<span>我是异步组件!</span>'
      })
  })
)
app.component('async-component', AsyncComponent)
```

defineAsyncComponent 返回一个 Promise 对象并利用 resolve 回调内容。关于 Promise,请参阅 JavaScript 相关资料。但这是最基本的使用,下面通过一个详细示例来学习更为具体的用法。

示例:在页面上用 10s 时间显示会计学院文字介绍,随后自动播放学院视频。

```
<div id="app">
    <acc-college></acc-college>
</div>

<script>
    const {ref, h, defineAsyncComponent, createApp} = Vue
    const accDescribe = { //会计学院文字介绍组件
        template: `<div>
                      <span>会计学院是中国会计学会理事单位...</span><br>
                      <span style='color:#0000ff'>稍候,请欣赏学院视频...</span>
                  </div>`
    }
    const AccCollege = defineAsyncComponent({                    //会计学院处理视频的异步组件
        loader: () => new Promise(resolve => {
            setTimeout(() => {                                   //延迟 10s 后显示视频画面
```

```
                resolve({                                      ①
                 template: `
                   <video width="450" height="350" preload="auto" controls autoplay>
                      <source src="video/acc.mp4" type="video/mp4">
                      您的浏览器不支持视频标签
                   </video>`
                })
            }, 10000)
        }),
        delay: 0,                           //延迟 0ms,即:立即加载显示 acDescribe 组件内容
        loadingComponent: accDescribe,                 //加载会计学院文字介绍组件
        errorComponent: h('div', {                     ②
            style: {color: '#f00'},
        }, '视频加载失败...'),
        onError: (error, retry, fail, attempts) => {   //一旦出错,试着重试加载
            console.log(error.message)                 //在浏览器控制台显示出错信息
            console.log(`第${attempts}次重试!`)          //控制台显示重试信息
            attempts < 3 ? retry() : fail()            //重试 3 次
        }
    })
    createApp(AccCollege).mount('#app')
</script>
```

① 回调并解析模板。模板内容为会计学院视频。<video>标签设置了视频自动播放,但是有些浏览器默认不支持视频的自动播放,导致自动播放失效,需要在浏览器里面手工设置允许自动播放视频。

② 若加载出错,则显示此组件的内容。这里直接用 h()函数渲染显示一个 div 层,用红色文字显示“视频加载失败...”字样。

为了观察出错时的处理,将上述代码简单修改一下,来模拟出错效果。将 loader 修改成下面的代码。

```
loader: () => new Promise(resolve => {
    throw new Error('404:无法加载视频资源!')                //抛出错误
})
```

404 是设置的模拟出错状态码,表示无法找到相应资源。在浏览器中打开页面,页面会显示红色文字“视频加载失败...”,而浏览器控制台则会显示如图 3-6 所示信息。

图 3-6 控制台出错提示

3.5.3 数据提供和注入

我们常常用 props 在组件之间传递数据。Vue 还提供了另外一个更直截了当的方法：provide

和 inject。

1. 数据提供 provide

provide 用于向后代组件注入数据。注意，这里强调的是后代组件。例如，A 组件提供了数据：

```
provide('caption', '教务辅助管理系统')
```

或者函数形式：

```
provide() {
    return {
        'caption': '教务辅助管理系统'
    }
}
```

子组件 B 可通过 caption 注入并使用“教务辅助管理系统”数据。B 的子组件 C 也可注入使用该数据。

2. 数据注入 inject

注入由祖先组件提供的值，常常与 provide 配合使用。下面注入前面所提供的 caption。

- const caption = inject('caption')　　　　　//注入 caption
- const caption = inject('caption', '无标题') //注入 caption，若为空则默认值为“无标题”
- const caption =inject('caption', () => '无标题', true)

三种写法各有特点。最后一种写法，在注入 caption 时，若 caption 为空，则默认值通过函数的返回值来确定，例如，这里的箭头函数返回值是“无标题”。第三个参数 true，指示默认值由函数来提供。下面是一个 provide、inject 配合使用的示例。

示例：提供公钥数据给子组件使用。

```
<div id="app">
    <print-public-key :unit="'管理学院'"></print-public-key>
</div>

<script>
    const {createApp, provide, inject} = Vue
    function printPublicKey(props) {                    //声明数据传递参数 props
        const pkey = inject('publicKey')                //注入数据
        return `单位:${props.unit}\u3000 公钥:${pkey}`   //\u3000 表示全角空格
    }
    createApp({
        components: {
            'print-public-key': printPublicKey
        },
        setup() {
            provide('publicKey', '0701@2003$-Edu!')    //提供数据
        }
    }).mount('#app')
</script>
```

也可以不用 setup()，而使用函数形式：

```
createApp({
    components: {
        'print-public-key': printPublicKey
    },
```

```
        provide() {
            return {
                'publicKey': '@07012003 $ - Edu!'
            }
        }
}).mount('#app')
```

读者可能注意到 printPublicKey()函数的用法。这是一个函数式组件。函数式组件使得开发人员无须像前面 defineComponent 那样定义组件，在一些场景下会带来方便。这个示例用了数据提供和注入，也用了参数传递 props。打开页面后，浏览器输出内容如下。

```
单位:管理学院 公钥:0701@2003 $ - Edu!
```

3.6 单文件组件

单文件组件(Single File Component，SFC)常用来表示扩展名为".vue"的文件，是 Vue 提供的特殊文件格式。这种文件格式，将 Vue 组件需要的模板、JavaScript 逻辑处理以及 CSS 样式封装在单个文件中。SFC 使得开发人员可以更清晰地组织组件代码，提高代码的复用性、可维护性。

3.6.1 基本结构形式

单文件组件的基本结构形式如下。

```
<template>
    在这里放置 HTML 模板内容
</template>
<script>
    //在这里编写 JavaScript 脚本代码
</script>
<style>
    /* 在这里编写 CSS 样式内容 */
</style>
```

这三部分并不是必须都写全，而是择需而定。在项目里面右击，选择 New→Vue Component，即可创建单文件组件，如图 3-7 所示。

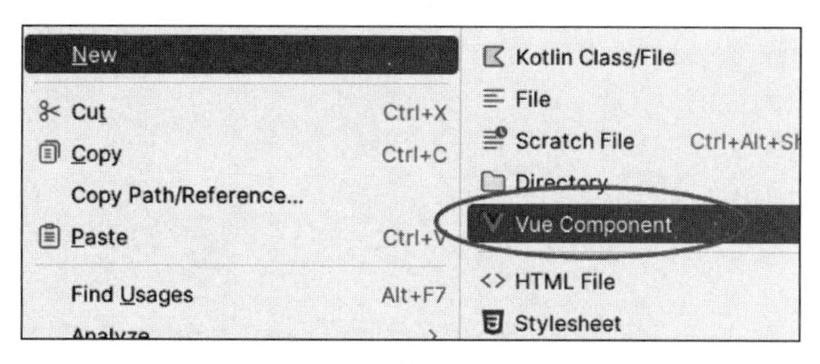

图 3-7　创建单文件组件

示例：管理学院情况介绍的单文件组件 mgc.vue。

```
<template>
    <div class="college-mgc">
        <header>
```

```
            <img src = "image/mgc.png" alt = "mgc"/>{{ caption }}
        </header>
        <main>管理学院以开放视角...打开管理大门。</main>
        <footer>官网:www.mgc.edu.cn</footer>
    </div>
</template>
<script>
export default {
    name: "college - mgc",
    setup() {
        const caption = Vue.ref('学院名片')
        return {caption}
    }
}
</script>
<style scoped>
img {
    vertical - align: middle;
}
header {
    font - size: large;
    color: #00f;
}
main {
    font - size: 16px;
}
footer {
    text - align: center;
    font - size: 12px;
}
.college - mgc {
    position: relative;
    width: 300px;
    height: 80px;
    margin: 0 auto;                                   /* 自动居中 */
    border: 1px solid #00f;
    box - shadow: 2px 2px 2px #ccc;
}
</style>
```

<style scoped>封装了当前组件的样式，其中，scoped 表示局部样式，仅对当前组件有效。如果去掉了 scoped，则意味着是全局样式。可以同时定义局部样式、全局样式：

```
<style>
img {
    vertical - align:middle;
}
</style>
<style scoped>
.college - mgc {
    position: relative;
    ...
}
```

也可以对 mdc.vue 文件的内容做分散处理，将三部分内容分别保存为相应文件，然后用 src 属性导入进来，例如：

```
<template src="./html/mgc.html"></template><!-- 前目录子目录 html 下的 mgc.html -->
<style src="./css/mgc.css"></style>    <!-- 前目录子目录 css 下的 mgc.css -->
<script src="./js/mgc.js"></script>    <!-- 前目录子目录 js 下的 mgc.js -->
```

提示： 若右键菜单里面没有出现 Vue Component 菜单项，可先创建一个普通文件，手工修改扩展名为“.vue”。再次在项目名称上右击选择菜单 New 时，一般就会出现 Vue Component 菜单项。

3.6.2　样式选择器

在前面使用<style scoped>封装了当前组件使用的样式，但是组件样式是有作用域的，默认情况下子组件并不能从作用域样式中接收样式。不过，通过样式选择器，组件样式能够以不同方式影响到子组件。

1. 深度选择器:deep()

使用:deep()伪类，可将父组件的样式渗透到子组件中，例如：

```
<style scoped>
:deep(.header-title) {
  font-size: 18px;
}
</style>
```

通过使用伪类:deep()，使得特定的 CSS 自定义样式类.header-title 不再限定于父组件，而是可作用于其下的任何子组件。

2. 插槽选择器:slotted()

同样，默认情况下作用域样式也无法影响到插槽<slot>渲染出来的内容。使用:slotted()伪类可以将插槽内容作为 CSS 样式的作用目标。

```
<template>
  <div class="my-title">
    <slot>标题</slot>
  </div>
</template>

<style scoped>
:slotted(h3) {
  font-size: 16px;
  color: #00F;
}
</style>
```

这里通过利用伪类:slotted()，使得插槽<slot>中的<h3>标签具有“文字颜色为红色、16px 大小”的样式。

3. 全局选择器:global()

如果希望将某个样式规则应用到全局，可使用:global()伪类来实现。

```
<style scoped>
:global(h3) {
  font-size: 16px;
  color: #00F;
```

```
}
</style>
```

这类似于使用：

```
<style>
h3{
  font-size: 16px;
  color: #00F;
}
</style>
```

从第 6 章开始，将会结合项目模块实战，展示样式选择器的具体使用。

3.6.3 使用 vue3-sfc-loader 导入 SFC

到目前为止，还无法查看 SFC 的运行效果，因为浏览器并不能识别.vue 文件。需要使用专门的编译打包工具，如 webpack、rollup 等，将其编译成浏览器可识别的代码。这些编译打包工具，往往需要做各种构建配置，还需要 Node.js 支持。

第三方插件 vue3-sfc-loader.js 专门用于在运行时动态加载.vue 文件，能够加载、解析、编译.vue 文件中的模板、JavaScript 脚本和 CSS 样式，并分析依赖项进行递归解析。vue3-sfc-loader.js 不需要安装配置 Node.js，也不需要做任何构建配置。vue3-sfc-loader.js 包含 Vue3(Vue2)编译器、Babel JavaScript 编译器、CSS 转换器 postcss、JavaScript 标准库补丁库 core-js，且内置了对 ES6 的支持。vue3-sfc-loader.js 简单易用，几乎不需要做任何配置。更详细的内容，可通过这个网址 https://www.jsdelivr.com/package/npm/vue3-sfc-loader 进行了解。

有两种方式使用 vue3-sfc-loader.js。一种自然是简单快捷、需要网络支持的 CDN 方式，直接在 HTML 文件的<head>标签中加入：

```
<script src="https://cdn.jsdelivr.net/npm/vue3-sfc-loader/dist/vue3-sfc-loader.js">
</script>
```

另外一种方式仍然是下载 JS 文件到项目里面，随时使用。在浏览器中打开下面两个地址中的某一个均可快速下载。

```
https://cdn.jsdelivr.net/npm/vue3-sfc-loader/dist/vue3-sfc-loader.js
https://unpkg.com/vue3-sfc-loader@0.9.5/dist/vue3-sfc-loader.js
```

同样，在源码界面上右击，另存到项目的 js 文件夹下，然后在页面引入即可，本书采用这种方式。

vue3-sfc-loader.js 提供了一个非常重要的函数 loadModule()，可用来加载.vue 组件。

示例：编写页面主文件 s3-6-3.html，利用 vue3-sfc-loader 编译加载运行 3.6.1 节创建的 mgc.vue 组件。

```
<!DOCTYPE html>
<html lang="zh">
<head>
    <meta charset="UTF-8">
    <title>sfc示例</title>
    <script src="js/vue.global.prod.min.js"></script>
    <script src="js/vue3-sfc-loader.js"></script> <!-- 引入 vue3-sfc-loader.js -->
</head>
```

```
<body>
<div id="app">
    <college-mgc></college-mgc>
</div>

<script>
    const options = {
        moduleCache: {vue: Vue},                         //模块缓存器
        getFile: (url) => fetch(url).then(response => response.ok ?
            response.text() : Promise.reject(response)), //文件内容加载器
        addStyle: (styleStr) => {                        //加载 CSS 文件到文档<head>里面
            const style = document.createElement('style')
            style.textContent = styleStr
            const ref = document.head
                .getElementsByTagName('style')[0] || null
            document.head.insertBefore(style, ref)
        }
    }
    //从 window 全局对象 vue3-sfc-loader 中解构 loadModule
    const {loadModule} = window["vue3-sfc-loader"]
    const {createApp, defineAsyncComponent} = Vue
    createApp({
        components: {                                    //异步加载 mgc.vue,并注册为 college-mgc
            'college-mgc': defineAsyncComponent(() => loadModule('./mgc.vue', options))
        }
    }).mount('#app');
</script>
</body></html>
```

为了避免读者出现差错,这里给出了完整代码。在浏览器中打开 s3-6-3.html,效果如图 3-8 所示。

图 3-8 运行效果

3.7 组合式语法糖

3.7.1 基本语法

在前面很多地方写了类似于下面的组合函数语句:

```
<script>
    Vue.createApp({
        setup() {
            …
            return {caption}
        }
        …
    }).mount('#app')
</script>
```

使用单文件组件后，为了简洁代码、提高运行性能，Vue 提供了<script setup>组合式 API 的语法糖。<script setup>里面的代码，会被编译成 setup()函数的内容，并在创建组件实例时执行。而在<script setup>中声明的变量、对象、函数、import 导入的内容等，都能直接在 template 模板中使用，无须使用类似于 return {caption}这样的语句。接下来，将 3.6.1 节 mgc.vue 组件修改成<script setup>形式：

```
<template>…</template>
<script setup>
const caption = Vue.ref('学院名片')
</script>
<style scoped>…</style>
```

当然，只需要修改<script>部分，现在脚本代码只需要一句：

```
const caption = Vue.ref('学院名片')
```

这里的 caption，可以直接在 template 模板中使用。使用<script setup>后的代码，是多么简洁！

3.7.2 属性声明和事件声明

1. 属性声明 defineProps

在 setup()组合式函数里面，经常利用 props 传递数据，请参阅 3.2.3 节的内容。那么在<script setup>里面，可以利用 defineProps()声明数据传递属性。仍以 3.6 节的 mgc.vue 为例，对其稍做修改，通过参数值来控制“学院名片”左边图像的显示或隐藏。

```
<template>
    <div class="college-mgc">
        <header>
            <img src="image/mgc.png" v-show="visible" alt="mgc"/>
            {{ caption }}
        </header>
        …
    </div>
</template>
<script setup>
const {ref, defineProps} = Vue
const caption = ref('学院名片')
defineProps({
    visible: {type: Boolean, default: true}
})
</script>
<style scoped>…</style>
```

代码中，v-show="visible"说明<img>图像是显示还是隐藏，由 visible 的值决定。而 defineProps 定义了 visible 为布尔型，默认值是 true。现在，需要在页面主文件 s3-6-3.html 中，给 mgc.vue 组件的 visible 传递某个值。只需要修改 s3-6-3.html 中的如下代码。

```
<div id="app">
    <college-mgc :visible="false"></college-mgc>
</div>
```

其中，:visible="false"为新增代码。在浏览器中打开 s3-6-3.html，“学院名片”左边图像消失不见。再将 false 改成 true，图像又会出现。这里当然只是简单的模拟操作，以便学习 defineProps

的基本用法，后续章节中会有其实战应用。

2. 事件声明 defineEmits

defineEmits()用于声明自定义事件，并在需要的时候触发事件处理。其用法比较简单：先在父组件中给某个子组件(例如<enroll-combobox>)绑定一个事件处理函数(例如 setVisible)：

```
<enroll-combobox @setVisible="setVisible"></enroll-combobox>
```

@setVisible 表示绑定的事件名叫"setVisible"，而等号后面则表示该事件绑定的函数叫 setVisible。下面是 setVisible()函数的示例性代码。

```
const visible = ref(null)
const setVisible = (v) => visible.value = v
```

然后，在<enroll-combobox>标签所对应 enroll-combobox.vue 组件的<script setup>中：

```
const {defineEmits} = Vue                                //解构出 defineEmits
```

//声明事件数组，目前只有一个事件 setVisible。多个事件之间用逗号隔开。

```
const emits = defineEmits(['setVisible'])
```

最后，在 enroll-combobox.vue 组件中某个需要的地方激发事件、传递数据。

```
emits('setVisible', true)
```

激发父组件的 setVisible 事件，传递数据 true。该事件会调用 setVisible()函数，将 visible 赋值为 true。更详细的应用方法，请参阅后续章节。

3.7.3　属性暴露

3.7.1 节说过，在<script setup>中声明的对象、函数、组件等，被暴露出去，可直接在 template 模板中使用。有时候，可能希望显式地指定要暴露出去的属性或函数，就需要利用 defineExpose()了。例如，修改 mgc.vue，指定暴露 caption：

```
<script setup>
const {ref, defineProps, defineExpose} = Vue
const caption = ref('学院名片')
defineProps({
    visible: {type: Boolean, default: true}
})
defineExpose({
    caption
})
</script>
```

当然，因为只有一个 caption 需要暴露，这里其实并不需要设置。如果是多个，则用逗号隔开即可。

3.8　使用聚合器封装内容

可以将某个或某类组件调用的函数、方法或常量等抽取出来，封装在一个单独的聚合器文件里面(例如 print.aggregator.vue)，并定义哪些可以被暴露出去。当需要使用时，从该聚合器中解构出来即可。定义聚合器的方法如下。

```
export default {
    name: 'print.aggregator',
    aggregator: function (exports) {
        const bookList = []                              //数组对象
        const buttonStyle = {                            //样式常量
            width: '220px',
            …
        }
        const methodA = () => { … }                      //方法函数
        const methodB = () => { … }

        exports.buttonStyle = buttonStyle                //对外暴露
        exports.methodA = methodA
        exports.methodB = methodB
        return exports;
    }({})
}
</script>
```

如果需要使用 buttonStyle、methodB，则导入聚合器再解构需要的元素。

```
import print from './print.aggregator.vue'
const { buttonStyle, methodB} = print.aggregator
```

可以分门别类地构建不同的聚合器，增强代码管理的方便性。

3.9 深入__vue_app__和_vnode

3.9.1 __vue_app__

要使用 Vue，就要先通过 createApp()创建一个应用实例 app，然后将该实例通过 mount 接口挂载在某个容器元素中。

```
<div id="app"></div>
<script>
const app = Vue.createApp({
        setup() {
            …
        }
    })
app.mount('#app')
</script>
```

这背后发生了什么？不妨来简单了解一下：应用实例创建完成后，Vue 会在 HTML 层 app（容器元素）上添加一个名为“__vue_app__”的属性，其值就是应用实例对象 app。app 对象实际上是 Vue 应用所挂载宿主容器（app 层）而定义的一个对象属性，代表整个 Vue 应用的根。__vue_app__主要提供了以下函数（接口或方法）。

- component：注册一个全局组件。
- directive：注册一个全局指令。

- mount 和 unmount：mount 是将应用实例挂载到某个容器元素中，而 unmount 则卸载已挂载的应用实例。
- provide：数据提供。
- use：安装插件。

这些函数、接口或方法，在前面其实已经接触过。另外，__vue_app__还提供了以下属性。

- _component：代表根组件对象，包含当前应用所注册的组件、数据提供 provides、模板 template 等内容。
- _container：代表容器元素，其值一般是"#元素 tag+id"，例如 div#app。
- _context：代表应用上下文，包括内容较多，例如，当前应用、加载的组件、全局配置信息、全局错误处理、自定义指令等。

可以利用__vue_app__做某些特殊处理，例如，通过 component 接口可动态注册组件，利用_container 可得到主页的纯文字信息以及构成页面的 HTML 元素，通过_context 可查询到 Vue 应用所注册的组件有哪些，甚至可进行卸载组件的处理。

示例：利用__vue_app__获取应用的 provide 数据，通过子组件显示在页面上。

(1) 创建 s3-9-1.html，主要代码如下。

```
<div id = "app">
    <unit - info></unit - info>
</div>

<script>
    …              //省略掉的代码,与 3.6.3 节 s3 - 6 - 3.html 中的这部分代码完全一样
    createApp({
        provides:{
            unit:'mgc.edu',
            access:'只读',
            issuer:'李超猛'
        },
        components: {
            'unit - info': defineAsyncComponent(() => loadModule('./s3 - 9 - 1.vue', options))
        }
    }).mount('#app');
</script>
```

这里用 provides 提供了三组数据，而 3.5.3 节则是用 provide('publicKey','0701@2003$-Edu!')提供了一组数据。

(2) 编写 s3-9-1.vue，内容如下。

```
<template>
    <div>{{ info }}</div>
</template>
<script setup>
const provides = document.querySelector('#app')
                        .__vue_app__._component.provides
const unit = provides.unit
const access = provides.access
const issuer = provides.issuer
const info = `单位:${unit}\u3000 权限:${access}\u3000 签发人:${issuer}`
</script>
```

代码利用__vue_app__成功读取了 Vue 应用中的 provides 数据，并在页面显示如下结果。

单位：mgc.edu　权限：只读　签发人：李超猛

提示：该对象名的拼写不要弄错了，是前面连续两个下画线“_”，加上中间的“vue_app”，再加上后面连续两个下画线“_”拼接而成。

3.9.2　_vnode

_vnode 代表了应用的虚拟结点，提供的属性较多，重点关注以下属性。

- appContext：应用上下文，与前面的_context 类似。
- component：应用根组件。component 对象提供了相当丰富的内容，例如，props（传递参数）、components（组件）、ctx（setup 上下文对象）、emit（事件触发）、refs（模板引用）、slots（插槽）等。
- el：DOM 元素，例如，某个< div >层，可利用 el 实现页面元素的修改。

前面所举示例 s3-9-1.vue 中的：

```
const provides = document.querySelector('#app')
                          .__vue_app__._component.provides
```

可修改为以下代码，效果一样。

```
const provides = document.querySelector("#app")
                          ._vnode.appContext.app._component.provides
```

3.9.3　实战组件的动态注册和卸载

组件的动态注册还是比较容易的，使用 app.component()即可，但动态卸载则有难度。不过，使用__vue_app__或_vnode 就能轻松实现。下面的示例演示了__vue_app__和_vnode 结合的实战应用技巧。

示例：图 3-9 是某单位作者材料处理页面。“作者简介”菜单显示作者介绍信息；“材料处理”菜单展示作者代表性材料。每个材料用一个组件来处理。材料审查人员双击材料的某个图片，就可删除并卸载掉对应组件，界面则会自动重排。

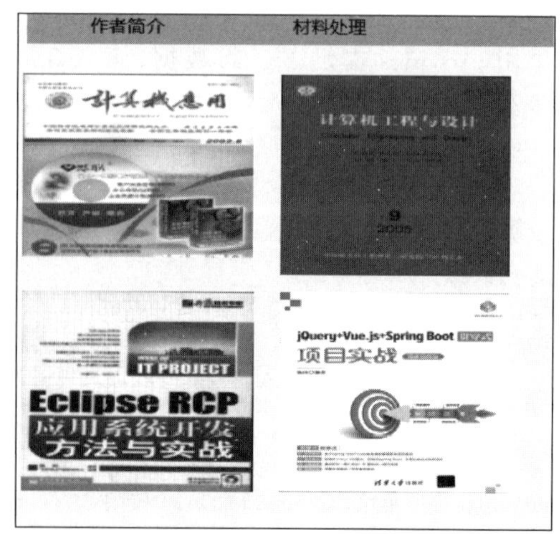

图 3-9　作者材料处理

(1) 编写页面主文件 s3-9-3.html。

```
<!DOCTYPE html>
<html lang = "zh">
<head>
    <meta charset = "UTF-8">
    <title>组件的动态注册和卸载</title>
    <style>
        .menu-docs {
            position: absolute;
            width: 460px;
            height: 428px;
            font-size: 16px;
            text-align: center;
            top: 10px;
            background: rgba(236, 223, 223, 0.2);
        }
        .menu-ul {
            position: relative;
            background-color: #b0c3f0;
            width: 456px;
            height: 32px;
            top: -20px;
            font-size: 16px;
            padding: 0;
            margin: 5px;
        }
        .menu-ul li {
            font-size: 16px;
            float: left;                          /* 横向排列 */
            list-style: none;                     /* 去掉列表符号 */
            padding: 5px;
            margin-inline: 50px;                  /* 拉大间距 */
        }
        .menu-ul li:hover {
            background-color: #f1625d;
            border-radius: 4px;
            cursor: pointer;
        }
    </style>
    <script src = "js/vue.global.prod.min.js"></script>
</head>
<body>
<div id = "myapp">
    <div class = "menu-docs">
        <ul class = "menu-ul">
            <li v-for = "(item, index) in menus" @click = "menuIndex = index">
                {{item.name}}
            </li>
        </ul>
        <component :is = "current"></component>
    </div>
</div>
<script type = "module" src = "js/author.main.js"></script>
</body>
</html>
```

代码使用< component >的 is 属性来控制菜单组件的动态切换。单击菜单项时，改变 menuIndex 的值，就可以在 author. main. js 里面用 watch 侦听 menuIndex 值的变化，给 current 赋予新值，从而激发页面变化。

(2) 编写 Vue 主应用脚本文件 js/author. main. js。

```
import {AuthorDocs} from "./author.docs.js"              //导入 AuthorDocs 组件

const { createApp, defineComponent, h, ref, watch} = Vue
const author = defineComponent({                         //定义"作者简介"菜单下对应内容的组件
    setup() {
        return () =>
            h('div', {
                style: {
                    width: '410px',
                    height: '360px',
                    margin: '0px auto',
                    border: '0px solid #00f',
                    boxShadow: '2px 2px 3px #ccc'
                }
            }, Vue.h('img', {src: 'image/author.png',}))
    }
})

const menus = [                                          //定义菜单项
    {id: 'author', name: '作者简介', module: author},      //作者简介组件
    {id: 'docs', name: '材料处理', module: AuthorDocs}     //材料处理组件
]
const watchMenu = {
    setup() {
        const menuIndex = ref(0)                         //默认显示 menus 的第 1 个元素
        const current = ref('author')                    //默认显示作者简介组件
        //侦听菜单项变化,并触发界面组件的变化
        watch(menuIndex, () => current.value = menus[menuIndex.value].id)
        return {menus, menuIndex, current}
    }
}
const myapp = createApp(watchMenu)
menus.forEach((item) => {
    myapp.component(item.id, item.module)                //将组件注册到应用
})
myapp.mount('#myapp')
```

(3) 编写材料处理组件脚本文件 js/author. docs. js。

```
export const AuthorDocs = Vue.defineComponent({          //定义材料处理组件
    setup() {
        const docs = [                          //个人材料将被渲染成 4 个组件并注册到 Vue 应用
            {id: 'computerApp', image: 'image/computerapp.jpg'},
            {id: 'computerGc', image: 'image/computergc.jpg'},
            {id: 'rcp', image: 'image/rcp.jpg'},
            {id: 'springBoot', image: 'image/springboot.png'}
        ]
        const myapp = document.querySelector("#myapp").__vue_app__
        docs.forEach((doc, index) =>
            new Promise(() =>                            //异步注册组件到 Vue 应用
                myapp.component(doc.id, Vue.h(asyncComponent, {      //h()函数渲染
```

```
                    id: doc.id,
                    image: doc.image
                }))
            ).then()
        )
        return {docs}
    },
    template: `
            <div>
              <template v-for="(doc,index) in docs">
                  <component :is="doc.id"></component><!-- 动态构建组件 -->
              </template>
            </div>
            `
})

const asyncComponent = Vue.defineAsyncComponent(          //异步组件
    () => Promise.resolve({
        props: {
            id: String,                                   //材料的 id
            image: String                                 //材料对应图片 URL
        },
        setup(props) {
            const {id, image} = props
            const delDocs = (id) => {
                const appVNode = document.querySelector("#myapp")._vnode
                const children = appVNode.el.children[1].children                    ①
                const appComponents = appVNode.appContext.components                  ②
                Object.keys(appComponents)
                    .filter(key => appComponents[key].__v_isVNode)                     ③
                    .forEach((key, index) => {            //遍历组件
                        if (key === id) {                 //如果是用户当前双击的组件
                            children[index].remove()      //从数组中移除当前 div 层对象
                            delete appComponents[key]     //删除对应组件
                        }
                    })
            }
            return {id, image, delDocs}
        },
        template: `<div style="float:left;padding:0 20px 10px 2px;">
                    <img :src="image" width="200" height="170"
                       @dblclick="delDocs(id)" title="双击删除">
                 </div>`
    })
)
```

① appVNode.el 是页面的<div class="menu-docs">元素，它有两个子元素：第 1 个子元素是<ul class="menu-ul">，第 2 个子元素是<component :is="current"></component>渲染出的层<div>，所以 appVNode.el.children[1]就是指这个渲染出的层。而这个层有 4 个子元素，每个子元素是一个 div 对象，对应了作者的 4 种材料，这就是 appVNode.el.children[1].children 所代表的内容。

② 虚拟结点的 appContext 应用上下文的 components 属性，其值是组件对象的集合，里面包含整个应用的 6 个组件，分别是 author、docs、computerApp、computerGc、rcp、springBoot，双击时需要卸载后面 4 个组件中的某一个。

③ __v_isVNode 是一个布尔型属性，用来判断当前元素是否是虚拟结点。注意其拼写：与__vue_app__拼写类似，前面是两个“_”，再加上“v_isVNode”。这里过滤掉其他非虚拟结点，只保留 4 个分别代表 computerApp、computerGc、rcp、springBoot 组件的虚拟结点（div 层）。为什么这 4 个是虚拟层？因为这 4 个组件是用 h()函数渲染的。

当然，双击删除时，只是从虚拟结点中进行卸载。单击“作者简介”，再单击“材料处理”，会恢复到初始状态，因为并没有真正去修改原始数据。这里只是组件卸载的模拟示例而已，目的是为了更好地学习__vue_app__、_vnode 的应用方法。仔细体会其用法，就可灵活运用到实战中。

3.10 状态管理

什么是状态管理？一个典型的场景是：一些页面需要根据用户登录情况来判断是否允许访问，这就需要用户登录状态数据。用户登录状态可能超时失效，也可能主动退出了，这意味着需要更新状态数据，以便其他页面也能及时响应。状态就像一个仓库，是应用程序的一部分，例如，用户登录信息、网站配色等，可以在需要时从任何地方访问其内容。状态管理是一种设计模式，可管理并同步所有组件中的状态数据。

3.10.1 Pinia 简介

Pinia 是 Vue 官方推荐的专属状态管理库，是一个类型安全、容易扩展、模块化设计的轻量级状态库，官网地址为 https://pinia.vuejs.org/zh/。在 Node.js 环境下，可通过 npm install pinia 命令进行安装，非 Node.js 环境可通过 CDN 使用。

```
<script src = " https://unpkg.com/pinia@2.1.7/dist/pinia.iife.prod.js"></script>
```

或者，利用下面的链接到 cdnjs 网站下载。

```
https://cdnjs.cloudflare.com/ajax/libs/pinia/2.1.7/pinia.iife.prod.min.js
```

将下载到的 pinia.iife.prod.min.js 保存到项目 js 文件夹下，本书采用这种方式，并使用 2.1.7 这个版本。值得注意的是，Pinia 需要 vue-demi 的支持，下载地址为

```
https://cdnjs.cloudflare.com/ajax/libs/vue-demi/0.14.6/index.iife.min.js
```

最终，页面需要包含以下两个引用。

```
<script src = "js/index.iife.min.js"></script>
<script src = "js/pinia.iife.prod.min.js"></script>
```

3.10.2 数据状态 State

数据状态其实反映的是用户所关心数据的变化情况，例如，用户 logo 图像从 a.png 变更为 b.png。为了管理数据状态变化，每个 Vue 应用有且仅有一个数据存储仓库（store）的实例，store 就是一个容器，主要包含三个部分的内容：状态数据（state）、计算函数（getter）、数据更改（action）。

Pinia 支持响应式地进行数据状态存储的管理，可同步或异步修改 store 中的状态值。先设计好需要管理的状态数据，然后利用 Pinia 提供的 defineStore()定义 store。defineStore()函数有两

个参数：第一个参数，是一个唯一值 id；第二个参数可传入 setup() 函数或 Option 可选值对象，或者直接传入 Option 对象，将 id 作为该对象的属性。

可以在项目的 store 文件夹下创建一个 index.js 文件，然后定义一个名为 useStore 的状态 store。

```
const {defineStore} = Pinia

export const useStore = defineStore('user', () => {
    const username = null
    const score = 0
    return { username, score }
})
```

这是 setup()组合式函数写法，也可以用 Option 对象方式。

```
export const useStore = defineStore({
     id: 'user',
     state: () => {
        return {
            username: null,
            score: 0
        }
    }
})
```

代码中的 state 是 store 中最重要的状态数据。state 通常使用箭头函数来返回数据。或者简写为

```
export const useStore = defineStore('user', {
     state: () => ({
          username: null,
          score: 0
    })
})
```

不过，推荐使用更清晰、更简化、更方便管理的写法。先定义一个 states.js 文件，专门用来定义各种状态数据量。

```
export default {
    name: 'store.states',
    username: null,
    score: 0,
    …//其他 state 数据
}
```

然后，利用对象展开运算符，这样来定义状态 store：

```
import storeStates from './states.js'

const {defineStore} = Pinia
export const useStore = defineStore('user', {
    state: () => ({...storeStates})
})
```

现在还无法进行有效的状态管理。必须创建一个 Pinia 实例，并将其传递给 Vue 应用。Pinia 提供了 createPinia()函数来创建 Pinia 实例。

```
Vue.createApp({…})
    .use(Pinia.createPinia())
    .mount('#app')
```

到此，Pinia 理论上可进行数据的状态管理了。不过，还需要另外两个部分 Getter 和 Action，才具有实际应用价值。

3.10.3 计算属性 Getter

如果需要从 store 的 score 中派生出一些状态，例如，加减处理，就需要用到计算函数 getter。Getter 是 store 中 state 数据的计算值。Pinia 通过 defineStore()中的 getters 属性来定义这些计算值。一般使用箭头函数，将 state 作为第一个参数。

```
export const useStore = defineStore('user', {
     state: () => ({
          username: null,
          score: 0
        }),
    getters: {
          scorePlus: (state) => state.score++
    }
})
```

同样，也可以定义一个 getters.js 文件，专门用来处理 getter 计算函数。

```
export default {
    name: 'store.getters',
    scorePlus: (state) => state.score++,
    …//其他 getter 函数
}
```

现在，导入 getters.js 文件，store 的定义变成下面这样。

```
import storeStates from './states.js'
import storeGetters from './getters.js'

const {defineStore} = Pinia
export const useStore = defineStore('user', {
    state: () => ({...storeStates}),
    getters: {...storeGetters}
})
```

虽然 Pinia 允许直接对状态数据进行修改，例如 useStore.score=90.6，不过，统一通过 Action 更改状态数据，是更好的选择。

3.10.4 数据更改 Action

Action 类似于 Vue 中的 method，通过 defineStore()中的 actions 属性来定义。

```
export const useStore = defineStore('user', {
     state: () => ({
          username: null,
          score: 0
```

```
    }),
    actions: {
        scorePlus(num){ this.state.score += num}
    }
})
```

除了同步执行，Action 也可以异步执行，例如：

```
actions: {
    async scorePlus(username) {
        this.score += await getScore(username)
    }
}
```

代码通过 getScore()函数获取指定用户名的加分数。同前面一样，也可以定义一个 actions.js 文件，专门用来处理数据更改。

```
export default {
    name: 'store.actions',
    scorePlus: function (num) {
        this.score += num
    },
    …//其他 action 函数
}
```

然后导入 actions.js 文件，最终将 store 的定义确定为如下形式。

```
import storeStates from './states.js'
import storeGetters from './getters.js'
import storeActions from './actions.js'

const {defineStore} = Pinia
export const useStore = defineStore({
    id: 'user',
    state: () => ({...storeStates}),
    getters: {...storeGetters},
    actions: {...storeActions}
})
```

推荐采用这样的处理思路。从第 6 章开始，将使用 Pinia 进行项目的状态管理，请参阅相关章节内容。

3.10.5　项目中的应用方式

项目中可能需要频繁使用状态数据，如何在项目中更好地使用 Pinia 进行状态管理？下面列出 4 种方式供参考。

1. 每次使用时 import

每次组件需要进行状态数据处理时，import 导入：

```
import {useStore} from './store/index.js'
useStore.username = '杨过'
```

这种方式，每次需要导入看起来麻烦，其实还是比较方便的，但某些场景下(例如非 Node.js 环境的 SFC 中)可能存在无法导入问题。

2. 挂载到 window 对象

```
import {useStore} from './store/index.js'
const window.useStore = useStore
```

然后,就可在应用的任何地方利用 window.useStore 或 window['useStore']进行 store 的各种处理。当然,使用这种方式,得忍受其全局污染。

3. 作为 Vue 应用的全局变量

挂载到全局变量上,使用成本并没有增加多少。将全局变量命名为 $useStore:

```
import {useStore} from './store/index.js'
app.config.globalProperties.$useStore = useStore()
```

然后,在组件中需要利用 getCurrentInstance()获取。

```
const { getCurrentInstance } = Vue
const {proxy} = getCurrentInstance()
const useStore = proxy.$useStore
useStore.scorePlus(5)
```

本书在后续章节中采用这种方法。

4. 利用__vue_app__

如果觉得前面三种方式都不理想,而是希望在组件中直接使用,则可借助于 3.9.3 节介绍的__vue_app__,通过 defineStore()中定义的唯一 id 号 user 来处理状态数据。这种方式更底层些。

```
const provides = document.querySelector('#app').__vue_app__._context.provides
const symbolKey = Reflect.ownKeys(provides)
        .find(key => key.toString() === 'Symbol()')      //查找 provides 中的 Symbol 键
const useStore = Vue.toRaw(provides[symbolKey].state._value.user)
```

provides 是一个 Symbol()数据,里面包含具体的状态数据。Symbol 是在 ECMAScript 6 (ES6) 标准中引入的,常用于表示独一无二的标识符。这里的 Symbol 数据无法直接获取,需要先通过 Reflect.ownKeys 获取到对应的 Symbol()键。然后,根据该键的 state._value.user 属性,拿到 user。但是,这个 user 又被"包裹"成了代理对象 Proxy(Object),不能直接访问其值,需要用 toRaw()函数取出其中的数据。

现在可以直接访问状态数据了,例如 useStore.username。

3.11 场景应用实战

下面通过两个场景应用,练习并加深 Vue 应用技巧与方法。

3.11.1 下拉选择框联动

用下拉选择框实现学院、专业之间的联动,如图 3-10 所示。当选择不同院系时,专业名称发生相应变化。

代码如下。

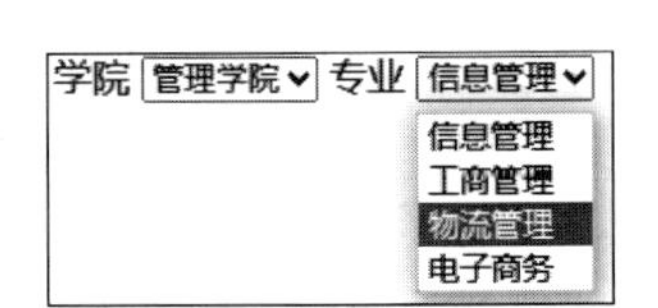

图 3-10 院系专业联动

```
<div id = "combo">
    学院
    <select v-model = "index"> <-- 绑定 index 值 -->
        <option v-for = "(college,i) in colleges" :value = "i">
            {{college.name}}
        </option>
    </select>
    专业
    <select>
        <option v-for = "(major,j) in colleges[index].majors" :value = "j">
            {{major}}
        </option>
    </select>
</div>
<script>
    Vue.createApp({
        setup() {
          const {reactive, ref} = Vue
          const colleges = reactive(
            [
              {name:'管理学院',majors:['信息管理','工商管理','物流管理','电子商务',]},
              {name: '会计学院', majors: ['会计学', '工程造价', '财务管理']},
              {name: '传媒学院', majors: ['动画', '广告', '数字媒体', '新闻传播']},
              {name: '经济学院', majors: ['投资学', '财政学', '金融学', '国际贸易']}
            ]
          )
          const index = ref(0)                              //默认管理学院
          return {colleges, index}
        }
    }).mount('#combo')
</script>
```

每个学院用一个 JSON 对象表示，多个学院则用数组存放。当选择不同的学院时，通过 index 的改变，响应式地改变专业下拉选择框的值。简单的代码，很好地阐释了 Vue 数据驱动的响应式处理思想！

3.11.2　动态增删图书

动态增删图书，在 2.4.2 节已经用 RxJS 实现过了，现在要求用 Vue 来实现该功能。具体功能要求请参阅 2.4.2 节，这里只新增一个要求：页面上增加拟入库数、拟删除数，如图 3-11 所示。

图 3-11　新增图书

由于Vue是通过数据变化来驱动页面变化的，因此处理思路与2.4节有很大不同：用一个响应式的books数组管理页面新增、删除图书的数据。图书的增加，只需要向books数组中push新的图书，删除则是过滤掉books中已勾选的图书，然后将剩下的图书push到books里面。books数据的改变，自然会引起页面响应式改变。主要代码如下(CSS代码省略)。

```
<table id="bookTable">
    <tr>
        <td colspan="2" nowrap class="title">新增图书</td>
    </tr>
    <tr>
        <td nowrap>书 名</td>
        <td nowrap id="bookList">
            <div v-for="(book,index) of books"><!-- 循环books数组,构建图书列表 -->
                <input type="text" v-model="book.name" autofocus>
                <input type="radio" :name="'r' + index" value="01" v-model="book.checked"/>社会科学
                <input type="radio" :name="'r' + index" value="02" v-model="book.checked"/>自然科学
                <input type="checkbox" :name="'ck' + index" v-model="book.deleted"/>
            </div>
        </td>
    </tr>
    <tr>
        <td colspan=2 class="button">
            <img src="image/delete.png" @click="delBook" title="删除图书"> 
            <img src="image/add.png" @click="addBook" title="新增图书"/> 
            <img src="image/save.png" title="保存入库"/><br>
            <!-- 筛选出删除标志 deleted 的值为 false 的图书 -->
            拟入库数:{{books.filter(book => !book.deleted).length}} 
            <!-- 筛选出删除标志 deleted 的值为 true 的图书 -->
            拟删除数:{{books.filter(book => book.deleted).length}}
            <br><span class="message">{{message}}</span>
        </td>
    </tr>
</table>
<script>
    Vue.createApp({
        setup() {
            const {ref, reactive, nextTick} = Vue
            const books = reactive([          //响应式数组对象
            {
                name: '',                     //书名
                checked: '01',                //默认勾选"社会科学"
                deleted: false                //删除标志,与复选框的值绑定。默认不勾选
            }
            ])
            let message = ref(null)
            const addBook = () => {
             const newBook = [...books]       //新增的图书,直接用books对象的值
             newBook.checked = books[books.length - 1].checked //默认勾选情况
             books.push(newBook)              //添加到books数组中,响应式改变界面数据
             nextTick(() => {                 //等待DOM同步更新完成后设置新增图书文本框焦点
                 const s = `#bookList>div:nth-child(${books.length})>input:nth-child(1)`
                 const focused = document.querySelector(s)
                 focused.focus()              //"书名"文本框获得焦点
```

```
            })
        }
            const delBook = () => {
            //过滤掉 deleted 为 true 的图书,即移去待删除图书以后,剩下的图书
                const restBooks = books.filter(book => !book.deleted)
                let count = restBooks.length;                           //剩下图书的数量
                if (count === books.length)                             //与 books 长度相同
                    message.value = '未选择待删除图书!'
                else if (count === 0)                                   //剩下图书数量为 0
                    message.value = '不能全删,至少需要保留一本图书!'
                else if (confirm("确认删除所选的全部图书?")) {
                    books.length = 0                                    //清空 books 中的旧数据
                    restBooks.forEach(book => books.push(book))         //加入剩下的图书
                    message.value = ''
                }
            }
            return {books, message, addBook, delBook}
        }
    }).mount('#bookTable')
</script>
```

这个示例再次体现了 Vue 响应式数据驱动的思想!

第4章

Spring响应式开发

Spring 在 Web 开发领域是一个重量级的存在，响应式是 Spring 框架的核心部分。本章主要介绍 RESTful、Spring Boot、Reactor 响应式处理、Spring WebFlux、R2DBC 等内容。熟练掌握 Spring 响应式相关技术，能够为开发稳健、高吞吐量、弹性的 Web 应用系统提供坚实的技术基础。

4.1 RESTful 概述

4.1.1 REST 简介

REST(REpresentational State Transfer，表述性状态传递)由 Adobe 首席科学家、Apache 联合创始人、HTTP 作者之一的 Roy Fielding 于 2000 年在其论文中首次提出。Roy Fielding 将 REST 定义为一种混合的、有约束的、基于网络的体系结构样式，后来逐渐成为 Web 应用程序的设计风格和开发方式。

REST 主要对 Web 访问资源的 URL 进行了规范，具体说来就是对 Web 请求的 4 种方式进行规范。

- GET：访问或查看资源。
- POST：提交数据，新建一个资源。
- PUT：发送数据，更新资源。
- DELETE：删除资源。

这 4 种方式可分别对应数据库操作中的 select、insert、update、delete 处理。

4.1.2 RESTful 要义

遵守 REST 原则的 Web 服务风格，被称为 RESTful。

RESTful 对 Web 资源访问进行了统一限定，以便通过统一的接口形式适应不同平台。一般使用 HTTP POST/GET 进行数据交互，而请求、应答数据格式一般为 JSON 格式。

4.1.3 RESTful 请求风格

1. 与传统请求风格的比较

先来看看传统风格的 Web 请求路径：

```
http://localhost:8080/em/query.do?tag = 01&pro = 0704
```

下面详细解读一下这条 Web 请求路径。

请求协议：http　　　　　请求模式：GET
请求域名：localhost　　　请求端口：8080
请求路径：em/query.do　　请求参数串：tag=01&pro=0704

RESTful 风格的请求路径则是这样的：http://localhost:8080/em/01/0704。

2. RESTful 请求路径格式

路径格式为{变量名[:正则表达式]}。其中，正则表达式为可选。下面列出了一些请求路径的可能形式及示例。

- /student/{id}

```
http://localhost:8080/em/student/106、http://localhost:8080/em/student/021
```

- /{name}-{zip}

```
http://localhost:8080/em/wuhan-027、http://localhost:8080/em/Hangzhou-0571
```

- /admin/{action}/user

```
http://localhost:8080/em/admin/add/user、http://localhost:8080/em/admin/del/user
```

Spring 为 RESTful 风格提供了良好支持。从本章开始，在页面各种处理中使用 RESTful 路径请求风格。

4.2 Spring 响应式概述

Spring 作为 Web 开发领域的重量级存在，是以 Java EE 的 Servlet API 为基础构建发展起来的，几乎是开发 Web 应用程序最流行的方案。即使是现在，很多开发人员仍然对 Spring Web MVC 青睐有加。随着网络的发展，异步、非阻塞通信业务的巨大需求，催生了 RxJava 响应式编程，对 Spring 构成了挑战。Spring 团队开始逐步基于响应式 API 为基础，替换早期 Spring 中的同步通信方式。

Spring Boot 作为 Spring 提供的 Web 启动程序，对 Spring Web MVC 进行了封装及自动化配置。而从 Spring Boot 2 开始引入的 Spring Web Flux 模块，则自成一脉。两者既有共性部分，例如，控制器、响应式客户端、支持的服务器引擎等，又有不少差异，例如，Spring Boot 默认以 Tomcat 为服务器引擎，而 Spring Web Flux 默认是 Netty。

Spring Boot 在 Spring 生态系统中占据着非常重要的地位，而 Spring WebFlux 传承于 Spring Boot，因此需要对二者都做必要了解。

4.2.1 Spring Boot 简介

Spring Boot 是由 Pivotal 团队设计提供的 Java 平台上的一种开源应用框架，致力于快速构建、快速启动应用系统。

Spring Boot 提供了一系列的响应式基础模块，例如 Spring Data、Spring Cloud 等，可帮助用户轻松构建独立的、生产级的、基于 Spring 的应用程序。Spring Boot 通过在项目中添加依赖，使得开发人员开箱即用，无须劳顿于烦琐的依赖项管理工作，而是专注于业务逻辑的处理。

Spring Boot 能够提高开发的快速性、质量的一致性，以其灵活、安全、得到广泛支持的特性，被誉为 Java Web 开发领域的"王者"。

4.2.2 创建 Spring Boot 项目

利用 Spring Initializr 模板生成器，很容易就可以创建 RESTful 风格、基于 Spring MVC 框架的项目 chapter041。RESTful 在前面已经概述，那么 MVC 是什么？

MVC 是(Model-View-Controller)模型-视图-控制器的缩写，是一种 Web 应用开发中广泛使用的软件设计模式。模型，主要包括业务逻辑处理和数据库访问操作，例如，用户登录就是一个业务逻辑处理；视图，用户与软件交互的界面，一般由 HTML、JS、CSS 等内容构成；控制器，用来实现各种业务流程的控制、任务的分派等，例如，接收用户登录请求并调用后端的模型完成登录处理，再返回模型数据给视图。控制器在视图层与模型层之间起到了桥梁的作用，如图 4-1 所示。视图属于前端范畴，模型、控制器则属于后端内容。

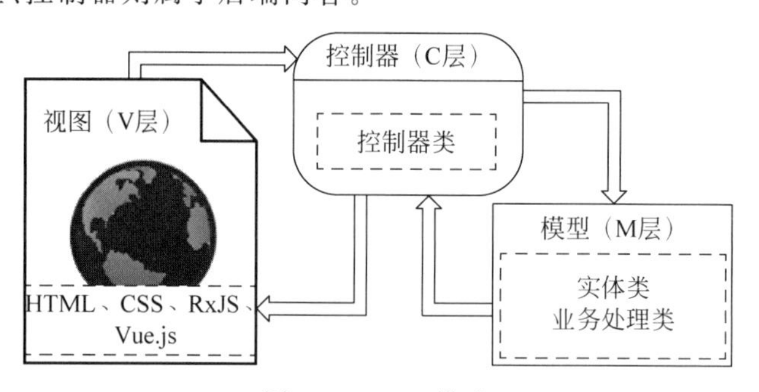

图 4-1 MVC 模式

下面是创建 chapter041 项目的具体过程。

(1) 打开 IntelliJ IDEA 的 File→New→Project 菜单，弹出 New Project 对话框。选择 Spring Initializr，输入项目名"chapter041"，并选中 Gradle-Groovy、Java 17、Jar(Java 压缩文件)等(请参阅图 1-27)。

(2) 单击 Next 按钮，选择 Spring Boot 3.1.4，再勾选 Lombok、Spring Web 这两个依赖项，如图 4-2 所示。单击 Create 按钮，完成创建。

(3) 在项目 resources/static 文件夹下新建主页文件 index.html，输入测试性文字，例如"我的主页……"。启动项目(请参阅 1.6 节)，在浏览器地址栏中输入"http://localhost:8080"，将打开主页内容，项目创建成功。

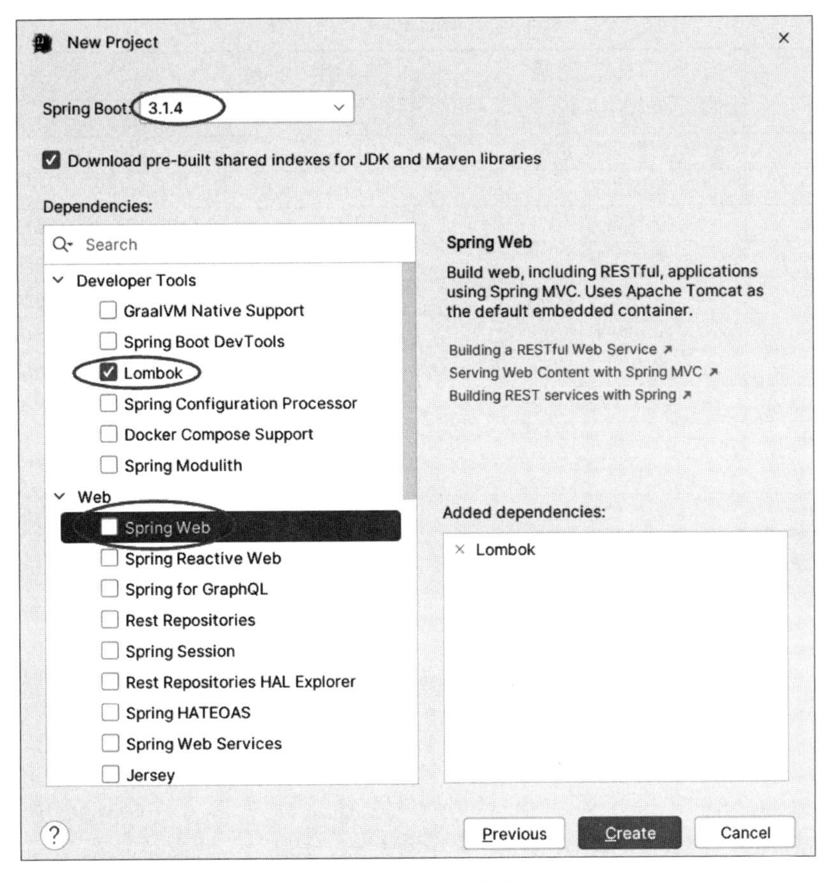

图 4-2 选择项目依赖项

4.2.3 Spring Boot 入口类

入口类是应用的起点，自动生成的入口类 Chapter041Application 代码如下。

```
@SpringBootApplication
public class Chapter041Application {
    public static void main(String[] args) {
        SpringApplication.run(Chapter041Application.class, args);
    }
}
```

入口类利用注解@SpringBootApplication 定义了该类是 Spring Boot 应用的启动入口，并启用默认的自动配置，这使得用户只需用很少的配置，就能够非常方便地启动 Spring 应用。

与早期版本相比，Spring 团队对入口类做了精简优化，与 Spring WebFlux 应用的入口类进行了归并统一。

4.2.4 Spring Boot 常用注解

注解，常用来对类、方法、变量等进行功能性标注，减少了代码编写量，还易于理解。Spring Boot 提供了丰富的注解，成为其一大特色。表 4-1 列出了一些常用注解。

表 4-1　Spring Boot 常用注解

注　　解	说　　明	注　　解	说　　明
@Service	业务层处理	@Autowired	自动注入
@Repository	数据访问处理	@Id	主键
@Component	常规组件	@Entity	实体类
@RestController	控制器	@Table	实体类映射的数据表
@RequestMapping	请求的映射地址	@Column	实体类属性与表对应的字段
@PostMapping	Post 映射地址	@Value	配置属性的属性值
@GetMapping	Get 映射地址	@RequestBody	前端请求体中的 JSON 数据
@Configuration	配置	@PathVariable	请求路径变量
@EnableWebFlux	启用 WebFlux	@Query	标注查询语句
@EnableScheduling	启用计划任务	@Param	查询语句中的参数
@Scheduled	计划任务	@Modifying	更新操作
@Bean	业务对象	@Transactional	启用事务处理

示例 1：标注数据访问类 UsersDao。

```
@Repository
public class UsersDao {
    public Users getUser(Users user) {
        ...
    }
}
```

示例 2：在 chapter041 项目的 com.chapter041 包下新建包 controller。编写映射地址为“/spring”的控制器类 SayHelloController。编写方法 sayHello()，映射地址为“hello”，在页面上输出“你好，Spring Boot！”。

```
@RestController                        //标注该类为控制器
@RequestMapping("spring")              //映射请求地址为"/spring",其中"/"表示根目录
public class SayHelloController {
    @GetMapping("hello")
    public String sayHello() {         //访问地址为"/spring/hello"
        return "你好,Spring Boot!";
    }
}
```

启动项目，在浏览器地址栏输入“http://localhost:8080/spring/hello”，页面将输出“你好，Spring Boot！”。

4.3　Spring Boot 场景实战

4.3.1　前后端互传字符串

用户在前端页面输入任意内容，例如“响应式”。后端控制器接收该内容，并返回“响应式，终于等到你！”给前端，并在前端页面中显示。

1. 后端

在项目 com.chapter041.controller 包下新建控制器类 InfoController，代码如下。

```
@RestController
@RequestMapping("trans")
public class InfoController {
    @GetMapping("welcome/{msg}")
    public String welcomeMessage(@PathVariable String msg) {
        return msg + ",终于等到你!";
    }
}
```

@GetMapping("welcome/{msg}")标注该方法需要用 GET 模式访问，其映射地址里面包含路径参数 msg。假定传递给 msg 的数据为“Spring”，这个数据会传递给@PathVariable 修饰的 msg 参数。而访问 welcomeMessage()方法实际提交的地址则是 http://localhost:8080/trans/welcome/Spring。

2. 前端

在项目 resources/static 下新建 s4-3-1.html，主要代码如下。

```
<div id="app">
    <input type="text" v-model.trim="info">
    <button @click="sendInfo">传送信息</button>
    <span id="message"></span>
</div>
<script>
    Vue.createApp({
        setup() {
            const {of, tap, filter, map, switchMap} = rxjs
            const {fromFetch} = rxjs.fetch
            const info = Vue.ref('') //初始值为空字符
            const sendInfo = () => {
                const message = document.querySelector('#message')
                of(info.value).pipe(
                    tap(() => message.innerText = '请输入信息!'),
                    filter(s => s.length > 0),
                    //利用 fromFetch 调用后端控制器获取数据并切换到该数据流
                    switchMap(s => fromFetch(`trans/welcome/${s}`).pipe(
                        switchMap(response => response.text()),    //拿到文本数据
                        map(value => message.innerText = value)    //显示在<span>中
                    ))
                ).subscribe()
            }
            return {info, sendInfo}
        }
    }).mount('#app')
</script>
```

启动 chapter041 应用（请参阅图 1-31），在浏览器中输入项目地址“http://localhost:8080/s4-3-1.html”，即可在前后端传递字符串。

提示： 请勿忘记在项目 resources/static/js 下放置 RxJS、Vue.js 的库文件，并在 s4-3-1.html 中引入。

4.3.2 前后端互传对象

4.3.1节的示例传送的是字符串，这次传送对象Users。任务要求：某系统里面，用户对象有三个属性——用户名、标识字符、授权。在页面输入用户名、标识字符后，提交给后端；后端根据前端提交的数据进行判断，并给用户设置某个授权字符串，然后将包含用户名、标识字符、授权字符的完整对象，返回给前端，如图4-3所示。

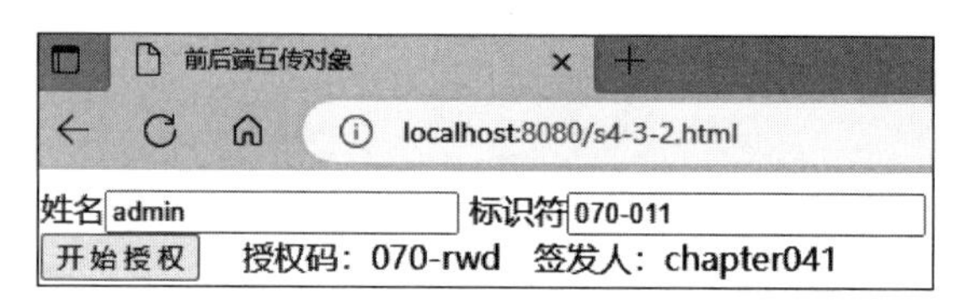

图4-3 互传对象

1. 后端：实体类Users

在项目com.chapter041.entity包下新建Users类。

```
@Data
@Builder                              //标注该类为构造器类，以减少类属性的读写代码
@NoArgsConstructor                    //生成无参构造函数
@AllArgsConstructor                   //生成包含所有对象属性的构造函数
public class Users implements Serializable {
    private String username;          //用户名
    private String tag;               //标识字符
    private String auth;              //授权
}
```

2. 后端：服务类UsersService

在项目com.chapter041.service包下新建UsersService类。

```
@Service                              //标注为服务类
public class UsersService {
    public Users getUserAuth(Users user) {
        Users usr = Users.builder()   //利用构造器构造Users对象
                //将user对象的username值赋值给usr对象的username
                .username(user.getUsername())
                .tag(user.getTag()).build();
        if (usr.getUsername().equals("admin") && usr.getTag().equals("070 - 011"))
            usr.setAuth("070 - rwd"); //授权字符串
        else
            usr.setAuth("000 - rrr");
        return usr;                   //返回授权后的对象
    }
}
```

3. 后端：控制器类InfoController

修改InfoController控制器类，加入grantAuth()方法。

```
@RestController
@RequestMapping("trans")
@RequiredArgsConstructor              //生成基于类属性的构造方法，并辅助自动注入对象
public class InfoController {
```

```
    private final @NonNull UsersService usersService;                ①

    @GetMapping("welcome/{msg}")
    public String welcomeMessage(@PathVariable String msg) {
        return msg + ",终于等到你!";
    }

    @PostMapping("auth")                                             ②
    public ResponseEntity<Users> grantAuth(@RequestBody Users user) {    ③
        HttpHeaders headers = new HttpHeaders();
        headers.add("iss", "chapter041");
        return ResponseEntity.ok()
                .headers(headers)                                    ④
                .body(usersService.getUserAuth(user));
    }
}
```

① Lombok会自动装配出UsersService类的实例对象usersService,并由Spring纳入管理,实现了对象的自动注入。否则,需要自己手工创建对象:UsersService usersService = new usersService()。

② PostMapping与GetMapping不一样,要求前端提交数据时,method方式设定为POST。

③ ResponseEntity是Spring Boot基于HttpEntity封装的、常用于向前端传送数据的响应实体。可通过ResponseEntity向前端传送简单数据类型,例如字符串:

```
return ResponseEntity.ok().body("sucessed");
```

也可以传送Java对象,像上面grantAuth()方法返回的Users对象,或者是一个包含很多Users对象的列表:

```
return ResponseEntity.ok().body(list);
```

或者,包含数据对的Map对象:

```
Map<String, String> map = new HashMap(3);
map.put("username", "admin");
map.put("tag","070-011");
map.put("auth", "070-rwd");
return ResponseEntity.ok().body(map);
```

@RequestBody注解将HTTP请求中提交的数据映射到Users类型,并能够自动反序列化到user对象,即Spring Boot会自动将前端传送的JSON对象反序列化为Java对象,而无须编写额外的转换代码,非常方便。

④ ResponseEntity也可以设置HTTP响应头,向前端传送user对象的同时,通过响应头附加了额外信息:名称为iss、值为chapter041的数据对。通过浏览器检查工具的"网络",可以查看到通过HTTP响应头附加的iss数据,如图4-4所示。

4. 前端:s4-3-2.html

```
<div id="app">
    姓名<input type="text" v-model.trim="user.username">
    标识符<input type="text" v-model.trim="user.tag"><br/>
    <button @click="grantAuth">开 始 授 权</button> 
    <span id="message"></span>
</div>
```

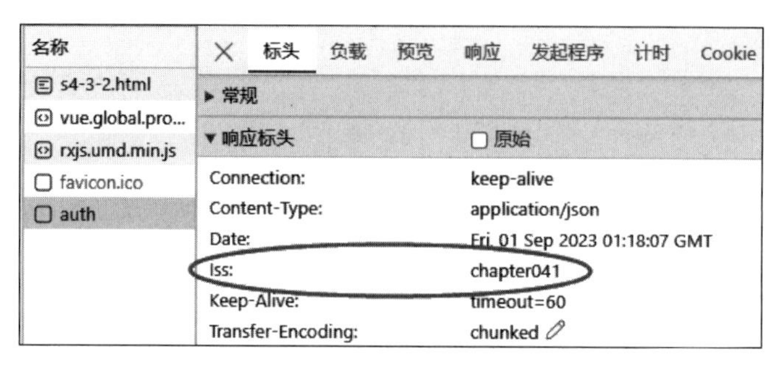

图 4-4　响应头数据

```
<script>
    Vue.createApp({
        setup() {
            const {reactive} = Vue
            const {of, filter, map, switchMap, tap} = rxjs
            const {ajax} = rxjs.ajax
            const user = reactive({
                username: '',
                tag: ''
            })
            const grantAuth = () => {
                const msg = document.querySelector('#message')
                of(user).pipe(
                    filter(usr => {
                        let filtered = false
                        if (usr.username.length === 0)
                            msg.innerText = '请输入姓名!'
                        else if (usr.tag.length === 0)
                            msg.innerText = '请输入标识符!'
                        else filtered = true
                        return filtered
                    }),
                    switchMap(usr => ajax({          //转到 ajax,提交数据给后端
                        url: 'trans/auth',
                        method: 'POST',              //POST 模式提交
                        body: usr                    //提交的数据为 usr 对象
                    })),
                    tap(data => msg.innerText = `授权码: ${data.response.auth}`),
                    map(data => msg.innerText +=
                    `\u3000 签发人: ${data.responseHeaders.iss}`)
                ).subscribe()
            }
            return {user, grantAuth}
        }
    }).mount('#app')
</script>
```

后端通过 ResponseEntity 返回的 body 数据，利用 data.response 获取，而 HTTP 响应头附加的 iss 数据，则通过 data.responseHeaders 获取。

4.3.3　模拟数据采集

实践中可能需要采集若干设备的某种数据，并推送到监控页面，如图 4-5 所示。这里使用 SSE

来模拟数据采集工作。SSE(Server-Sent Events)是大多数浏览器支持的规范,允许随时单向传输数据,即服务器能够持续向客户端发送数据流,浏览器则通过 JavaScript 的 EventSource 接收数据流。

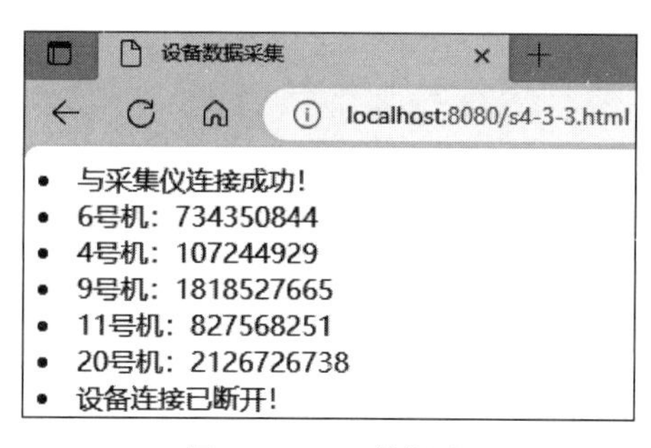

图 4-5　SSE 数据流

1. 后端:控制器类 SseController

```
@RestController
@RequestMapping("sse")
public class SseController {
    private final Set<SseEmitter> sseEmitters = new CopyOnWriteArraySet<>(); ①

    @GetMapping("start")                              //访问路径:sse/start
    public SseEmitter start() {
        //默认是 30s 超时,这里设置为 15min
        SseEmitter emitter = new SseEmitter(15 * 60 * 1000L);
        sseEmitters.add(emitter);                     //将当前发射器添加到集合中
        //超时则将当前发射器从集合中移除
        emitter.onTimeout(() -> sseEmitters.remove(emitter));
        //断开连接时从集合中移除当前发射器
        emitter.onCompletion(() -> sseEmitters.remove(emitter));
        //出错时将当前发射器移除
        emitter.onError((err) -> sseEmitters.remove(emitter));
        //创建一个可以执行延迟任务的线程池服务,池中的线程数为 2
        ScheduledExecutorService executor = Executors.newScheduledThreadPool(2);
        //以固定的频率(每隔 3s)执行发射数据任务
        executor.scheduleAtFixedRate(this::sendMessage, 0, 3, TimeUnit.SECONDS);
        return emitter;
    }
    //该方法模拟不同设备发射的数据
    public void sendMessage() {
        sseEmitters.forEach(emitter -> {
            try {
                //生成一个随机的正数
                double rnd = Math.abs(new Random().nextGaussian() * 10);
                int no = (int) Math.rint(rnd);        //取整,作为设备编号
                int number = Math.abs(new Random().nextInt());  //发射的数字
                String msg = String.format("%s 号机:%s", no, number);
                emitter.send(msg, MediaType.APPLICATION_JSON);   //JSON 格式发送
            } catch (Exception ex) {
                emitter.completeWithError(ex);        //出错时关闭连接并发送错误
            }
        });
    }
}
```

① 使用线程安全的集合存放 SseEmitter。当有新客户端打开 SSE 时，将新的 SseEmitter 发射器添加到 sseEmitters 集合中。

2. 前端：s4-3-3. html

```
<div id="msg"></div>
<script>
    const {Observable} = rxjs
    new Observable(subscriber => {
        const es = new EventSource('sse/start')       //连接 SSE 端点
        es.onopen = () => subscriber.next('<li>与采集仪连接成功!</li>')         //用列表 li 显示
        es.onmessage = (event) => subscriber.next(`<li>${event.data}</li>`)       //接收到数据
        es.onerror = (event) => {                     //出错,例如可能是后台服务已经关闭
            event.target.close()                      //终止请求
            subscriber.next('<li>设备连接已断开!</li>')
        }
    }).subscribe({
        next: (msg) => document.querySelector('#msg')
                        .innerHTML += JSON.parse(JSON.stringify(msg))
    })
</script>
```

4.4 Reactor 响应式处理技术

4.4.1 Project Reactor 概述

Project Reactor 项目起始于 2012 年，当时 Spring 框架团队启动了一个新项目，以异步、非阻塞为设计目标，并于 2013 年发布了 Reactor 1. x 版本。2015 年年初，Reactor 2 发布，基于响应式流规范，目标是在 JVM 上构建非阻塞、响应式的应用程序，以满足需要异步处理、有大量并发服务请求的实践场景。一年后，Reactor 3 发布。

Reactor 3 是基于响应式流规范的第 4 代响应式库，提供了在 Java 虚拟机上构建异步、非阻塞应用程序的强大支持，是 Spring 框架响应式编程模型的核心依赖，需要 JDK 8 以上版本的支持。

4.4.2 Reactor 基本思想

下面用打比方的方式来简单、直观地理解 Reactor 响应式基本思想。

一位主编、五位作者(Publisher，发布者)和一家出版社(Subscriber，订阅者)合作完成一本书的编写。主编提交拟定的图书纲要，发布出去，成为最初的发布者。每位作者则根据纲要，提交写好的某些章节，成为新的发布者实例，并继续未完成的章节。订阅者及时处理实例数据。如果发布者写得比较快，订阅者来不及处理容易形成积压(背压)。图书创作的过程，形成了一个基于异步流程的数据流。从第一个发布者(主编)发布的纲要开始，数据不断流动，状态不断变化，最终订阅者出版完成整个图书。

当然，如果没有出版社(订阅者)去向作者们(发布者)约稿(订阅)，这意味着不会发生任何事情。

4.4.3　Reactor 核心包 publisher

Reactor 有一个至关重要的核心包 reactor. core. publisher，提供了绝大部分响应式操作的接口或实现，主要分成以下三大类。

（1）Mono：具备基本响应操作能力的流发布器，可异步发射 0 个或 1 个元素。

（2）Flux：具备响应操作能力的流发布器，可异步发射 0 个或 N 个元素。

（3）Sinks：一种可以使用 Flux 或 Mono 推送响应流信号的触发器（汇总器）。

4.4.4　单量 Mono < T >

Mono < T >是 Reactor 的主要类型之一，是一种泛型单量，这意味着 Mono 不会限制其发布的数据是什么类型。Mono 可以是一种发射数据后无须回应模式，也可以是一种“请求-响应”模式，还可以将多个 Mono 连接在一起产生一个 Flux，非常灵活。Mono 最多发射一个数据。下面是 Mono 的示例用法。

```
Mono< String > empty = Mono.empty();                    //空量
Mono< String > reactor = Mono.just("Reactor");          //字符串
Mono< Integer > num = Mono.just(95);                    //数字
empty.subscribe(System.out::println);                   //订阅:输出 Mono 数据
reactor.subscribe(System.out::println);
num.subscribe(System.out::println);
```

除了利用 just()方法创建 Mono 对象，还可以使用 fromSupplier()方法。

```
Mono.fromSupplier(() -> "从 supplier 创建 Mono 对象")
      .subscribe(System.out::println)                   //控制台输出:从 supplier 创建 Mono 对象
```

为了运行代码、查看结果，可在项目 src/test/java 文件夹的 com. chapter042. sample 包下创建用于测试的类 SampleTest，如图 4-6 所示。在 SampleTest 里面编写一个测试方法，例如：

```
@Test
public void sample() {
    Mono< String > empty = Mono.empty();                //空量
    …
    num.subscribe(System.out::println);
}
```

运行该文件，即可在 IDEA 控制台观察到代码运行的输出结果。

提示：请务必事先创建好 Spring 响应式 Web 项目 chapter042，具体操作方法请参阅 1.6 节的内容。

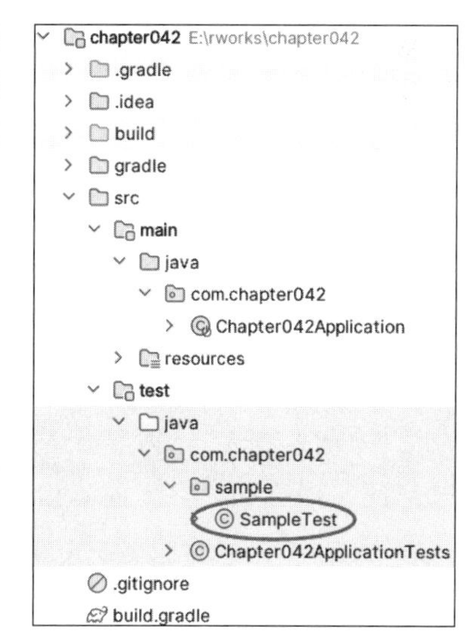

图 4-6　测试文件

4.4.5　通量 Flux < T >

Flux < T >是 Reactor 的另一个主要类型，是一种泛型通量。Flux 将多个数据项作为一个数据流（流量）来处理。可以将 Flux < T >转换为一个 Mono < T >，也可以将多个 Mono < T >连接合并成一个 Flux<T>。

示例：输出列表数据，并输出 1～10 个数字。

```
List<String> words = Arrays.asList("Spring ", "Reactive ", "Web");
Flux<String> wordsFlux = Flux.fromIterable(words); //从集合返回 Flux 对象
wordsFlux.subscribe(System.out::print);
System.out.println();
Flux.range(1, 10).subscribe(System.out::println);
```

可以利用 handle，对 Flux 流中的数据进行加工。

```
Flux<Double> num = Flux.just(Math.random() * 100)     //生成随机数
        .handle((i, sink) -> {                        //i 代表每个数据,sink 则代表同步触发器的实例对象
            if (i <= 50)
                sink.next(i * 2);                     //数据乘以 2 后发射到流中
            else
                sink.error(new Exception("数据过大!"));        //超过 50 则抛出错误
        });
num.subscribe(
        System.out::println,                          //打印正常值
        System.err::println);                         //打印出错提示"数据过大!"
```

也可以利用 Flux.create()方法来获得 Flux 对象。

```
Flux<String> flux = Flux.create(emitter -> {          // emitter 是触发器的实例对象,用于发射数据
    emitter.next("开始...");
    emitter.next(String.valueOf(new Random().nextInt()));      //发射随机的数字型字符串
});
flux.subscribe(i -> System.out.printf("订阅 A: %s\n", i));      //格式化输出
flux.subscribe(i -> System.out.printf("订阅 B: %s\n", i));
flux.delayElements(Duration.ofMillis(100))                     //延迟 0.1s 订阅
        .subscribe(i -> System.out.printf("订阅 C: %s\n", i));
```

运行后 C 并不能订阅到任何内容，因其延迟 0.1s 后才订阅。控制台输出类似于下面的内容。

```
订阅 A:开始...
订阅 A:1974692456
订阅 B:开始...
订阅 B:911568027
```

与 create()方法类似，还有一个 push()方法。上面的代码可以将 create()替换成 push()，运行结果相同。push()方法基于单线程生产者方式来创建 Flux 实例对象，而 create()允许从不同的线程发射元素。

获取 Flux 对象，还可以利用 Flux.from()方法。

```
Flux flux = Flux.from(Mono.just("Spring Reactive Web"));    //使用 Mono.just 作为数据源
flux.subscribe(s -> System.out.printf("1. %s 开发实战 张三丰\n", s));
flux.subscribe(s -> System.out.printf("2. %s 开发实战 杨一过", s));
```

4.5 响应式操作符

4.5.1 订阅 subscribe

在第 2 章已经学过 RxJS 的订阅，这里的订阅含义类似：订阅以后才能接收到数据。在前面的

示例中也使用过 subscribe，再来看下面的示例。

```
Flux.just("1025301868", "071326")
    .handle((data, sink) -> {
        String s = data.replaceAll(".", "*");                 //每个数字替换为*号
        sink.next(s);                                          //发射
    })
    .subscribe(next -> System.out.println("接收:" + next));
```

运行后控制台输出：

```
接收:**********
接收:******
```

4.5.2 多播 ConnectableFlux

ConnectableFlux 能够缓存流数据，并向多个订阅者广播数据，而订阅者可在任何时间点订阅，并不要求从最早发射的数据就开始订阅。ConnectableFlux 有以下两个重要方法。

- publish：尝试满足各订阅者需求。如果其中某个订阅者需求为 0，则暂停向所有订阅者发射数据。
- replay：缓存通过第一个订阅查看到的数据，在需要时将数据重播给后续订阅者。

示例：随机生成若干整数（小于或等于 500），每隔 0.2s 从发射的数据流中随机采样若干数据并输出。

```
ConnectableFlux<Object> publish = Flux.create(fluxSink -> {
            while (true) {
                //随机生成整数
                double rnd = Math.rint(new Random().nextGaussian() * 100);
                if (rnd <= 500)
                    fluxSink.next(rnd);                          //发射
                else
                    break;                                       //终止生成数据
            }
        })
        .sample(Duration.ofMillis(200))                          //每隔 0.2s 采样数据
        .publish();
publish.subscribe(data -> System.out.printf("订阅者 1: %s\n", data));
publish.connect();                                               //将数据多播给各订阅者
publish.subscribe(data -> System.out.printf("订阅者 2: %s\n", data));
```

运行代码后，订阅者 2 是订阅不到数据的。若希望这位后来者能重播历史数据，例如，重播最近的两条数据，则需要将代码中的 publish()修改为 replay(2)，下面是修改后某次运行输出的样例数据。

```
订阅者 1:-58.0
订阅者 1:-87.0
订阅者 1:172.0
订阅者 1:147.0
订阅者 1:-177.0
订阅者 2:147.0
订阅者 2:-177.0
```

4.5.3 映射 map

map 是常用的操作符，常用于将数据流转换成映射表，然后就可以逐个处理映射表中的元素，并映射到一个新值。

示例：将流中的每个数据乘以 2 后输出。

```
Flux.range(1, 100)
    .take(10)                                          //只取 10 个数据
    .map(i -> i * 2)
    .subscribe(
            System.out::println,                       //输出数字
            System.err::println,                       //若出错，输出错误
            () -> System.out.println("处理结束!")
    );
```

4.5.4 扁平化 flatMap

flatMap 是另外一种常用的流操作。flatMap 能够将每个 Flux 元素转换或映射为单个数据流，这样就可以对每个流进行按需操作，最后又将每个流合并为一个大的新数据流返回。

示例：只输出各学院的中文名称。

```
List<String> list = Arrays.asList("em:管理学院", "ac:会计学院", "em:管理学院", "mc:传媒学院",
"ec:经济学院");
Flux.fromIterable(list)
    .flatMap(college -> Flux.fromArray(college.split(":")))  //根据冒号拆分中英文
    .distinct()                                              //重复的数据，通过 distinct()予以剔除
    .sort()                                                  //排序
    .skip(4)                                                 //忽略前面 4 个元素：em、ac、mc、ec
    .subscribe(System.out::println);
```

flatMap 基于 list 中的数据创建 5 个新数据流。然后，来自这些流的元素（类似于多维数据）交织在一起，经过剔除、排序、忽略等处理后，形成一个新数据流（扁平化成一维数据）输出。运行后控制台将依次输出：

```
会计学院 传媒学院 管理学院 经济学院
```

4.5.5 组合操作符

与组合有关的操作符比较多。

- concat：以串行方式将所有源值连接起来。按顺序订阅第一个源，等待其完成，然后再订阅下一个源，以此类推，直到最后一个源完成。
- concatWith：将当前 Flux 与另外一个发布者的数据串连起来。
- merge：即时并行处理来自上游的数据，交错合并到同一个流中以供订阅。
- mergeWith：当前源值与另外发布者数据，即时合并到一个数据流中。
- zip：将多个源值聚集在一起。等待所有源发射一个元素，将它们组合成一个输出值，直到任何源完成。
- zipWith：与 zip 类似，但只针对两个发布者。

示例 1：向学院名称中临时增加一个学院"cc 数计学院"，以"序号 学院名称"方式输出全部学院名称。

```
List<String> list = Arrays.asList("em 管理学院", "ac 会计学院", "mc 传媒学院", "ec 经济学院");
Mono<String> news = Mono.just("cc 数计学院");
Flux<String> schools = Flux
        .fromIterable(list)                          //从集合中返回流
        .concatWith(news)                            //合并流
        .sort()                                      //对流进行排序
        .zipWith(Flux.range(1, list.size() + 1),   //生成 1 到数组长度截止的数字,合并流
            (string, index) -> String.format("%2d. %s", index, string)); //格式化输出
schools.subscribe(System.out::println);
```

concatWith 操作将一个流与另外一个流连接起来，有点类似于 Java 中的字符串连接。zipWith 操作则将当前流中的元素与另外流中的元素按照一对一的方式进行合并，也就是说，将 5 个学院名称流与 5 个数字流一对一合并。运行后控制台输出结果如下。

```
1. ac 会计学院
2. cc 数计学院
3. ec 经济学院
4. em 管理学院
5. mc 传媒学院
```

示例 2：模拟不同时点会议的执行。

```
Mono<String> meeting1 = Mono.just("会议 1")
        .delayElement(Duration.ofMillis(2000));              //延迟 2s 发布流
Flux<String> meetings = Flux.just("会议 2", "会议 3", "会议 4")
        .delaySubscription(Duration.ofMillis(500))           //延迟 0.5s 订阅
        .delayElements(Duration.ofMillis(1000));
Flux<String> merges = meeting1.mergeWith(meetings);          //mergeWith 合并
merges.map(s -> s + " 开始时间:" + new Date(System.currentTimeMillis()))
        .subscribe(System.out::println);
Thread.sleep(5000);                                          //暂停以等待数据流结果
```

执行后输出结果如下。

```
会议 2 开始时间:Sun Sep 03 09:48:03 CST 2023
会议 1 开始时间:Sun Sep 03 09:48:04 CST 2023
会议 3 开始时间:Sun Sep 03 09:48:04 CST 2023
会议 4 开始时间:Sun Sep 03 09:48:05 CST 2023
```

4.5.6　副业处理 doOnNext

当源发射数据时，如果想对收到的数据做出某些反应，进行附加的额外处理工作，可以使用 doOnNext。

示例：源发射数据时向 List 中添加前面 5 个元素。

```
List<Integer> list = new ArrayList<>();
Flux.range(1, 100)
    .take(5)                                   //只取前面 5 个值
    .doOnNext(result::add)                     //向 list 中添加流中的数据
    .subscribe();
result.forEach(System.out::println);
```

执行后 list 中添加了 5 个元素，控制台输出：

```
1 2 3 4 5
```

4.5.7 过滤 filter 和条件操作 takeWhile

filter 根据给定的条件评估每个源值，返回相应结果。takeWhile 则是有条件取值。

示例：过滤输出中国城市名称，并进行格式输出处理。

```
Flux.fromIterable(Arrays.asList("中国武汉", "中国杭州", "美国纽约", "中国苏州"))
            .filter(name -> name.contains("中国"))        //名字包含"中国"
            .map(city -> "我爱:" + city + "!")            //格式化处理
            .doOnNext(System.out::println)                //输出数据
            .subscribe();
```

而对于 takeWhile，4.5.6 节示例中的 take(5)完全可修改成：

```
takeWhile(reading -> reading < 6)
```

4.5.8 扫描 scan

扫描函数 scan()对于每个发射的源值，连续进行累加(累减)处理，并即时发射中间运算结果。注意，每次处理的中间结果会发射出去，因此 scan 非常适合需要获取处理过程中间数据的应用场景。其基本语法格式如下。

- scan(initial,accumulator)：initial 为初始值，accumulator 是 BiFunction 二元函数。
- scan(accumulator)：这种没有初始值，将第一个通量值作为初始值。

示例：计算 1+2+3+…+100 的总和。

```
Flux.range(1, 100)
    .scan(0, Integer::sum)
    .last()                                   //取最后一个值，否则会打印输出每次累加的结果
    .subscribe(System.out::println);
```

代码设置初始值为 0，然后利用 Java 的 sum 函数累加计算当前值。如果写成下面的形式，更容易理解些。

```
scan(0, (total, curr) -> total + curr)
```

4.5.9 转换 transform

有时候为了方便处理，可将某些共性操作功能抽取出来，封装到某个函数中，然后利用 transform 操作符，将该功能装配到流中，为所有订阅者服务。下面修改 4.5.7 节的代码，将"过滤出中国城市"这个功能抽取出来，封装到函数 filterChineseCity 中，这个函数就可以在很多地方重复使用。代码如下。

```
Function<Flux<String>, Flux<String>> filterChineseCity =
        flux -> flux.filter(city -> city.contains("中国"))
                .map(city -> "我爱:" + city + "!");
Flux.fromIterable(Arrays.asList("中国武汉", "中国杭州", "美国纽约", "中国苏州"))
    .transform(filterChineseCity)
    .doOnNext(System.out::println)
    .subscribe();
```

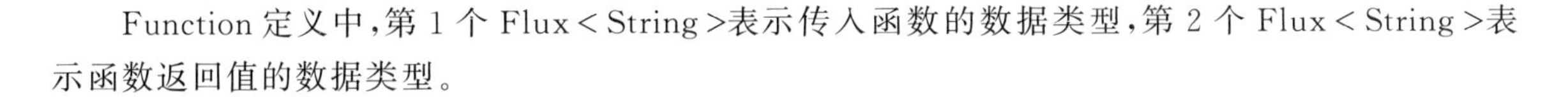

Function 定义中，第 1 个 Flux<String>表示传入函数的数据类型，第 2 个 Flux<String>表示函数返回值的数据类型。

4.5.10 分组 groupBy

分组 groupBy 允许我们将源拆分为若干个分支，每个分支匹配指定的键 Key。

示例：将数组中的风景区分成两组：湖北 5A、其他。

```
String[] cities = { "湖北武当山", "江苏沙家浜风景区", "湖北黄鹤楼",
                                        "浙江南浔古镇", "湖北三峡人家" };
Flux.from(Flux.just(cities))
    .groupBy(g -> g.contains("湖北") ? "湖北 5A" : "其他")      //设置键"湖北 5A""其他"
    .concatMap(group -> group
            .startWith(group.key()) //以键作为输出数据序列的前缀
            .scan(new HashMap<>(), (map, el) -> {              //空哈希表作为初始值
                map.put(group.key(), el);                      //保存键、值数据
                return map;
            })
    ).subscribe(data -> {
        if (data.size() == 0)                                  //空的哈希表
            System.out.println("-".repeat(10));                //输出 10 个"-"连接符
        else
            data.keySet().forEach(key -> {
                System.out.println(data.get(key));             //输出城市名称
            });
    });
```

执行后输出如下结果。

```
----------
湖北 5A
湖北武当山
湖北黄鹤楼
湖北三峡人家
----------
其他
江苏沙家浜风景区
浙江南浔古镇
```

4.5.11 缓冲 buffer 和开窗 window

buffer 将源中的元素批量收集到 List 容器中，然后作为 Flux 流元素输出，即 buffer 输出的结果类型为 Flux<List<T>>；window 与 buffer 有些类似，但并不是将源中的元素批量收集到 List 中，而是创建一个 Flux 分支，就像是从源 Flux 中打开一扇"新窗"，输出的结果类型为 Flux<Flux<T>>。这个时候，流中不再是单纯的值，而是子流。

示例 1：分别进行每 5 个、每 4 个、每 3 个元素的数据收集，且连续进行。

```
Function<Flux<List<Integer>>, Flux<Integer>> resetData = flux ->
        flux.switchMap(Flux::fromIterable);
Flux.range(0, 10)
        .buffer(5)                                  // 每次最多收集 5 个元素
        .doOnNext(bf -> System.out.println("buffer-1:" + bf))          //输出收集的结果
        .transform(resetData)                       //分解出 buffer-1 的数据
```

```
        .buffer(4, 2)                          //每次最多收集 4 个元素,舍弃两个元素
        .doOnNext(bf -> System.out.println("buffer-2:" + bf))
        .transform(resetData)                  //分解出 buffer-2 的数据
        .buffer(3, 5)                          //每次最多收集 3 个元素,舍弃 5 个元素
        .doOnNext(bf -> System.out.println("buffer-3:" + bf))
        .subscribe();
```

代码运行后在 IDEA 控制台输出结果如下。

```
buffer-1:[0, 1, 2, 3, 4]
buffer-2:[0, 1, 2, 3]
buffer-3:[0, 1, 2]
buffer-1:[5, 6, 7, 8, 9]
buffer-2:[2, 3, 4, 5]
buffer-3:[3, 4, 5]
buffer-2:[4, 5, 6, 7]
buffer-2:[6, 7, 8, 9]
buffer-3:[6, 7, 6]
buffer-2:[8, 9]
buffer-3:[9, 8, 9]
```

这个结果乍一看很不好理解,首先,要明白 resetData 函数的作用:将原本 buffer 后收集到 List<Integer>中的数据,重新分解成单个数据序列。

再来看看 buffer 有两个参数的情况:第一个参数表示最多收集的元素个数,因为有时候想收集三个元素,但源里面可能只剩下两个元素了,所以是"最多";第二个参数表示舍弃的元素个数。对于下面的数据序列:

```
1  2  3  4  5
```

如果是 buffer(2,3),第一个参数小于第二个参数,则进行舍弃收集,结果将是[1, 2][4, 5]。如果是 buffer(3,2),第一个参数大于第二个参数,则属于叠加收集,结果是[1, 2, 3][3, 4, 5][5]。

示例 1 的运行结果,用表 4-2 整理后,就容易理解多了。

表 4-2　buffer 数据

buffer-1:buffer(5)	buffer-2:buffer(4, 2)	buffer-3:buffer(3, 5)
[0, 1, 2, 3, 4] [5, 6, 7, 8, 9]	[0, 1, 2, 3] [2, 3, 4, 5] [4, 5, 6, 7] [6, 7, 8, 9] [8, 9]	[0, 1, 2] [3, 4, 5] [6, 7, 6] [9, 8, 9]

注意,buffer-2 承接的是 buffer-1 通过 resetData 函数 transform 后的数据,同样,buffer-3 承接的是 buffer-2 通过 transform 后的数据。为帮助理解,buffer-3 缓冲过程示意如下。

```
[ 0  1  2 ]  3̶ 2̶  3  4  5  4  5  6  7  6  7  8  9  8  9
[ 3  4  5 ]  4̶ 5̶  6  7  6  7  8  9  8  9
[ 6  7  6 ]  7̶ 8̶  9  8  9
[ 9  8  9 ]
```

Buffer 还可以基于数据的变化来收集数据。

```
Flux.just(1, 3, 3, 3, 3, 6, 6, 6, 0, 8, 8)
        .bufferUntilChanged()
        .subscribe(System.out::println);
```

运行后输出结果：

```
[1]  [3, 3, 3, 3]  [6, 6, 6]  [0]  [8, 8]
```

至于开窗 window，只是收集数据后返回的结果类型不同。来看下面的示例。

示例 2：利用开窗 window 执行聚合数据操作，并输出聚合结果。

```
Flux.range(0, 10)
        .window(3)
        .flatMap(Flux::collectList)
        .doOnNext(System.out::println)
        .subscribe();
```

执行结果为

```
[0, 1, 2]  [3, 4, 5]  [6, 7, 8]  [9]
```

4.5.12 调度器 publishOn 和 subscribeOn

publishOn 和 subscribeOn 都可以通过配置不同的计划程序 Schedulers 来更改默认行为。两者的主要区别在于影响范围不同：publishOn 会影响位于 publishOn 后面的所有操作符，即 publishOn 之前的元素操作，在主线程上执行，而 publishOn 之后的操作会在 Schedulers 工作单元上执行。而 subscribeOn 则强制源发射数据时使用特定的计划程序，因而是从源头就开始影响整个执行过程。

Reactor 的计划程序 Schedulers 主要提供了以下 4 种计划操作。

- parallel：常用于并行处理的一种固定线程池，默认线程数量与 CPU 内核一样多。
- boundedElastic：这种线程池默认包含约 10 倍 CPU 内核数的线程量，常用于输入输出型任务，例如，文件读写，或者需要阻塞处理的场景。
- immediate：在订阅操作所在的线程中执行任务。
- single：单个可重用线程，流中的所有操作均使用此线程执行。

示例 1：分别计算 0、0+1、0+1+2、0+1+2+3、…、0+1+…+14 的值，输出计算出的各个总和值、线程名、执行时间。

```
Function<Integer, Mono<Integer>> sumData = count ->
        Flux.range(0, count)                          //主线程执行
            .publishOn(Schedulers.parallel())         //以下操作在 Schedulers 工作单元上执行
            .scan(0, Integer::sum)                    //计算总和
            .last()                                   //取最后的结果
            .doOnNext(t -> System.out.println("总和:" + t + " 线程名:" +
                    Thread.currentThread().getName() + " 时间:" +
                    System.currentTimeMillis()));

Flux.range(1, 15)                                     //总共 15 次运算,主线程执行
    .map(sumData)
    .doOnNext(Mono::subscribe)
    .subscribe();
```

代码专门定义了一个函数 sumData 进行加和计算。下面是在一个四核 CPU 环境中某次运行

的输出结果。

```
总和:10 线程名:parallel-5 时间:1693897773466
总和:1 线程名:parallel-2 时间:1693897773465
总和:3 线程名:parallel-3 时间:1693897773465
…
总和:78 线程名:parallel-5 时间:1693897773469
总和:45 线程名:parallel-2 时间:1693897773469
```

从运行结果可以看到,线程池中的最大线程编号为 parallel-8。如果修改成 Schedulers.boundedElastic(),由于这时候线程池中的线程数量较多,因此运行结果可能类似于下面这样(线程最大编号为 15)。

```
总和:1 线程名:boundedElastic-2 时间:1693898056621
总和:105 线程名:boundedElastic-15 时间:1693898056623
总和:3 线程名:boundedElastic-3 时间:1693898056621
…
总和:0 线程名:boundedElastic-1 时间:1693898056616
总和:91 线程名:boundedElastic-14 时间:1693898056624
```

示例 2:观察 subscribeOn 调度线程执行情况。

```
List<Integer> list = new ArrayList<>();
Flux.range(1, 3)
    .log()                                    //记录输出流信号
    .map(i -> i * 2)
    .subscribeOn(Schedulers.parallel())
    .subscribe(list::add);                    //向 list 中添加流中的每个元素
Thread.sleep(100);
list.forEach(System.out::println);            //输出 list 中的数据
```

运行后,log()会在 IDEA 控制台输出以下内容。

```
17:52:54.255 [parallel-1] INFO reactor.Flux.Range.1 -- | onSubscribe([Synchronous Fuseable] FluxRange.RangeSubscription)
17:52:54.263 [parallel-1] INFO reactor.Flux.Range.1 -- | request(unbounded)
17:52:54.264 [parallel-1] INFO reactor.Flux.Range.1 -- | onNext(1)
17:52:54.264 [parallel-1] INFO reactor.Flux.Range.1 -- | onNext(2)
17:52:54.264 [parallel-1] INFO reactor.Flux.Range.1 -- | onNext(3)
17:52:54.265 [parallel-1] INFO reactor.Flux.Range.1 -- | onComplete()
```

由输出内容可验证前面对 subscribeOn 的描述。尽管 subscribeOn 位置靠后,但 Flux 都在 parallel-1 线程中运行,说明 subscribeOn 是从源头上影响了执行过程。

4.5.13 重试(retry)和重复(repeat)

1. retry

实践中往往有这种情况:当向后端服务发送请求时,由于某些网络问题导致请求超时,因而得不到响应,引发错误。可以利用 retry 终止原来的响应式流,再次启动响应式流处理,重新订阅源,从而使得系统更具弹性。

示例:只发射小于或等于 2 的数据。如果出错,重试一次。

```
Flux.range(1, 10)
    .handle((i, sink) -> {
```

```
        if (i <= 2) {
            sink.next("发射:" + i);
            return;
        }
        sink.error(new RuntimeException("超出范围!"));
    })
    .retry(1)                              //重试一次
    .subscribe(
            System.out::println,
            err -> System.out.println("出错:" + err.getMessage()));
```

运行输出结果：

```
发射:1
发射:2
发射:1                                      //重新订阅
发射:2
出错:超出范围!
```

retry 有一个更高级版本 retryWhen，可以自定义重试条件。下面是常用的重试条件。

- Retry.indefinitely()：无限期重试。
- Retry.max(N)：最多重试 N 次。
- Retry.maxInARow(N)：重试直到收到 N 个错误。
- Retry.from(c -> c.take(N))：可重试前 N 次错误，超过则放弃。
- Retry.fixedDelay(M, N)：以固定的延迟时间 N 重试 M 次，超时则放弃重试。例如，延迟 1ms 重试两次：Retry.fixedDelay(2, Duration.ofMillis(1))。

例如，可将示例中的 retry(1)修改为 retryWhen(Retry.from(c -> c.take(3)))。

2. repeat

repeat 重新启动响应式流处理，在源发送完成信号时重新订阅源，例如：

```
Flux.range(1, 3)
    .repeat(1)                             //重复一次
    .subscribe(System.out::println);
```

4.6 并行通量 ParallelFlux

在多核 CPU 大行其道的今天，Reactor 提供了 ParallelFlux 这种特殊类型，以便针对并行工作进行优化操作。只需要通过使用 parallel()方法，就可获得 ParallelFlux。parallel()本身并不能进行并行化工作，而是将数据流中的工作负载，划分为若干个能够并行运行的“轨道”，每个“轨道”可执行一个操作。轨道的数量，默认与 CPU 内核数相同。另外，要想获得每个“轨道”的操作结果，必须配合使用 runOn(Scheduler)。

示例 1：并行输出学院名称。

```
List<String> list = Arrays.asList("管理学院", "会计学院", "传媒学院", "经济学院");
ParallelFlux<String> parallelFlux = Flux.fromIterable(list)
            .parallel(Schedulers.DEFAULT_POOL_SIZE) //启用并行化
            .runOn(Schedulers.parallel());          ①
```

```
parallelFlux.map(s -> s + " 线程名:" +
                 Thread.currentThread().getName() + " 时间:" +
                 System.currentTimeMillis())
        .subscribe(System.out::println);
```

① 运行于并行轨道上，由 Schedulers. parallel()调度器负责调度轨道的运行操作。

在四核 CPU 计算机上测试上述代码，某次运行输出结果如下。

```
会计学院 线程名:parallel-2 时间:1694077169174
经济学院 线程名:parallel-4 时间:1694077169174
管理学院 线程名:parallel-1 时间:1694077169174
传媒学院 线程名:parallel-3 时间:1694077169174
```

示例 2：将两个源打包到 ParallelFlux 中，分组，然后收集数据到 List 中，最后输出 List 中的数据。

```
ParallelFlux.from(                              //打包两个源
                Flux.range(1, 2),
                Flux.range(2, 3))
        .runOn(Schedulers.parallel())           //运行于并行轨道
        .doOnNext(group -> System.out.println("线程名:" +
                        Thread.currentThread().getName() + " 时间:" +
                        System.currentTimeMillis()))
        .groups()                               //分组
        .flatMap(Flux::collectList)             //收集数据到 List 中
        .subscribe(arr -> arr.forEach(System.out::println));     //输出 List 中的数据
```

doOnNext 输出结果如下。

```
线程名:parallel-1 时间:1694079484392
线程名:parallel-2 时间:1694079484392
线程名:parallel-1 时间:1694079484398
线程名:parallel-2 时间:1694079484399
线程名:parallel-2 时间:1694079484399
```

而 subscribe 自然是输出 4 个数字：1　2　2　3　4。

4.7 触发器 Sinks

Sinks 是 Reactor 提供的能触发某种流数据信号的类。通过信号的触发，可以进行诸如推送新数据、重播旧数据等操作。表 4-3 列出了 Sinks 的一些常用方法。

表 4-3　Sinks 的一些常用方法

方　法	说　明
many(). multicast()	多播。只向多个订阅者传输新推送数据，如果没有订阅者则接收的消息被丢弃
many(). unicast()	单播。只向单个订阅者传输新推送数据，如果没有订阅者则保存消息，直到第一个订阅者订阅
many(). replay()	重播。推送历史数据，并继续实时推送新数据
one()	向其订阅者播放单元素，返回一个 Mono
empty()	向其订阅者播放信号(完成/出错)，返回一个 Mono
tryEmitNext	异步发射下一个元素

续表

方法	说明
asFlux()	转为 Flux
latest()	最新的一个元素

Sinks. one()和 Sinks. many()均提供了基于多线程方式安全发射数据流的能力。

示例 1：只显示名字中带有"湖"字的城市。

```
Sinks.Many<String> sinks = Sinks.many().replay().all();
sinks.tryEmitNext("湖州");
sinks.tryEmitNext("武汉");
sinks.tryEmitNext("洪湖");
sinks.asFlux()
    .filter(city -> city.contains("湖"))
    .subscribe(System.out::println);            //输出:湖州 洪湖
```

示例 2：只显示名字中带有"管理"二字的课程。

```
ConcurrentHashMap<String, String> map = new ConcurrentHashMap<>();
map.put("0701", "管理学");
map.put("0901", "操作系统");
map.put("0702", "微观经济学");
map.put("0703", "电子商务管理");

Sinks.Many<String> sink = Sinks.many().replay().all();
Sinks.EmitFailureHandler failureHandler = (signal, result) -> result
        .equals(Sinks.EmitResult.FAIL_TERMINATED);
Flux.fromIterable(map.values())                          //map 的值作为源数据
    .filter(s -> s.contains("管理"))
    .doOnNext((s) -> sink.emitNext(s, failureHandler))  //发射下一个元素,并返回信号
    .subscribe(System.out::println);                     //输出:电子商务管理 管理学
```

代码定义了一个 failureHandler 错误处理程序来返回信号：若发射失败，原因在于触发器已终止或出现错误。

4.8 冷数据流和热数据流

通过前面的学习已经知道：Mono 和 Flux 都是异步数据序列的发布者。但实际上，发布者也被划分成两种类型：冷发布者、热发布者。

(1) 冷发布者：对于每个订阅者，都会重新生成数据，无论该订阅者何时开始订阅，也就是说，每个订阅者都会独立地接收到数据流。当然，如果没有订阅者，冷发布者就不会生成数据。例如，张三、李四都在爱奇艺 App 上观看电影《功夫》，两人都是订阅者。他们观看的开始时间不同、地点也不同，但都能完整观看整个内容。爱奇艺 App 就是冷发布者，发布了冷数据流《功夫》。冷发布者可以通过 share()转变为热发布者。

(2) 热发布者：热发布者不会为每个新订阅者创建新的数据。当新的订阅者出现时，只会接收到当前发射的数据，即只会看到其订阅后发出的新元素。例如，张三、李四收听校广播台播放的晚间节目。两人在任何给定时刻都会获得相同的节目内容。但如果李四加入时间较晚，则会丢失很多信息。校广播台就是热发布者，其发布了热数据流。

示例1：冷发布者发布的冷数据流。

```
Flux<String> coldSource = Flux.fromStream(() -> Stream.of(
        "美丽人生",
        "长安三万里",
        "满江红"
)).delayElements(Duration.ofMillis(400));
//小明开始观看电影
coldSource.subscribe(movie -> System.out.println("小明正在观看:" + movie));
Thread.sleep(500);                                    //小华延迟 0.5s,加入观影
coldSource.subscribe(movie -> System.out.println("小华正在观看:" + movie));
Thread.sleep(3000);                                   //等待观影完成
```

运行结果如下。

```
小明正在观看:美丽人生
小明正在观看:长安三万里
小华正在观看:美丽人生
小明正在观看:满江红
小华正在观看:长安三万里
小华正在观看:满江红
```

现在，将 coldSource 稍做修改：

```
Flux<String> coldSource = Flux.fromStream(() -> Stream.of(
        "美丽人生",
        "长安三万里",
        "满江红"
)).delayElements(Duration.ofMillis(400)).share();
```

只是在后面加了 share()，将其变成热发布者，输出结果如下。

```
小明正在观看:美丽人生
小明正在观看:长安三万里
小华正在观看:长安三万里
小明正在观看:满江红
小华正在观看:满江红
```

当订阅者小华 0.5s 后加入时，《美丽人生》已经放映完成，因此小华丢失了该电影的内容。

示例2：热发布者发布的热数据流。

```
Sinks.Many<String> hotSource = Sinks.many().multicast().directBestEffort();
Flux<String> hotFlux = hotSource.asFlux();
hotFlux.subscribe(movie -> System.out.println("小明正在观看: " + movie));
hotSource.tryEmitNext("美丽人生");
hotSource.tryEmitNext("长安三万里");
hotFlux.subscribe(movie -> System.out.println("小华正在观看: " + movie));
hotSource.tryEmitNext("满江红");
```

directBestEffort()忽略慢速订阅者，这类订阅者通常接收不到数据。directBestEffort()尽可能将元素发射给快速订阅者，且不重播元素，因此订阅者只能收到订阅后推送的数据。运行后控制台输出：

```
小明正在观看: 美丽人生
小明正在观看: 长安三万里
小明正在观看: 满江红
小华正在观看: 满江红
```

从输出中可以了解到，在热数据流中，订阅者小华只能观看加入订阅时正在播放的电影。可以修改代码，变成冷数据流。只需要修改第1句代码：

```
Sinks.Many<String> hotSource = Sinks.many().replay().all();
```

现在,观影过程使用的是冷数据流,所有订阅者看到了全部内容。

4.9 背压处理

在4.4.2节中已经提到了"背压(Backpressure)"的概念。在数据流中,上游的数据源推送数据的速度,可能远远快于下游的订阅者处理数据的速度,也就是数据生产速度大于消费速度,造成数据积压现象。来看下面的示例。

```
Flux.interval(Duration.ofMillis(10))                    //每10ms产生1个数
    .onBackpressureBuffer(10)                           //缓存10个元素的缓冲区
    .concatMap(i -> {                                   //模拟业务逻辑处理,每个业务耗时100ms
        System.out.println(i);
        return Mono.delay(Duration.ofMillis(100));
    })
    .onErrorMap(err -> new RuntimeException("忙不过来!"))
    .subscribe(
            i -> {},                                    //空处理
            err -> System.out.println(err.getMessage())
    );
Thread.sleep(8000);                                     //线程阻塞8s
```

运行后控制台输出:

```
0  1  2  3  4  5  6  7  8  9  10  忙不过来!
```

从代码逻辑来分析,每100ms才消费一个数据,每10ms产生1个数字,发布者的速度是订阅者处理速度的10倍。缓冲区缓存10个数据时才订阅了1个数据,当订阅到第11个数据时,缓冲区满,抛出异常。抛出异常的原因就是:The receiver is overrun by more signals than expected(更多的预期信号超出了接收者的限度)。

可以增大缓冲区数量,例如,修改为onBackpressureBuffer(90);也可以减慢数据源推送数据的速度,例如,修改为Flux.interval(Duration.ofMillis(100));或者加快订阅者处理速度,甚至多方式组合处理。还可以采取不同的背压策略。

- onBackpressureDrop():当下游没准备好时丢弃该元素。
- onBackpressureLatest():只发射上游最新的元素。
- onBackpressureError():当订阅者跟不上节奏时发出错误信号,停止数据流。

Reactor还提供了更为复杂的背压缓冲函数:

```
onBackpressureBuffer(Duration ttl, int maxSize,Consumer<? super T> onBufferEviction)
```

其中,ttl表示元素保留在缓冲区的最大时间,maxSize代表最大缓冲区大小,onBufferEviction则是达到ttl时间时或缓冲区溢出时调用的用于特别处理的函数。当缓冲区已满而这时又来了新元素,则缓冲区内部元素会丢弃。这样的话,如果将代码中的onBackpressureBuffer(10)修改为

```
onBackpressureBuffer(Duration.ofMillis(10), 10, s -> { })          //第3个参数设置为空处理
```

运行过程中,数据流中很多元素会被舍弃,某次运行的输出数据类似于:0 11 22 33 44…764 774 786 797。

4.10 Spring WebFlux 响应式基础

4.10.1 Spring WebFlux 简介

从 Spring 5.0 开始,Spring WebFlux(简称 WebFlux)成为 Spring 响应式技术栈的 Web 框架。WebFlux 是 Spring Boot 提供的一种新的 Web 应用启动模块,为响应式 Web 而诞生。WebFlux 基于响应式流适配器,是前面介绍的 Reactor 响应式编程范例的良好实现,需要 JDK 8 以上版本才能使用。

WebFlux 将底层 HTTP 运行时 API 调整为响应式流 API,并通过函数路由扩展了传统的基于注解的编程模型,因此 WebFlux 既支持基于注解的控制器(例如 4.2.4 节所介绍的内容),也支持基于 Lambda 的函数式编程模型。WebFlux 还专门提供了 WebClient,用来进行基于 HTTP 请求的异步非阻塞跨服务通信。

由此可见,WebFlux 是基于非阻塞 API 而构建的,天生具有异步、非阻塞的通信基因,能够以最少的线程数处理并发请求,被称为 Spring Web MVC 的高效替代品,尤其适合需要低延迟、高吞吐量、高效 CPU 利用等场景下的使用。因此,WebFlux 项目的默认服务器引擎,采用了广泛应用于响应式领域的 Netty。

4.10.2 WebFlux 应用的入口类

4.4.4 节已创建好 Spring Reactive Web 项目 chapter042,该项目的入口类代码如下。

```
@SpringBootApplication
public class Chapter042Application {
    public static void main(String[] args) {
        SpringApplication.run(Chapter042Application.class, args);
    }
}
```

由此可以看到,该入口类与 4.2.2 节创建的 Spring Web MVC 项目 chapter041 的入口类代码几乎没有差别。毕竟,WebFlux 重用了 Spring Web MVC 的基础模块,并通过增加响应式 API 来扩展响应式编程。但二者的依赖项是不同的,WebFlux 主要依赖于 spring-boot-starter-webflux,而 Spring Web MVC 则依赖于 spring-boot-starter-web。

4.10.3 WebFluxConfigurer 配置接口

WebFlux 允许用户对项目进行各种自定义配置,只需要实现 WebFluxConfigurer 接口并启用 WebFlux 即可。

```
@Configuration                                          //注解该类为配置类
@EnableWebFlux                                          //启用 WebFlux 配置
public class AppConfig implements WebFluxConfigurer {
    @Bean
    public RouterFunction<ServerResponse> homeRoute() {
        return route(GET("/"), request -> ok().bodyValue("classpath:/static/home.html"));
```

```
    }
    @Override
    public void addResourceHandlers(ResourceHandlerRegistry registry) {
        registry.addResourceHandler("/resources/**")   //配置静态资源处理模式
            .addResourceLocations("/public");          //配置静态资源所在文件夹
    }
}
```

AppConfig 配置类定义了一个 homeRoute()方法，通过@Bean 注解该方法为一个功能单一的业务处理单元：将默认项目的主页 index.html 修改设置为 resources/static/home.html(默认是 index.html)文件。

默认情况下，放置在 META-INF/resources、/resources/static、/public 下的静态资源(例如 HTML 文件、图片、CSS、JS 文件等)可直接访问，并不需要做任何配置。当然，也可如代码中那样，改写 addResourceHandlers()方法，显式地对这些资源进行自定义配置。

4.10.4　application 配置文件

项目文件 src/main/resources/application.properties 是应用的配置文件，可在该文件中配置诸如项目服务器地址、端口号、数据库连接、消息服务、全局常量等，例如，配置数据库连接的地址、用户名和密码。

```
spring.datasource.url = jdbc:postgresql://localhost:5432/tamsdb
spring.datasource.username = admin
spring.datasource.password = 007
```

也可以不使用 application.properties，改为使用 application.yaml 配置文件。

```
spring:
  datasource:
    url: jdbc:postgresql://localhost:5432/tamsdb
    username: admin
    password: '007'
```

相较于前者，application.yaml 层次清晰、可读性更强。注意，yaml 文件中每个值前面要求有一个空格，例如，admin 前面就需要一个空格，否则就是无效值。

4.10.5　HandlerFilterFunction 事件流过滤

有时候，需要对用户的请求事件进行过滤，例如，对已经登录失效的用户，过滤掉其请求并返回相应提示信息。或者，根据用户身份的不同，进行分流操作。WebFlux 提供了 HandlerFilterFunction 接口，可以对请求操作进行过滤处理，只需实现该接口并重写 filter()方法。filter()有两个参数：ServerRequest，服务端请求；HandlerFunction，事件流中的下一个元素。下面的示例代码，判断用户令牌是否有效，并进行相应处理。

```
@Component
public class AuthFilter implements HandlerFilterFunction {
    @Override
    public Mono filter(ServerRequest request, HandlerFunction next) {
        String token = request.headers().firstHeader(HttpHeaders.AUTHORIZATION);
        if (verify(token))                                          //用户身份有效
            return next.handle(request);                            //继续下一步
```

```
        else
            return ServerResponse.status(UNAUTHORIZED).build();    //非授权用户
    }
}
```

然后，在需要的地方应用该过滤器即可。更具体的实战应用方法，请参阅第 11 章的内容。

4.10.6 HandlerFunction 业务逻辑处理

面向对象编程方法曾经一统天下，但如今越来越多的开发者转向函数式编程。在 WebFlux 中，HTTP 请求可由 HandlerFunction 处理：这是一个接受 ServerRequest 并返回 ServerResponse 的函数式接口。HandlerFunction 类似于前面学过的被@RequestMapping 注解的某个方法的主体。ServerRequest 为 HTTP 请求，ServerResponse 则为 HTTP 响应输出的数据。例如：

```
HandlerFunction<ServerResponse> hello = request ->
                        ServerResponse.ok().bodyValue("Hello,Spring WebFlux!");
```

不过，一旦功能处理较多，这种写法就难以管理。更推荐的做法是采用跟 Spring MVC 类似的代码组织方式：将处理同类业务的 HandlerFunction 组织在一个类中，例如：

```
@Component
public class UsersHandler {
    public Mono<ServerResponse> hello(ServerRequest request) {
        return ServerResponse.ok().bodyValue("Hello,Spring WebFlux!");
    }
    public Mono<ServerResponse> login(ServerRequest request) {
        …                                                        //业务逻辑代码
    }
    public Mono<ServerResponse> regist(ServerRequest request) {
        …                                                        //业务逻辑代码
    }
}
```

4.10.7 RouterFunction 函数式路由

WebFlux 通过 RouterFunction 接口进行函数式路由，常用于将请求路由到相应的 HandlerFunction。路由函数等效于@RequestMapping 注解，但使用起来更为方便。例如，使用“http://localhost:8080/sayhello”地址路由到上面的 HandlerFunction 函数 hello：

```
RouterFunction<ServerResponse> router = RouterFunctions.route(GET("/sayhello"), hello);
```

与 HandlerFunction 处理思想类似，更好的组织方式是将同类路由地址放在一起。

```
@Configuration
public class RouteConfig {
    @Bean
    public RouterFunction<ServerResponse> helloRoute(UsersHandler handler) {
        return route()
                .GET("/sayhello", handler::hello)
                .build();
    }
    @Bean
    public RouterFunction<ServerResponse> usrRoute(UsersHandler handler) {
        return routc()
```

```
                    .path("/usr", r -> r                          ①
                            .POST("/login", handler::login)       ②
                            .POST("/regist", handler::regist))
                    .build();
        }
        ...                                                       //其他路由 Bean
    }
```

① 设置该业务处理的根路径为/usr,下面再进行业务处理路径的分支管理。

② 设置该业务处理的路径为/login,并调用 UsersHandler 类的 login()方法进行业务逻辑处理。假定项目运行地址为 http://localhost:8080,则用户登录访问地址为 http://localhost:8080/usr/login。类似地,用户注册访问地址为 http://localhost:8080/usr/regist。

4.10.8 WebFilter 过滤接口

WebFilter 接口可实现对 Web 请求进行拦截、过滤处理。该接口有一个 filter(ServerWebExchange exchange, WebFilterChain chain)方法,其中,exchange 提供对 HTTP 请求和响应的访问,负责处理 Web 请求,而 chain 则用于触发过滤链的下一环节。当然,利用其拦截特性,也可做一些辅助性工作。

示例:前端通过 HTTP 请求头传递 ISS 信息给后端,后端则通过 ServerWebExchange,利用 HTTP 响应头返回特征码给前端。只有那些 ISS 信息以"tams-"开头的请求页面,后端才会返回特征码。

1. 后端:HandlerFunction 函数 sayTopic()

在 com.chapter042.handler 包下新建 Chapter04Handler 类:

```
@Component
public class Chapter04Handler {
    public Mono<ServerResponse> sayTopic(ServerRequest request) {
        Map<String, String> map = new HashMap<>(1);
        map.put("topic", "主题:Spring Reactive Web");
        return ok().bodyValue(map);
    }
}
```

作为样例,sayTopic()只是简单地通过 Map 向前端返回一个主题字符串。

2. 后端:路由地址配置类 RouteConfig

在 com.chapter042.config 包下新建 RouteConfig 类。

```
@Configuration
public class RouteConfig {
    @Bean                                                         //定义功能单一的工作单元
    public RouterFunction<ServerResponse> sayTopicRoute(Chapter04Handler handler) {
        return route()
                .GET("reactive/topic", handler::sayTopic)         //路由路径及相应处理
                .build();
    }
}
```

3. 后端:配置类 IssFilter

在 com.chapter042.config 包下新建 IssFilter 类。

```
@Configuration
public class IssFilter implements WebFilter {                    //实现 WebFilter 接口
    @Override
    public @NonNull Mono<Void> filter(ServerWebExchange exchange, @NonNull WebFilterChain
chain) {
        //获取前端 HTTP 请求头中包含的 iss 数据
        List<String> iss = exchange.getRequest().getHeaders().get("iss");
        //该数据存在且以"tams-"开头,则设置 HTTP 响应头的特征码值
        if (iss != null && !iss.isEmpty() && iss.get(0).startsWith("tams-"))
            exchange.getResponse()
                    .getHeaders()
                    .set("Authorization", "tams-01070");         //设置 HTTP 响应头
        return chain.filter(exchange);
    }
}
```

4. 前端：s4-9-8.html

```
<div id="app"><span>{{message}}</span></div>
<script>
    const {createApp, ref, onMounted} = Vue
    createApp({
        setup() {
            const {map, tap} = rxjs
            const {ajax} = rxjs.ajax
            const message = ref('')
            onMounted(() => ajax({                              //调用路由路径对应的后端程序
                url: 'reactive/topic',
                method: 'GET',
                headers: {
                    'iss': 'tams-mgc'                           //HTTP 请求头中附加 ISS 信息
                }
            }).pipe(
                //后端 sayTopic()返回的数据"主题:Spring Reactive Web"
                tap(data => message.value += data.response.topic),
                //后端 HTTP 响应头中的数据"tams-01070"
                map(data => message.value += `\u3000特征码:
                                ${data.responseHeaders.authorization}`),
            ).subscribe())
            return {message}
        }
    }).mount('#app')
</script>
```

启动项目，在浏览器中访问 http://localhost:8080/s4-9-8.html，页面输出内容：

```
主题: Spring Reactive Web   特征码: tams-01070
```

4.10.9 WebClient 非阻塞跨服务通信

WebClient 是 WebFlux 提供的非阻塞、能够以异步方式进行业务逻辑处理的 HTTP 客户端，内置了对 Netty、Jetty 和 Apache HttpClient 的支持。WebClient 基于 Reactor API，遵循响应式流规范。

利用 WebClient.create(baseUrl)方法，可以先创建一个基于指定的远程服务器地址 baseUrl 的 WebClient 对象，例如 WebClient.create("http://localhost:8080")，这样一来，后续各种处理，

就会基于该远程服务器地址。再配合 uri()方法，就可访问远程服务端提供的具体后台服务了。

示例：利用 WebClient 访问 4.10.8 节“reactive/topic”路由路径对应的后端服务 sayTopic，输出 topic 的具体值。

```
WebClient.create("http://localhost:8080")                            //基准地址
         .get()                                                      //以 GET 方式启动 HTPP 请求
         .uri("/reactive/topic")                                     // 访问 sayTopic 服务
          .accept(MediaType.APPLICATION_JSON)                        //JSON 格式接收数据
         .retrieve()                                                 //声明数据提取方式
         .bodyToMono(String.class)                                   //提取为 String Mono 对象
         .handle((s, sink) -> sink.next(s.substring(s.indexOf("topic") + 8, s.length() - 2)))
         .subscribe(System.out::println);                      //必须订阅才会建立与远程服务器的连接
Thread.sleep(1000);
```

代码中，handle()的目的是去掉 topic 属性名，只保留 topic 属性值。在这个示例中，此时 s 的值是：

```
{"topic":"主题: Spring Reactive Web"}
```

最终输出的值是“主题：Spring Reactive Web”。

提示：请先启动 chapter042 项目，然后再在@Test 注解的方法中运行上面的代码，例如，可在 SampleTest 类（请参阅 4.4.4 节）的 sample()方法中运行该示例代码。4.12 节会有实战 WebClient 的内容。

4.10.10　Multipart Data 多域数据

在一些 Web 应用中，常常通过表单< form >将数据提交到后端服务程序。一般需要在表单中设置 enctype="multipart/form-data"来提交混合型数据：既包含文本又包含文件。WebFlux 提供了 MultipartBodyBuilder 类来构建 Multipart 数据。

示例：模拟用户注册时，用户名、用户头像的提交。

```
MultipartBodyBuilder builder = new MultipartBodyBuilder();
builder.part("username", "杨过");                                     //用户文本数据
Resource logo = new ClassPathResource("static/image/me.png");         //用户头像文件
builder.part("logo", logo);
MultiValueMap<String, HttpEntity<?>> formData = builder.build();
```

上述代码构建了一个完整的表单提交数据体，现在可利用 WebClient 将该数据体提交给后端的某个处理程序。

```
WebClient.create("http://localhost:8080")
         .post()
         .uri("/file/up")
          .body(BodyInserters.fromMultipartData(formData))
         .retrieve().toBodilessEntity().subscribe();
```

包含用户名、用户头像文件的数据体被提交给映射地址为 file/up 的某个后端处理程序。现在，可以在后端处理程序中接收用户名、用户头像文件。

```
request.multipartData().flatMap(m -> {
        Map<String, Part> parts = m.toSingleValueMap();
        String username = ((FormFieldPart) parts.get("username")).value();
        FilePart part = (FilePart) parts.get("logo");
```

```
        …                                                   //其他后续处理
});
```

这里的 request 是服务请求类型 ServerRequest。FormFieldPart 表示表单的文本域，即 username，而 FilePart 自然是表单的文件域，即 logo。如果只需要处理多域数据中的文件，还可以过滤掉其他数据。

```
public Mono<ServerResponse> processFile(ServerRequest request) {
    return request.body(BodyExtractors.toParts())
            .filter(part -> part instanceof FilePart)       //过滤出文件域
            .next()
            .cast(FilePart.class)                           //转换为 FilePart 对象
            .flatMap(part -> {
                String fileName = part.filename();
                …                                           //其他后续处理
            });
}
```

4.10.11 WebSocketHandler 通信处理接口

WebSocket 是一种可通过单个 TCP 连接，在客户端和服务器之间进行全双工/双向通信的通道，使用 WS 协议。WebSocket 增强了 Web 页面信息交流的动态性、交互性，例如，实时数据采集、股票行情等。WebSocketHandler 接口提供了一个重要方法：

```
Mono<Void> handle(WebSocketSession session)
```

handle()方法的 session 使用两个数据流来处理消息：入站消息流、出站消息流。与此对应，WebSocketSession 提供以下两个重要方法。

- Flux<WebSocketMessage> receive()：访问入站消息流。
- Mono<Void> send(Publisher<WebSocketMessage>)：发送消息。

WebSocketHandler 将入站消息流、出站消息流组合成一个统一的流，最后返回整个流的完成情况。

示例：每隔 1s 生成一个数字作为消息来源，总共生成 10 条消息。使用测试程序接收这些消息，并在控制台输出。

1. 在 com.chapter042.handler 包下创建 ReactiveWebSocketHandler 类

```
@Component
public class ReactiveWebSocketHandler implements WebSocketHandler {
    @Override
    public @NonNull Mono<Void> handle(WebSocketSession session) {
        Flux<WebSocketMessage> flux = session.receive()     //接收消息流
                .map(WebSocketMessage::getPayloadAsText)    //获取消息文本
                .map(session::textMessage);                 //转换成文本型消息对象
        return session.send(flux);                          //发送消息
    }
}
```

2. 在 com.chapter042.config 包下创建 WebSocketConfig 配置类

```
@Configuration
@RequiredArgsConstructor
```

```
public class WebSocketConfig {
    private final @NonNull WebSocketHandler handler;                //注入实例对象
    @Bean
    public HandlerMapping webSocketHandlerMapping() {
        Map<String, WebSocketHandler> map = Map.of("/fluxmsg", handler);
        SimpleUrlHandlerMapping handlerMapping = new SimpleUrlHandlerMapping();
        handlerMapping.setOrder(-1);
        handlerMapping.setUrlMap(map);
        return handlerMapping;
    }
}
```

"/fluxmsg"是 WebSocket 服务的端点地址，通过 SimpleUrlHandlerMapping 将 WebSocketHandler 处理程序映射到端点地址。setOrder(－1)设置端点映射匹配优先于控制器映射，即在控制器请求映射之前先映射，以免发生混淆。传递给 setOrder()的数字越小，优先级越高。

3. 在 SampleTest 中编写测试代码

```
WebSocketClient client = new ReactorNettyWebSocketClient();   //响应式 WebSocket 客户端
URI uri = URI.create("ws://localhost:8080/fluxmsg");          //注意使用的是 WS 协议
Flux<Long> flux = Flux.interval(Duration.ofSeconds(1)).take(10);  //生成 10 条消息
client.execute(uri, session -> session.send(flux.map(i -> session.textMessage("消息:" + i)))
                .thenMany(session.receive()                   //接收消息流
                            .map(WebSocketMessage::getPayloadAsText)
                            .doOnNext(System.out::println))   //输出消息
                .then())                                      //接收完成时返回完成信号
    .block();                                                //订阅 client 的数据,阻塞,直至完成
```

4.11 响应式数据库连接 R2DBC

4.11.1 R2DBC 简介

R2DBC 是 Reactive Relational Database Connectivity(响应式关系数据库连接)的缩写。

目前广泛使用的 JDBC 数据库连接是一个完全阻塞的 API，即使利用高性能连接池 HikariCP 补偿阻塞行为，其效果也是有局限性的。而 R2DBC 基于响应式流规范，使用响应式流、非阻塞 I/O 模型来处理数据库操作，因而能够充分利用多核 CPU 的硬件资源，来适应高并发系统的处理需求。

R2DBC 需要 JDK 8 以上版本支持。相关信息可到网站 https://r2dbc.io 查看。

4.11.2 加入 R2DBC 依赖并配置连接属性

1. 加入依赖项

要想使用 R2DBC，需要在 build.gradle 中加入两个依赖项：

```
implementation 'org.springframework.boot:spring-boot-starter-data-r2dbc:3.1.4'
runtimeOnly 'org.postgresql:r2dbc-postgresql:1.0.2.RELEASE'
```

implementation 将指定的依赖添加到编译路径，并打包到输出 jar 文件中，但编译时不暴露给其他模块。而 runtimeOnly 则表示运行时使用，也会打包到 jar 中。

提示：若想快捷迅速地获取依赖项写法，强烈推荐使用著名的MVN仓库。该仓库的官网地址是https://mvnrepository.com。MVN repository网站提供了强大的搜索功能，可非常方便地获取到各种资源依赖项的Gradle或Maven写法。

2. 配置连接属性

4.10.4节介绍了application配置文件。现在，可以在application.yaml文件中配置PostgreSQL数据库的连接属性。

```
spring:
  r2dbc:
    url: r2dbc:postgresql://192.168.1.5:5432/tamsdb
    username: admin
    password: '007'
    pool:
      enabled: true                                    #启用连接池
      initial-size: 5                                  #初始连接数
      max-size: 15                                     #最大活动连接数
      max-idle-time: 15m                               #连接最大空闲时间15min
```

链接地址url里面，数据库服务器名称需要使用IP地址，而不是常见的localhost，不然会报“Connection Error”错误。具体原因，请参阅1.4.2节的内容。

4.11.3 响应式R2dbcRepository

1. R2dbcRepository接口

Spring提供了R2dbcRepository接口以进行响应式数据访问。该接口功能强大，扩展自以下三个接口。

- ReactiveCrudRepository<T, ID>：通用CRUD(Create创建、Retrieve查询、Update更新、Delete删除)操作的响应式接口，这里T表示某种实体类型，而ID则指实体的主键类型。
- ReactiveSortingRepository<T, ID>：提供了专门的排序方法。
- ReactiveQueryByExampleExecutor<T>：可利用Example范例模式执行查询。Spring R2DBC专门为高频查询业务提供了Example查询方式。只需要将待查询对象传递给Example.of()方法后，就可通过Example适配器找到数据库中的对应记录，并通过findOne()返回一个Mono对象。

表4-4列出了R2dbcRepository接口的一些常用方法。

表4-4 R2dbcRepository常用方法

方法	说明
Flux<T> findAll()	查询全部T对象
Flux<T> findAllById(Iterable<ID> var1)	根据指定的关键字var1集合进行查询
Mono<T> findById(ID var1)	根据指定的关键字var1查询T对象
Mono<S> findOne(Example<S> var1)	利用Example范例模式查询S型对象var1
Flux<S> findAll(Example<S> var1)	利用Example范例模式查询全部S型对象var1
Mono<Boolean> existsById(ID var1)	是否存在指定关键字var1的对象

续表

方　　法	说　　明
Mono<S> save(S var1)	保存 S 型对象 var1
Flux<S> saveAll(Iterable<S> var1)	保存集合 var1 中的 S 型对象
Mono<Void> deleteById(ID var1)	根据指定关键字 var1 删除对象
Mono<Void> delete(T var1)	删除 T 型对象 var1
Mono<Void> deleteAll(Iterable<? extends T> var1)	删除集合 var1 中的对象
Mono<Void> deleteAll()	删除全部对象

示例 1：在 tams 数据库中创建商品表 goods，包含两个字段：no，varchar(10)，主键，存放商品编号；price，numeric(8, 2)，存放商品价格。输入若干样本数据。编写代码，使用访问地址 http://localhost:8080/reactive/goods/all，以 JSON 字符串形式输出 goods 表中的全部记录 [{"no":"0100101","price":60.98},{"no":"0100102","price":59.0}]。

(1) 在 com.chapter042.entity 包下创建实体类 Goods。

```
@Data
@NoArgsConstructor
@AllArgsConstructor
public class Goods implements Serializable {
    @Id                                                  //标注为主键
    private String no;
    private float price;
}
```

(2) 在 com.chapter042.repository 包下创建 GoodsRepository 接口类。

```
public interface GoodsRepository extends R2dbcRepository<Goods, String> { }
```

这个接口类，目前并不需要编写任何代码，因为后面直接利用 R2dbcRepository 提供的 findAll()方法查询数据。

(3) 修改 com.chapter042.handler.Chapter04Handler 类，新增 allGoods()方法。

```
@Component
@RequiredArgsConstructor
public class Chapter04Handler {
    private final @NonNull GoodsRepository goodsRepository;
    public Mono<ServerResponse> sayTopic(ServerRequest request) {…}
    public Mono<ServerResponse> allGoods(ServerRequest request) {
        return ok().body(goodsRepository.findAll(), Goods.class);     //返回查询到的数据
    }
}
```

(4) 修改 com.chapter042.config.RouteConfig 类，添加路由 Bean。

```
@Configuration
public class RouteConfig {
    @Bean
    public RouterFunction<ServerResponse> sayTopicRoute(Chapter04Handler handler) {
        …
    }
    @Bean
    public RouterFunction<ServerResponse> allGoodsRoute(Chapter04Handler handler) {
        return route()
                .GET("reactive/goods/all", handler::allGoods)
```

```
                .build();
        }
    }
```

启动项目，在浏览器中打开 http://localhost:8080/reactive/goods/all 后，如果此时打开 PostgreSQL 数据库的管理工具 pgAdmin 4，选择 tams 数据库，再切换到“仪表盘”页面，将显示如图 4-7 所示的数据库连接池信息。

PID	用户	应用程序 ⌄	客户端	后台启动	事务开始	状态	等待事件
19288	admin	r2dbc-postgresql	192.168.1.5	2023-09-13 ...		idle	Client: ClientRead
12908	admin	r2dbc-postgresql	192.168.1.5	2023-09-13 ...		idle	Client: ClientRead
11432	admin	r2dbc-postgresql	192.168.1.5	2023-09-13 ...		idle	Client: ClientRead
9628	admin	r2dbc-postgresql	192.168.1.5	2023-09-13 ...		idle	Client: ClientRead
3864	admin	r2dbc-postgresql	192.168.1.5	2023-09-13 ...		idle	Client: ClientRead
9064	postgr...	pgAdmin 4 - DB:t...	192.168.1.5	2023-09-13 ...	2023-0...	act...	

图 4-7　数据库连接池信息

可以看到，已经按照前面 application. yaml 中的设置，创建好连接池。当前有 5 个连接处于空闲状态。

2. 自定义查询@Query

有时候，R2dbcRepository 接口方法并不能完全满足查询需求，或者用户希望能够掌控查询语句，这时就需要通过@Query 来自定义查询。下面通过一些示例来学习使用方法。

示例 2：根据指定的商品编号查询商品信息。

```
@Query("select * from goods where no = :no")
Mono<Goods> findByNo(String no);
```

代码中的“:no”是具名参数，用于传递商品编号。将这些代码放置在 GoodsRepository 接口类中，就可以在 Chapter04Handler 类的某个方法中这样调用：

```
return ok().body(goodsRepository.findByNo("0100102"), Goods.class);
```

示例 3：查询商品编号中所有包含特定字符串(例如 002)的商品。

```
@Query("select * from goods where no like '%'||:key||'%'")
Flux<Goods> findLikeKey(String key);
```

示例 4：查询出商品价格大于或等于指定值的全部商品。

```
@Query("select * from goods where price >= $1")
Flux<Goods> findByPrice(float price);
```

代码中的“$1”是绑定参数，类似于具名参数，但写法更简洁。如果要对记录进行更新或删除操作，则需要加上@Modifying 注解。

示例 5：向 goods 表中插入一条新记录。

```
@Modifying
@Query("insert into goods(no,price) values($1, $2)")
Mono<Integer> addGoods(String no, float price);   //Integer 表示成功插入的记录数
```

3. 较长 SQL 语句的处理

一些涉及多表操作的复杂处理，SQL 语句可能会比较长，写在@Query 里面，可读性较差。这

时候，可以视需要创建单独的SQL文件，然后用输入流将其加载为字符串，再利用R2dbcEntityTemplate执行该SQL语句。R2dbcEntityTemplate是Spring提供的用于高效进行实体绑定操作的重要类，能够实现查询数据的结果行，与代表数据表的实体类之间进行映射。下面以查询某指定商品编号的商品信息为例，来说明具体的处理方法。

(1) 在resources/sql文件夹下创建queryGoodsByNo.sql。

为简化说明，queryGoodsByNo.sql文件中的SQL语句，这里只用了一条简单的查询语句作为示例。

```
select no, price
from goods
where no = :no
```

(2) 在application.yaml中添加属性、值的数据对。

```
sql.queryGoodsByNo: classpath:/sql/queryGoodsByNo.sql      //注意 classpath 前面有空格
```

(3) 修改com.chapter042.config.RouteConfig类，添加路由Bean。

```
@Bean
public RouterFunction<ServerResponse> goodsByNoRoute(Chapter04Handler handler) {
    return route()
            .GET("reactive/goods/{no}", handler::queryGoodsByNo) //包含路径参数 no
            .build();
}
```

(4) 修改com.chapter042.handler.Chapter04Handler类，新增两个方法。

```
@Component
@RequiredArgsConstructor
public class Chapter04Handler {
    @Value("${sql.queryGoodsByNo}")                        //对应 application.yaml 中的属性值数据
    private Resource queryGoodsByNoSQL;
    private final @NonNull GoodsRepository goodsRepository;
    private final @NonNull R2dbcEntityTemplate r2dbcTemplate;
    private final @NonNull R2dbcConverter r2dbcConverter;        //注入转换工具实例对象

    public Mono<ServerResponse> sayTopic(ServerRequest request) {…}
    public Mono<ServerResponse> allGoods(ServerRequest request) {…}

    public Mono<ServerResponse> queryGoodsByNo(ServerRequest request) {
        return doQueryGoodsByNo(queryGoodsByNoSQL, request.pathVariable("no"));
    }
    private Mono<ServerResponse> doQueryGoodsByNo(Resource resource, String no) {
        try {
            String sql = StreamUtils.copyToString(resource.getInputStream(),
                StandardCharsets.UTF_8);                   //加载 queryGoodsByNo.sql 中的 SQL 语句
            DatabaseClient.GenericExecuteSpec genericExecuteSpec;
            genericExecuteSpec = r2dbcTemplate.getDatabaseClient()
                    .sql(sql)                              //指定要运行的 SQL 语句
                    .bind("no", no);                       //绑定待查询的商品编号
            Flux<Goods> flux = genericExecuteSpec
                    .map((row, metadata) -> r2dbcConverter.read(Goods.class, row))
                    .all();
            return ok().body(flux, Goods.class);
        } catch (IOException e) {
            throw new RuntimeException(e);
        }
    }
}
```

利用R2DBC转换接口的read()方法将查询到的行数据row,转换成Goods实体类对象。启动项目,在浏览器中输入"http://localhost:8080/reactive/goods/0200126",浏览器将显示商品编号为0200126的商品信息。

4.12 场景应用实战

4.12.1 基于Flux的模拟数据采集

在4.3.3节基于SseEmitter实现了模拟设备的数据采集。既然Flux是事件流的响应性表示,自然也可以用Flux来发射事件流,将模拟数据包装到事件中。4.3.3节编写好的前端页面s4-3-3.html不需要做任何修改,只需要在com.chapter042.handler包下面新建一个SseHandler.java类,代码如下。

```
@RestController
@RequestMapping("sse")
public class SseHandler {
    @GetMapping("start")
    public Flux<ServerSentEvent<String>> streamEventFlux() {
        return Flux.interval(Duration.ofSeconds(3))      //每隔3s发射数据
                .map(sequence -> ServerSentEvent.<String>builder()
                        .id(String.valueOf(sequence))  //事件ID
                        .event("message")              //事件类型
                        .data(String.format("%s号机:%s", (int) Math.rint(
                                Math.abs(new Random().nextGaussian() * 10)),
                                Math.abs(new Random().nextInt()))
                        ).retry(Duration.ofSeconds(1)).build());
    }
}
```

代码使用ServerSentEvent的静态方法builder(),将数据包装到Event对象中作为事件的元数据,并利用retry()方法在发射失败时重试。

4.12.2 多域数据的传递

某职称材料评审系统中,需要将原始的任职资料文件,例如,resources/static/raw/任职资料.pdf,经审查后传递到项目的resources/static/dist/文件夹下,并更名为"用户名--任职资料.pdf"形式,例如"一杯闲--任职资料.pdf",以待后续其他处理,如图4-8所示。

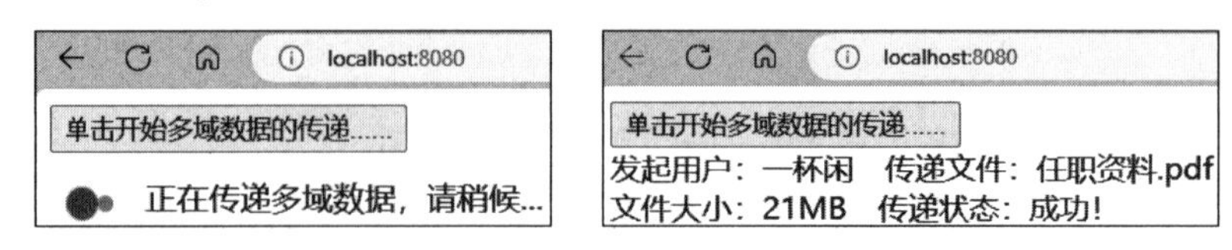

图4-8 多域数据的传递

这是一种多域数据(用户名、文件)的读写处理,需要用到MultipartBodyBuilder、WebClient。为简化起见,这里忽略用户登录、审查等环节,只模拟传递过程。

1. 创建相应文件夹

在 resources/static 文件夹下，创建 raw 文件夹，存放全部原始 PDF 文件；创建 dist 文件夹，存放经审查后传递的文件。

2. 在 application.yaml 中配置路由路径

```
route:
      baseURL: http://localhost:8080                    #服务器路径
      multipart: /multipart/pdf
      transfer: /transfer/pdf
```

multipart 路径由前端调用，该路径对应的后端处理程序负责构建包含用户名、PDF 文件的多域请求数据 MultipartBodyBuilder。而 transfer 路径对应的后端处理程序，则负责将原始文件，写入到 resources/static/dist 目标文件夹下。

3. 修改 com.chapter042.config.RouteConfig 类，配置相应 Bean

```
@Configuration
public class RouteConfig {
    @Value("${route.baseURL}")
    private String baseURL;
    @Value("${route.multipart}")
    private String routeMultipart;
    @Value("${route.transfer}")
    private String routeTransfer;
    private static final RequestPredicate FORM_DATA = accept(MediaType.MULTIPART_FORM_DATA);
                                                                          //数据类型为多域表单数据
    @Bean
    public WebClient webClient() {
        return WebClient.builder()                      //创建响应式全局 Netty WebClient 对象
                .baseUrl(baseURL)                       //服务器地址:http://localhost:8080
                .clientConnector(new ReactorClientHttpConnector())//响应式客户端连接器
                .build();
    }
    @Bean
    public RouterFunction<ServerResponse> multipart(HandleMultipart handler) {
        return route()
                .GET(routeMultipart, handler::process) //路径:/multipart/pdf
                .build();
    }
    @Bean
    public RouterFunction<ServerResponse> transfer(HandleTransfer handler) {
        return route()
                .POST(routeTransfer, FORM_DATA, handler::transfer)
                .build();
    }
    @Bean
    public RouterFunction<ServerResponse> sayTopicRoute(Chapter04Handler handler) {
        ...
    }
    @Bean
    public RouterFunction<ServerResponse> allGoodsRoute(Chapter04Handler handler) {
        ...
    }
    @Bean
```

```
    public RouterFunction<ServerResponse> goodsByNoRoute(Chapter04    Handler handler)
    {…}
    }
```

4. 在 com.chapter04.handler 包下创建 HandleMultipart 类

```
@Component
@RequiredArgsConstructor
public class HandleMultipart {
    @Value("${route.transfer}")                        //路径:/transfer/pdf
    private String routeTransfer;
    private final @NonNull WebClient webClient;        //注入 WebClient 实例对象

    public Mono<ServerResponse> process(ServerRequest request) {
        MultipartBodyBuilder multipart = new MultipartBodyBuilder();
        multipart.part("promoter", "一杯闲");            //FormFieldPart 文本型数据
        Resource pdf = new ClassPathResource("static/raw/任职资料.pdf");
        multipart.part("pdf", pdf);                    //FilePart 文件类型数据
        MultiValueMap<String, HttpEntity<?>> formData = multipart.build();
        return ok().body(
                webClient.post()
                        .uri(routeTransfer)            //指定请求地址为/transfer/pdf
                        .body(BodyInserters.fromMultipartData(formData))
                        .retrieve()                    //声明数据提取方式
                        .bodyToMono(HashMap.class),    //提取为 HashMap 数据
                Map.class);
    }
}
```

该类负责构建包含用户名、PDF 文件的多域请求数据。其中，fromMultipartData(formData)将 formData 作为多域数据写入 MultipartInserter 对象，再将其作为 HTTP 请求的正文(body)。

5. 在 com.chapter04.handler 包下创建 HandleTransfer 类

HandleTransfer 类负责具体的写文件操作，代码总体结构如下。

```
@Component
public class HandleTransfer {
    @Value("${toPath:src/main/resources/static/dist}")
    private Path toPath;                               //目标路径
    //用枚举类定义传递状态
    private enum Status {
        COMPLETED,                                     //文件传递成功的标记
        FAILED                                         //文件传递失败的标记
    }

    public Mono<ServerResponse> transfer(ServerRequest request) {
        //构建并执行整个写文件业务逻辑的处理链
    }
    //该方法由 transfer()调用
    private FilePart mapFilePart(Map<String, Part> parts, Map<String, String> map) {
        //剥离出多域数据中的文本域(用户名)、文件域(文件数据)
    }
    //该方法由 transfer()调用
    private void fChannel(String filename, SynchronousSink<AsynchronousFileChannel> sink) {
        //打开可创建、可写入文件数据的异步文件通道
    }
```

```
    //该方法由 transfer()调用
    private Mono<ServerResponse> writeContent(Map<String, String> map, Publisher<DataBuffer>
source, AsynchronousFileChannel channel) {
        //利用异步文件通道,写入文件内容,并返回辅助信息
    }
}
```

1）transfer()方法

```
public Mono<ServerResponse> transfer(ServerRequest request) {
  Map<String, String> map = new HashMap<>(3);          //保存返回给前端的状态信息
  AtomicReference<FilePart> filePart = new AtomicReference<>();
  return request.multipartData()
      .map(MultiValueMap::toSingleValueMap)             //多域数据转为 map 数据
      .map(parts -> mapFilePart(parts, map))            //剥离多域数据
      .doOnNext(filePart::set)                       //等效于 doOnNext(part -> filePart.set(part))
      .<AsynchronousFileChannel>handle((part, sink) -> //使用异步文件通道
              fChannel(map.get("promoter") + "--" + part.filename(), sink))
      .flatMap(channel -> writeContent(map, filePart.get().content(), channel));      //写文件内容
}
```

2）mapFilePart()方法

```
private FilePart mapFilePart(Map<String, Part> parts, Map<String, String> map) {
    String promoter = ((FormFieldPart) parts.get("promoter")).value();        //文本域
    map.put("promoter", promoter);                       //发起用户
    FilePart filePart = (FilePart) parts.get("pdf");     //文件域
    map.put("filename", filePart.filename());
    return filePart;
}
```

3）fChannel()方法

```
private void fChannel(String filename, SynchronousSink<AsynchronousFileChannel> sink) {
    Path path = toPath.resolve(Paths.get(filename));
    try {
        //发射异步文件通道:可创建、可写入通道
        sink.next(AsynchronousFileChannel.open(path,
                StandardOpenOption.CREATE, StandardOpenOption.WRITE));
    } catch (IOException e) {
        sink.error(new RuntimeException(e));
    }
}
```

4）writeContent()方法

```
private Mono<ServerResponse> writeContent(Map<String, String> map, Publisher<DataBuffer> source,
AsynchronousFileChannel channel) {
    AtomicLong fileSize = new AtomicLong();
    Mono<Map<String, String>> mono = DataBufferUtils
        .write(source, channel)                          //写入文件内容
        .doOnNext(data -> fileSize.addAndGet(data.capacity() / 1024))//获取文件 KB 数
        .map(DataBufferUtils::release)                   //清空缓存
        .doOnComplete(() -> {
            String fs = fileSize.get() > 1024 ?          //计算文件大小是 MB 还是 KB
                    (fileSize.get() / 1024) + "MB" : fileSize + "KB";
            map.put("size", fs);
            map.put("status", String.valueOf(Status.COMPLETED)); //写入成功标记
        })
```

```
            .onErrorResume((e) -> {
                    map.put("status", String.valueOf(Status.FAILED));          //写入失败标记
                    return Mono.error(new RuntimeException(e)); })
            .then(Mono.just(map));
    return ok().body(mono, Map.class);                     //返回 Map 中的状态信息
}
```

6. 前端页面：resources/static/s4-11.html

```
<!DOCTYPE html>
<html lang="zh">
<head>
    <meta charset="UTF-8">
    <title>多域数据的传递</title>
    <style>
        img {
            vertical-align: middle;
        }
    </style>
    <script src="js/rxjs.umd.min.js"></script>
</head>
<body>
<button id="startBtn">单击开始多域数据的传递...</button>
<br><span id="message"></span>
<script>
    const {fromEvent, switchMap, tap, map} = rxjs
    const {ajax} = rxjs.ajax
    const span = document.querySelector('#message')
    fromEvent(document.querySelector('#startBtn'), 'click')
        .pipe(
            tap(() => span.innerHTML = '<img src="image/doing.gif" ' +
                'width="50" height="50" alt=""/>正在传递多域数据,请稍候...'),
            switchMap(() => ajax('multipart/pdf')),
            map(result => {
                    const data = result.response
                    const status = data.status === 'COMPLETED'? '成功!' : '失败!'
                    span.innerText = `发起用户：${data.promoter}\u3000`
                        + `传递文件：${data.filename}\u000D`
                        + `文件大小：${data.size}\u3000`
                        + `传递状态：${status}`
                }
            ))
        .subscribe()
</script>
</body></html>
```

第5章

构建多模块项目

教务辅助管理系统(Teaching Assistant Management System,TAMS)用于学生教师日常教学事务的辅助管理。本章主要介绍了项目的技术架构以及复合构建,并基于多模块方式分别创建了项目的三大部分:公共项目、前端项目、服务端项目。本章项目的顺利完成,为后续章节各模块的成功实现做好了项目准备。

5.1 教务辅助管理系统项目概述

教务辅助管理系统是一个基于B/S模式,用于学生、教师一些常规事项管理的项目。为了便于理解,这里对系统进行了功能调整、简化处理,使其业务逻辑简单、更易于理解,但又能满足响应式前后端开发技术的完整展现。

5.1.1 系统功能简介

系统功能主要包括9个部分,这里做简要说明。①首页:显示主界面及导航菜单。②用户登录:登录成功后,会生成JWT令牌以备其他功能验证使用。③用户注册:根据用户名、密码、E-mail、用户角色进行注册。用户名唯一。④消息推送:后台利用WebClient、Sinks.Many等技术向登录的用户推送通知、公告等短消息。⑤学院风采:展示各学院的文字介绍及视频介绍。各学院的视频文件,使用视频流分段加载。⑥学生查询:登录后用户可输入学生姓名或班级关键字模糊查询,并使用分布式内存网格Hazelcast进行数据共享。⑦招生一览:可查询指定学院某专业近5年招生数据情况,基于gRPC+ECharts显示招生图表。⑧资料上传:登录过的用户可上传资料文件,并使用Spring WebFlux文件流进行传送。⑨畅论空间:采用Apache Kafka+WebSocket技术进行消息传递,提供登录用户的讨论、学习交流场所。

5.1.2　系统技术架构

前端主要使用 RxJS+Vue 3，后端基于 Spring WebFlux，数据库采用 PostgreSQL，并以 Netty 为服务器引擎。整个系统的技术架构如图 5-1 所示。

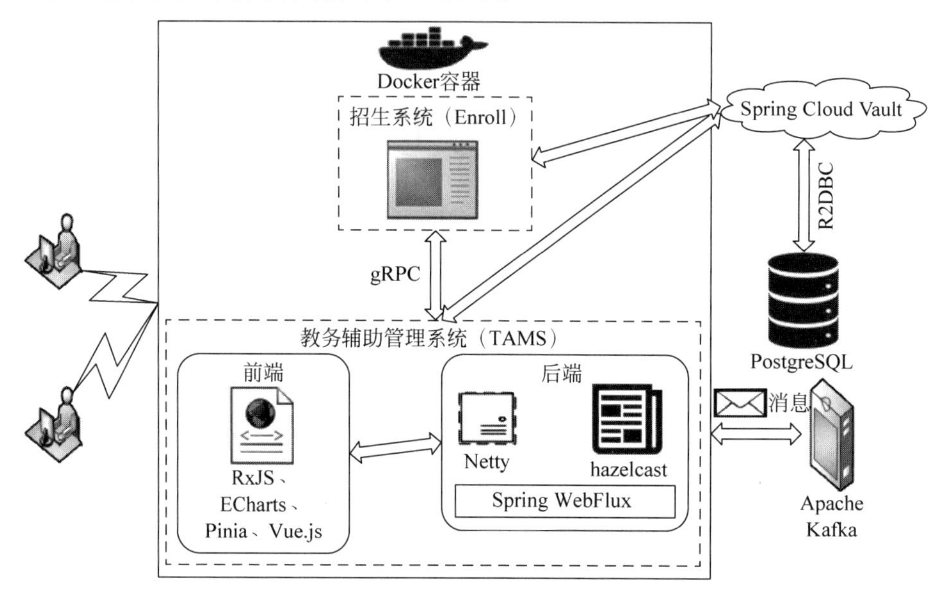

图 5-1　系统技术架构

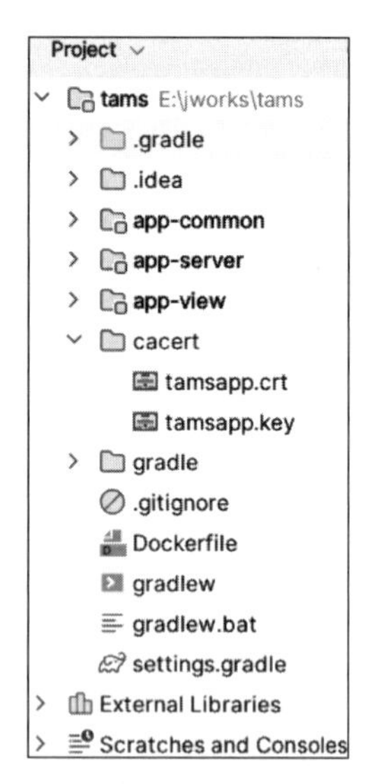

图 5-2　项目整体结构

整个系统包含两个部分：招生系统（Enroll）、教务辅助管理系统（TAMS）。Enroll 对外暴露招生数据接口，以供外部访问。TAMS 则通过 gRPC(google Remote Procedure Call，谷歌远程过程调用)，从招生系统获取到招生数据。二者都在 Docker 容器内运行，并通过 Spring Cloud Vault，安全地获取 R2DBC 连接信息，据此访问 Docker 容器外部的数据库服务器 PostgreSQL。

TAMS 利用 Hazelcast 实时数据分发集群平台，在服务器结点之间分布式缓存、共享数据，以提高查询效率。同时，采用外部 Apache Kafka 作为消息处理平台。

5.1.3　系统的复合构建结构

整个系统采用复合构建的形式，根项目 tams 由三大各自独立的子项目构成：公共项目 app-common、前端项目 app-view、服务端项目 app-server，如图 5-2 所示。

Dockerfile 是 Docker 脚本文件，用于将项目发布到 Docker 容器。settings.gradle 配置了项目各组成模块之间的依赖关系。而 cacert 文件夹则存放了发布项目时需要用到的安全证书、私钥文件。这些文件，后续会适时详细介绍。

5.2 创建响应式根项目 TAMS

新建 Spring Reactive Web 项目 tams(请参阅 1.6 节),作为系统的根项目,并定义相关信息如下。

Name(项目名称):tams　　Location(存放位置):E:\rworks\chapter05

Language(语言):Java　　Type(构建类别):Gradle-Groovy

Group(组名):com.tams　　Artifact(打包声明):tams

Package name(包名):com.tams　　JDK:JDK 17

Java:17　　Packaging(打包方式):jar

Spring Boot 版本:3.1.4　　依赖项:Lombok、Spring Reactive Web

删除项目中的 build.gradle 文件。作为根项目,这里并不需要该文件,而是在各子项目内配置各自的 build.gradle。

5.3 添加公共项目 app-common

app-common 主要用来配置整个系统的公共配置,包括以下三大部分。

- server.common.gradle:用来设置服务端模块的公共构建脚本。
- view.common.gradle:用来设置前端各模块的公共构建脚本。
- reactor.grpc.gradle:用于设置与远程招生系统(Enroll)有关的构建脚本。

添加公共项目 app-common 的具体步骤如下。

(1) 创建文件夹"app-common"。

在项目名称 tams 上单击鼠标右键,在弹出菜单中选择 New→Directory,输入文件夹名"app-common"即可。

(2) 修改根项目 tams 配置文件 settings.gradle 的内容。

```
rootProject.name = 'tams'
includeBuild 'app - common'                //引用 app - common 中的构建逻辑、依赖关系
```

再单击 Load Gradle Changes 按钮(请参阅图 1-30)重载更改。

(3) 在 app-common 上新建文件夹 src,在 src 下创建子文件夹 main,再在 main 下创建文件夹 groovy。

(4) 在 app-common 下新建 build.gradle 文件,其内容为

```
plugins {
    id 'groovy - gradle - plugin'
}
```

这里使用的 groovy-gradle-plugin 插件,可为项目 src/main 中的脚本提供构建支持。所以,build.gradle 文件不要错误地放置在 app-common/src 文件夹下,否则,无法对 src/main/groovy 下的构建脚本进行解析构建。

5.3.1 服务端构建脚本 server. common. gradle

服务端构建脚本 server. common. gradle 主要是设置服务模块的全局公共配置信息，例如，各模块打包成 jar 文件时的文件名、版本号、资源仓库地址、Java 编译版本、公共依赖项、编译时的字符编码等。在 app-common/src/main/groovy 文件夹下新建 server. common. gradle，添加构建脚本：

```
plugins {                                          //使用 Gradle 内置的 java、base 插件
    id 'java'
    id 'base'
}

java {
    sourceCompatibility = JavaLanguageVersion.of(17)    //Java 版本
}
group = 'com.tams.server'                          //项目的组名
version = '1.0'                                    //项目版本号
def springVer = '3.1.4'                            // spring-boot-starter 版本号
def lombokVer = '1.18.28'                          // lombok 版本号
base {
    /* 定义所有子模块打包后的 jar 文件名格式:tams.项目名.server
    打包后会附加版本号,例如:tams.chat-room.server-1.0.jar */
    archivesName.set('tams.' + project.name + '.server')
    //设置最终打包后的 jar 文件存放的文件夹为 tams-jars
    libsDirectory.set(layout.buildDirectory.dir('tams-jars') as Provider<? extends Directory>)
}

configurations {
    compileOnly {
        extendsFrom annotationProcessor            //compileOnly 继承自注解解释器 lombok
    }
}
repositories {                                     //配置资源仓库,优先使用阿里云
    maven {
        url 'https://maven.aliyun.com/repository/google'
    }
    mavenLocal()
    mavenCentral()
}

dependencies {                                     //配置项目的依赖项
   implementation "org.springframework.boot:spring-boot-starter-data-r2dbc: ${springVer}"
   implementation "org.springframework.boot:spring-boot-starter-webflux: ${springVer}"
   implementation "org.springframework.cloud:spring-cloud-starter-vault-config:4.0.1"
   implementation "com.hazelcast:hazelcast-spring:5.3.6"        //hazelcast 分布式内存网格
   implementation "io.projectreactor.kafka:reactor-kafka:1.3.22"            //Kafka 消息处理器
   runtimeOnly "org.postgresql:r2dbc-postgresql:1.0.2.RELEASE" //数据库 PostgreSQL
   compileOnly "org.projectlombok:lombok: ${lombokVer}"
   annotationProcessor "org.projectlombok:lombok: ${lombokVer}" //注解处理器
   implementation "org.modelmapper.extensions:modelmapper-spring:3.2.0"

   testImplementation "org.springframework.boot:spring-boot-starter-test: ${springVer}"
   testImplementation "io.projectreactor:reactor-test:3.5.9"
}
```

```
tasks.withType(JavaCompile).configureEach {                  //编译任务
    options.encoding = "UTF-8"                               //编译时的编码统一设置为 UTF-8
}
tasks.withType(Copy).configureEach {                         //设置复制策略
    duplicatesStrategy = DuplicatesStrategy.EXCLUDE          //若重复则忽略
}
tasks.named('test', Test) {                                  //测试任务
    useJUnitPlatform()
}
```

5.3.2 前端构建脚本 view.common.gradle

前端构建脚本 view.common.gradle 用来配置前端模块的全局公共配置信息，例如，各前端模块打包成 jar 文件时的文件名、版本号、公共依赖项（例如，HTML 页面文件所依赖的 vue.global.prod.min.js、rxjs.umd.min.js 等）。在 app-common/src/main/groovy 文件夹下新建构建文件 view.common.gradle，添加构建脚本：

```
plugins {
    id 'java'
    id 'base'
}
group = 'com.tams.view'
version = '1.0'
base {
    archivesName.set('tams.' + project.name + '.view')
}
dependencies {
    implementation project(':app-view:public')            //依赖于 app-view 项目的 public 子模块
}
```

由于这时候 app-view 项目的 public 子模块还没来得及创建，因此会提示构建错误，先不用理睬，继续下一步操作。

5.3.3 gRPC 构建脚本 reactor.grpc.gradle

gRPC 构建脚本 reactor.grpc.gradle，用来配置与另外一个招生系统（Enroll）进行远程过程调用的脚本代码。在 app-common/src/main/groovy 文件夹下新建 reactor.grpc.gradle，添加构建脚本：

```
plugins {
    id 'java'
    id 'base'
}
group = 'com.tams.grpc'
version = '1.0'
def ioGrpcVer = '1.57.2'                                     // io.grpc 版本号
def reactorGrpcVer = '1.2.4'                                 // reactor grpc 版本号
base {
    archivesName.set('tams.' + project.name + '.grpc')
}
dependencies {                                               //gRPC 所需的依赖项
    implementation "io.grpc:grpc-netty-shaded:${ioGrpcVer}"
```

```
    implementation "io.grpc:grpc-protobuf:${ioGrpcVer}"
    implementation "io.grpc:grpc-stub:${ioGrpcVer}"
    implementation "com.salesforce.servicelibs:reactor-grpc:${reactorGrpcVer}"
    implementation "com.salesforce.servicelibs:grpc-spring:0.8.1"
    implementation "com.salesforce.servicelibs:reactor-grpc-stub:${reactorGrpcVer}"
}
```

现在，app-common 项目结构如图 5-3 所示。

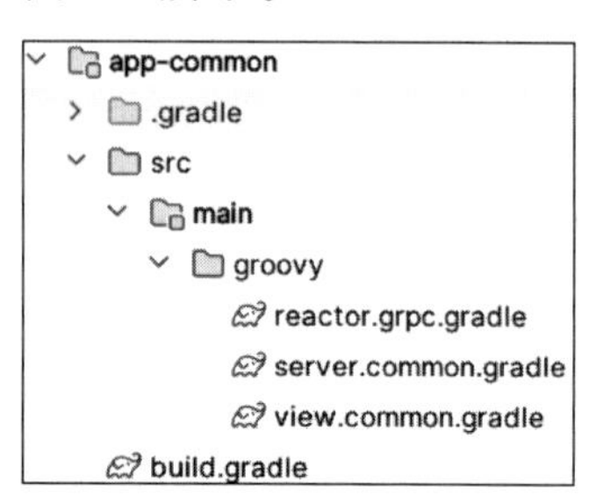

图 5-3　app-common 项目结构

5.4 添加前端项目 app-view

前端项目 app-view，基于 HTML、CSS、RxJS、Vue.js、Pinia、ECharts 等技术，用于构建教务辅助管理系统的人机交互页面。

5.4.1 新建 app-view

在根项目 tams 下创建文件夹"app-view"，修改根项目 tams 的配置文件 settings.gradle 并重载更改：

```
ootProject.name = 'tams'
includeBuild 'app-common'          //引用 app-common 中的构建逻辑、依赖关系
include 'app-view'                 //将 app-view 设置为根项目 tams 构建生成的一部分
```

然后，在 app-view 下新建文件 settings.gradle，通过该文件设置 app-view 的名称，其内容非常简单：

rootProject.name = 'app-view'

5.4.2 添加子模块 home

现在，可添加 app-view 项目的各子模块了。首先添加子模块 home，该模块定义了 TAMS 项目的前端页面的入口主页。添加子模块 home 的步骤如下。

(1) 新建子模块。在 app-view 上单击鼠标右键，选择 New→Module，弹出 New Module 对话框，如图 5-4 所示。选择左边的 New Module，填写相应信息：

Name(模块名称)：home　　Location(保存位置)：E:\rworks\chapter05\tams\app-view

Parent(父项目)：tams　　GroupId(分组 ID)：com.tams

ArtifactId(打包 ID)：home

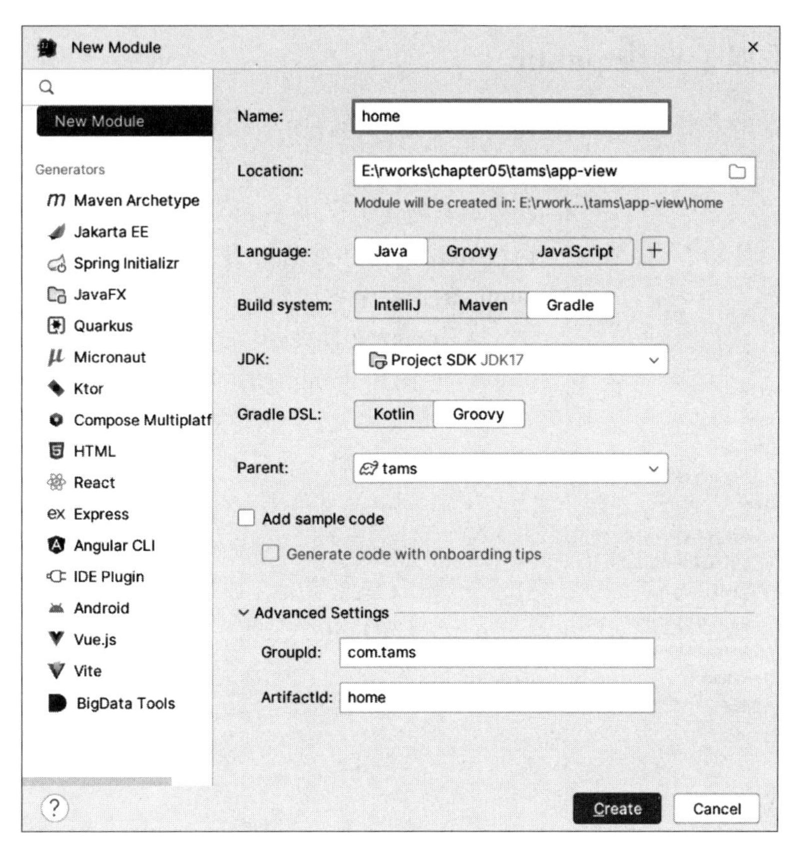

图 5-4　New Module 对话框

单击 Create 按钮，完成创建过程。

(2) 配置 home/build.gradle。删除自动生成的内容，修改其内容为

```
plugins {
    id 'view.common'            //引入 app - common 中 view.common.gradle 定义的内容
}
```

(3) 删除不再需要的 home/src/main/java 文件夹、home/src/test 模块，并创建好其他后续需要的文件夹及文件，例如 static 文件夹、image 文件夹、home.html 等。最终准备好的项目结构如图 5-5 所示。

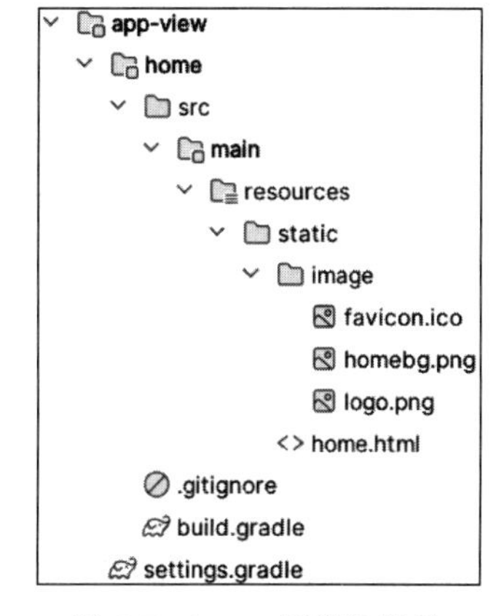

图 5-5　home 子模块结构

(4) 在 resources/static 下新建 home.html，先将内容简单设置为

```
<!DOCTYPE html>
<html lang="zh">
<head>
    <meta charset="UTF-8">
    <title>教务辅助管理系统 -- 官方主页</title>
</head>
<body>
教务辅助管理系统，建设中...
</body></html>
```

5.4.3 添加子模块 public

子模块 public 用于配置前端项目的公共资源，例如，JS 支撑文件、插件文件夹、状态管理文件夹等。

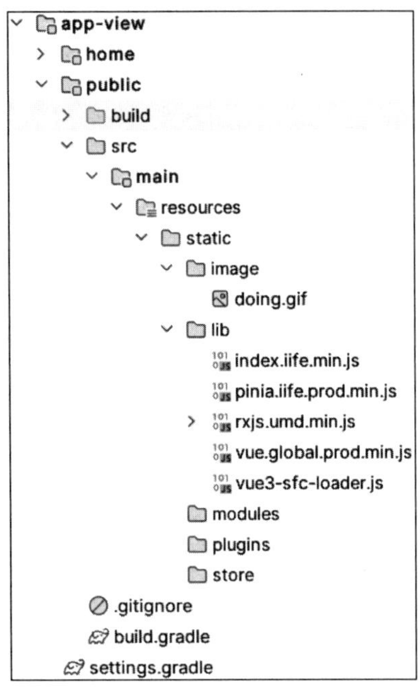

图 5-6 public 子模块结构

(1) 创建子模块 public。按照 5.4.1 节的方法，新建子模块 public，同样准备好各文件夹及 JS 支撑文件。子模块 public 的最终结构如图 5-6 所示。

- image 文件夹：存放前端公共图片，例如，公用进度处理图片 doing.gif。
- lib 文件夹：存放 RxJS、Vue.js、Pinia、vue3-sfc-loader 等 JS 支持文件。请添加好这些 JS 支持文件。
- modules 文件夹：存放公共 SFC 组件。
- plugins 文件夹：存放自定义 Vue 插件。
- store 文件夹：存放用于 Pinia 状态管理的 JS 文件。

(2) 修改 build.gradle。删除大部分自动生成的内容，只需要保留：

```
plugins {
    id 'java'
}
```

(3) 删除不再需要的 public/src/main/java 文件夹、public/src/test 模块。

5.4.4 添加其他子模块

按照上述处理思路，添加其他前端子模块。表 5-1 列出了需要添加的前端各子模块的主要配置。

表 5-1 各子模块配置

模　块　名	模块文件夹结构	build.gradle	模块说明

chat-room	chat-room
	src
	main
	resources
	static
	css
	modules
	build.gradle
		plugins {
		    id 'view.common'
		}
			畅论空间

college-list	college-list
	src
	main
	resources
	static
	image
	modules
	build.gradle
		plugins {
		    id 'view.common'
		}
			学院风采

续表

模　块　名	模块文件夹结构	build. gradle	模 块 说 明

enroll-chart	enroll-chart
	src
	main
	resources
	static
	modules
	build.gradle
		plugins {
		id 'view.common'
		}
			招生一览

file-service	file-service
	src
	main
	resources
	static
	image
	modules
	build.gradle
		plugins {
		id 'view.common'
		}
			资料上传

student-query	student-query
	src
	main
	resources
	static
	image
	modules
	build.gradle
		plugins {
		id 'view.common'
		}
			学生查询

user-service	user-service
	src
	main
	resources
	static
	image
	modules
	build.gradle
		plugins {
		id 'view.common'
		}
			用户服务(用户登录、用户注册)

最终 app-view 项目结构如图 5-7 所示。

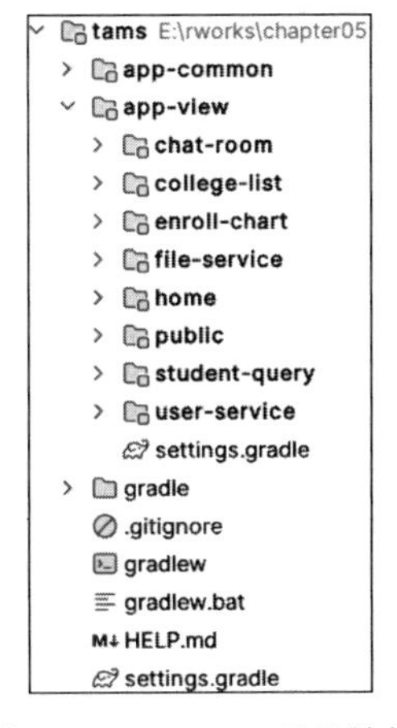

图 5-7　app-view 项目结构

5.5 添加服务端项目 app-server

服务端项目 app-server 基于 Spring WebFlux 技术，实现并提供教务辅助管理系统后端的各种业务逻辑处理服务。

5.5.1 新建 app-server

与添加前端项目 app-view 类似，同样在根项目 tams 下创建文件夹“app-server”，并在根项目 tams 的 settings.gradle 文件中添加：

```
include 'app-server'        //将 app-server 设置为根项目 tams 构建生成的一部分
```

记得重载更改！然后，在 app-server 下新建文件 settings.gradle 设置服务端项目名称：

```
rootProject.name = 'app-server'
```

5.5.2 添加子模块 app-boot

现在，可添加 app-server 项目的各子模块了。先添加子模块 app-boot，该模块定义了 TAMS 项目的服务端应用入口，以及相应的依赖项。添加子模块 app-boot 的步骤如下。

(1) 新建子模块 app-boot。利用 New Module 对话框(请参阅 5.4.1 节)，定义 app-boot 相应信息如下。

Name(模块名称)：app-boot　Location(保存位置)：E:\rworks\chapter05\tams\app-server

Parent(父项目)：tams　GroupId(分组 ID)：com.tams

ArtifactId(打包 ID)：app-boot

(2) 删除不再需要的根项目 tams 的 src 文件夹。

至于具体的服务端应用入口类以及 build.gradle 构建脚本，将在第 6 章中详细介绍。

5.5.3 添加其他子模块

按照上述方法，继续添加其他子模块，具体如下。

app-domain：实体类子模块　app-util：工具类子模块

chat-room：畅论空间子模块　college-list：学院风采子模块

enroll-chart：招生一览子模块　file-service：资料上传子模块

note-msg：消息推送子模块　student-query：学生查询子模块

user-service：用户服务子模块

各模块的配置，后续章节具体实现时再详细介绍，这里暂时采用默认设置。现在，app-server 项目结构如图 5-8 所示。

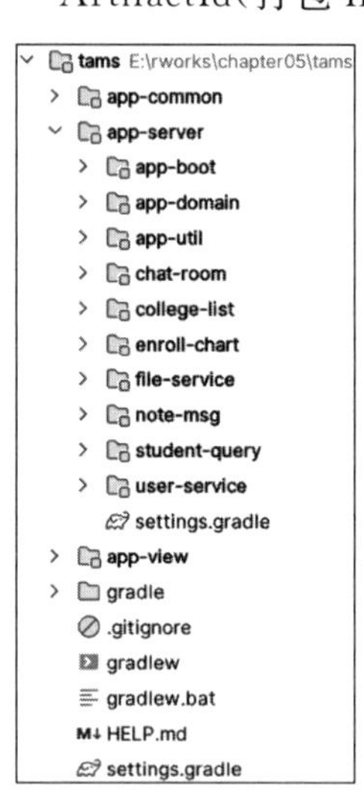

图 5-8　app-server 项目结构

5.6 最终的配置文件 settings.gradle

经过优化后的根项目 tams 的配置文件 settings.gradle 内容如下。

```
rootProject.name = 'tams'
includeBuild 'app-common'
```

```
include 'app-view:home'
findProject(':app-view:home')?.name = 'home'
include 'app-view:public'
findProject(':app-view:public')?.name = 'public'
include 'app-view:chat-room'
findProject(':app-view:chat-room')?.name = 'chat-room'
include 'app-view:college-list'
findProject(':app-view:college-list')?.name = 'college-list'
include 'app-view:enroll-chart'
findProject(':app-view:enroll-chart')?.name = 'enroll-chart'
include 'app-view:file-service'
findProject(':app-view:file-service')?.name = 'file-service'
include 'app-view:student-query'
findProject(':app-view:student-query')?.name = 'student-query'
include 'app-view:user-service'
findProject(':app-view:user-service')?.name = 'user-service'

include 'app-server:app-boot'
findProject(':app-server:app-boot')?.name = 'app-boot'
include 'app-server:app-domain'
findProject(':app-server:app-domain')?.name = 'app-domain'
include 'app-server:app-util'
findProject(':app-server:app-util')?.name = 'app-util'
include 'app-server:chat-room'
findProject(':app-server:chat-room')?.name = 'chat-room'
include 'app-server:college-list'
findProject(':app-server:college-list')?.name = 'college-list'
include 'app-server:enroll-chart'
findProject(':app-server:enroll-chart')?.name = 'enroll-chart'
include 'app-server:file-service'
findProject(':app-server:file-service')?.name = 'file-service'
include 'app-server:note-msg'
findProject(':app-server:note-msg')?.name = 'note-msg'
include 'app-server:student-query'
findProject(':app-server:student-query')?.name = 'student-query'
include 'app-server:user-service'
findProject(':app-server:user-service')?.name = 'user-service'
```

5.7 项目打包后的模块结构

至此，整个项目的结构已经建立起来。按照这样的复合结构思想设计后，当项目各模块最终编写完成、打包后，tams-jars 文件夹下会构建生成 tams.app-boot.server-1.0.jar 文件，该文件的 BOOT-INF/lib 文件夹下会包含各前后端模块打包后生成的 jar 文件，例如：

```
tams.user-service.server-1.0.jar
tams.user-service.view-1.0.jar
tams.chat-room.server-1.0.jar
tams.chat-room.view-1.0.jar
```

模块文件的构成结构清晰，非常方便管理，如图 5-9 所示。

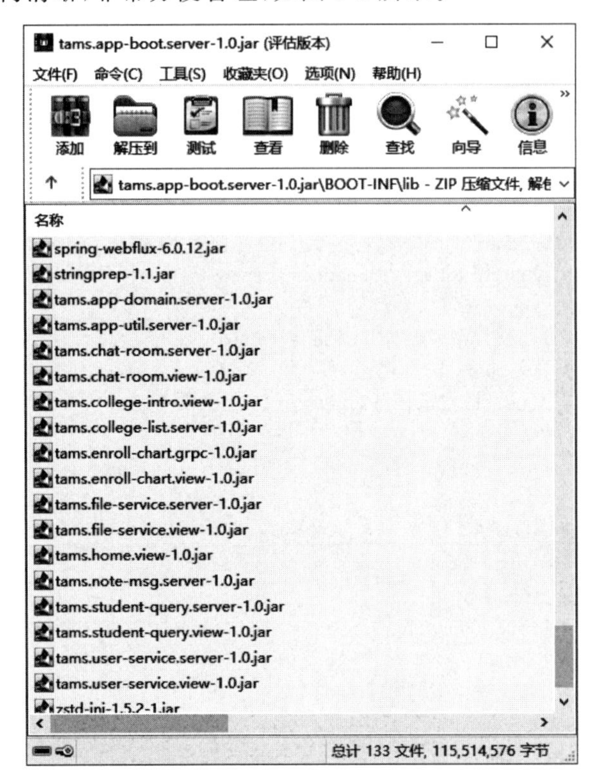

图 5-9　打包后的项目文件

第6章

主页的实现

主页是整个教务辅助管理系统的门户。本章首先介绍了主页的功能需求、界面设计、后端服务模块的整体结构以及具体实现,然后完整实现了前端视图模块,最后介绍了状态管理的实现技术。本章主页的成功实现,是后续章节各功能模块的良好开篇。

6.1 功能需求及界面设计

主页模块的功能需求比较简单:①构建项目的主界面、导航菜单;②编写实现项目的公共插件;③定义好状态管理服务。主页界面如图 6-1 所示。

图 6-1　主页界面

6.2 后端服务模块

6.2.1 模块的整体结构

后端服务模块 app-server/app-boot 主要包含主页路由 Bean 的配置、项目入口主程序、项目配置文件 application.yaml 等内容，如图 6-2 所示。

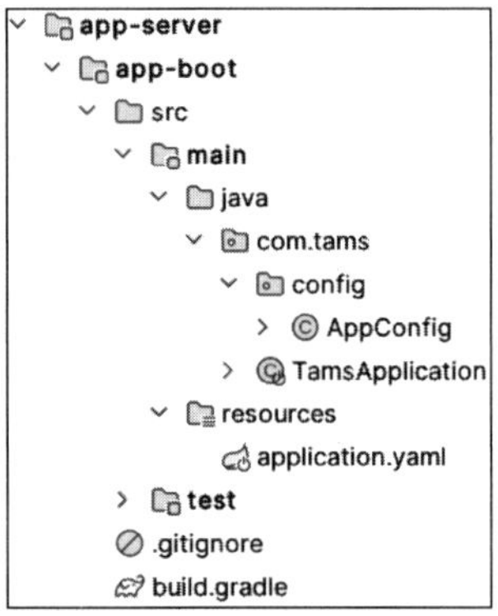

```
app-server
  app-boot
    src
      main
        java
          com.tams
            config
              AppConfig
            TamsApplication
        resources
          application.yaml
      test
    .gitignore
    build.gradle
```

图 6-2 app-boot 结构

6.2.2 配置 build.gradle 构建脚本

修改 app-boot/build.gradle 构建文件的内容并重载更改。

```
plugins {
    id 'org.springframework.boot' version '3.1.4'
    id 'server.common'                    //引入 app - common 中 server.common.gradle 定义的内容
    id 'java'
    id 'application'
}

application {
    mainClass = 'com.tams.TamsApplication'          //设置整个项目的入口类
}

dependencies {
    parent.subprojects.forEach { p ->               //遍历 app - server 下的子模块
        {
            //app - root 模块依赖于 app - server 下除自身以外的其他模块
            if (p.name != 'app - boot')
                implementation p
        }
    }
    implementation project(':app - view:home')      //依赖 app - view/home 模块
    implementation project(':app - view:public')
}
```

6.2.3 创建项目入口主程序

在 app-boot/src/main/java 下新建包 com. tams，在该包下新建项目入口主程序 TamsApplication. java，代码如下。

```
@SpringBootApplication
public class TamsApplication {
    public static void main(String[] args) {
        SpringApplication.run(TamsApplication.class, args);
    }
}
```

com. tams 包将成为服务端其他子模块的统一顶级包，其他各类组件要么放置在 com. tams 包下，要么保存在 com. tams 的子包下。这样处理的好处是完全不需要配置烦琐的包扫描，各组件就可被 Spring 扫描到并加载或实例化。

6.2.4 设置 application. yaml

在 app-boot/src/main/resources 下新建项目配置文件 application. yaml，其内容为

```
server:
  ip: 192.168.1.5                                        #服务器地址
  port: 80                                               #端口号
home.route.path: classpath:/static/home.html             #定义主页文件为 home.html
spring:
  r2dbc:
    pool:
      enabled: true                                      #启用连接池
      initial-size: 12                                   #初始连接数
      max-size: 50                                       #最大活动连接数
      max-idle-time: 25m                                 #连接最大空闲时间 25min
    url: r2dbc:postgresql://${server.ip}:5432/tamsdb     #数据库地址
    username: admin                                      #连接数据库的用户名
    password: '007'                                      #密码
```

连接数据库的地址、用户名、密码等信息，都是明文，未做任何特别处理，存在安全隐患，在后面的第 15 章中将解决这个问题。

6.2.5 定义函数式路由映射 Bean

路由映射 Bean 主要是用来配置连接地址与业务逻辑处理之间的映射。在 app-boot/src/main/java 的 com. tams 包下新建包 config，并在其下新建配置类 AppConfig. java，代码如下。

```
@Configuration
public class AppConfig {
    @Value("${home.route.path}")
    private Resource home;

    @Bean
    public RouterFunction<ServerResponse> homeRoute() {
        return route(GET("/"), request -> ok().bodyValue(home));    //home.html 为默认主页
    }
}
```

注解@Value(" ${home.route.path}")的值指向application.yaml中定义的页面资源"classpath:/static/home.html"。后续还会向AppConfig类中添加其他模块的路由映射Bean。

现在,可测试一下项目能否成功启动。先双击IDEA主界面右边Gradle面板tams→Tasks→build下的clean按钮,清理项目。然后双击bootJar按钮,将tams项目组装为一个可执行的JAR文件;最后双击tams→Tasks→application下的bootRun按钮,启动项目,如图6-3所示。成功启动后,控制台将显示"Started TamsApplication"字样。在浏览器地址栏输入"http://192.168.1.5/",页面将显示home.html的初始内容"教务辅助管理系统,建设中..."。

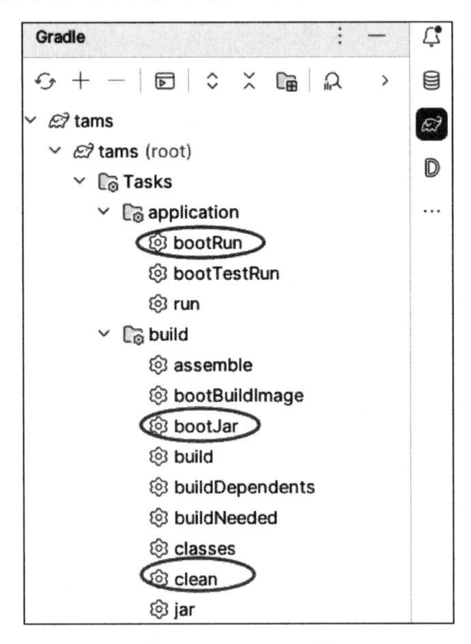

图6-3　Gradle面板

6.3 前端视图模块

6.3.1　整体结构的设计

前端模块app-view/home负责主页视图的建构,其文件夹结构如图6-4所示。

6.3.2　主页home.html

对home.html的内容做如下修改。

```
<!DOCTYPE html>
<html lang="zh">
<head>
    <meta charset="UTF-8">
    <title>教务辅助管理系统--官方主页</title>
    <link href="image/favicon.ico" rel="icon" type="image/x-icon"><!--标题栏图标-->
    <script src="lib/vue.global.prod.min.js"></script><!--引入JS支撑文件-->
    <script src="lib/index.iife.min.js"></script>
```

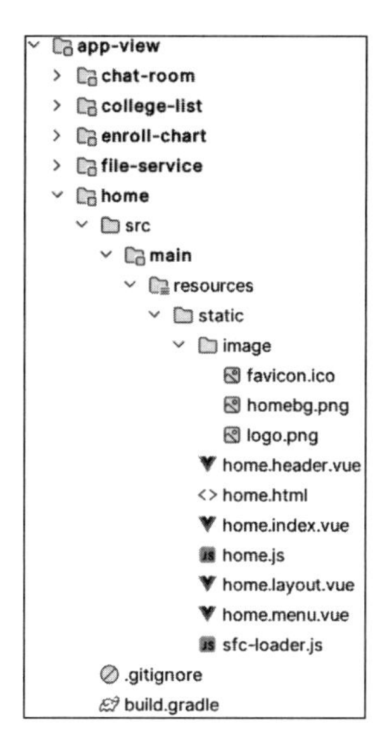

图 6-4　home 模块结构

```
    <script src="lib/pinia.iife.prod.min.js"></script>
    <script src="lib/rxjs.umd.min.js"></script>
    <script src="lib/vue3-sfc-loader.js"></script>
</head>
<body>
<div id="tamsApp"></div>
<script src="home.js" type="module"></script>
</body></html>
```

type="module"是 ES6 中的语法规范：启用模块模式，以便能够在“.js”文件中使用 import 导入其他模块。

6.3.3　主页脚本 home.js

主页脚本 home.js 的代码非常简洁。

```
import sfcLoader from './sfc-loader.js'                    //导入 SFC 加载器
import appPlugins from "./plugins/app.plugins.js"          //导入 public 子模块中的插件

Vue.createApp(sfcLoader)                                    //创建 Vue 应用
    .use(Pinia.createPinia())                               //创建 Pinia 实例以便进行状态管理
    .use(appPlugins)                                        //安装插件
    .mount('#tamsApp')                                      //挂载到 tamsApp 层
```

SFC 加载器负责加载各.vue 组件，而 app.plugins.js 中定义了全局公共插件。注意，由于 app.plugins.js 中定义的插件，是为整个项目的各模块服务的，因此并没有放置在模块 home 下，而是保存在 app-view/public 模块的 resources/static/plugins 文件夹下。

6.3.4　模块加载器 sfc-loader.js

模块加载器使用第三方插件 vue3-sfc-loader.js(请参阅 3.6.2 节)，为系统加载单文件组件 SFC(.vue 文件)提供支持。代码如下。

```
const options = {
    moduleCache: {
        vue: Vue
    },
    getFile(url) {                                      //加载.vue文件
        return fetch(url).then(response => response.ok ?
                        response.text() : Promise.reject(response))
    },
    addStyle(styleStr) {                                //加载.css文件
        const style = document.createElement('style')
        style.textContent = styleStr
        const ref = document.head.getElementsByTagName('style')[0] || null
        document.head.insertBefore(style, ref)
    }
}
const {loadModule} = window["vue3-sfc-loader"]
//异步加载页面主体组件 home.index.vue
export default Vue.defineAsyncComponent(() => loadModule('home.index.vue', options))
```

6.3.5 页面主体组件 home.index.vue

页面主体组件将整个主页划分成 4 大部分：header(头部)、menu(菜单)、main(主体)、footer(尾部)，并利用 Vue 的< component >动态组件属性 is，来动态加载系统的各个功能组件。代码如下。

```
<template>
    <home-layout>                          <!-- 对应 HomeLayout 组件 -->
        <template #header>
            <home-header></home-header> <!-- 对应 HomeHeader 组件 -->
        </template>
        <template #menu>
            <home-menu></home-menu>  <!-- 对应 HomeMenu 组件 -->
        </template>
        <template #main>
            <div class="home-body">
                <component :is="useStore.module"></component>
            </div>
        </template>
        <template #footer>
            <span class="copyright">
                版权所有 © 2023 Copyrights all reserved
            </span>
        </template>
    </home-layout>
</template>

<script setup>
import HomeLayout from './home.layout.vue'             //导入整体布局组件
import HomeHeader from './home.header.vue'             //导入标题及消息显示组件
import HomeMenu from './home.menu.vue'                 //导入导航菜单组件

const {proxy} = Vue.getCurrentInstance()               //获取当前 Vue 应用实例
/* 通过 proxy 代理读取 Pinia 状态数据 useStore.module,获取到当前模块 module,然后再传递给<component>的
is 属性,实现模块的动态加载。 */
const useStore = proxy.$useStore
```

```
</script>

<style scoped>
.home-body {
    position: relative;
    width: 100%;
    height: 460px;
    font-size: 16px;
    top: 0;
    float: left;                                    /* 靠左浮动 */
    text-align: center;
    margin: 0 auto;
    padding: 1px;
    border: 0;                                      /* 无边框 */
    /* 背景图像:图片源、水平垂直方向不拉伸、泊靠顶部、居中 */
    background: url("image/homebg.png") no-repeat top center;
    background-size: 848px 475px;                   /* 背景图像固定大小 */
    background-origin: padding-box;                 /* 背景图像相对于内边距框来定位 */
    z-index: 9;
}
.copyright {
    font-size: 10px;                                /* 文字大小 */
    color: #cecccc;                                 /* 前景色 */
}
</style>
```

提示：useStore 是一个用 reactive 包装的对象，因此在获取其值时并不需要像 Vue 的 ref 变量那样在后面写".value"。

6.3.6　主页布局组件 home.layout.vue

布局组件使用具名插槽 slot 来匹配显示页面的 4 大部分：header、menu、main 和 footer，代码如下。

```
<template>
    <div id="tamsApp">
        <header>
            <slot name="header"></slot>
        </header>
        <menu>
            <slot name="menu"></slot>
        </menu>
        <main>
            <slot name="main"></slot>
        </main>
        <footer>
            <slot name="footer"></slot>
        </footer>
    </div>
</template>

<style scoped>
#tamsApp {
    position: absolute;                             /* 绝对定位 */
    width: 851px;
```

```
    height: 551px;
    top: 0;
    left: 0;
    right: 0;
    bottom: 0;
    margin: 0 auto;                    /* 上下外边距为 0,左右间距自动设置,实际效果为居中 */
    padding: 0;
    text-align: center;                              /* 文字居中 */
    border: 1px dotted #4071e2;                      /* 边框:1px、点线、浅蓝色 */
    /* 水平、垂直方向阴影距离为 1px、阴影展开大小为 2px、颜色为灰色 */
    box-shadow: 1px 1px 2px #ecdfdf;
}
:global(input, span, button) {                       /* :global 将样式规则应用到全局 */
    font-size: 15px;
}
:global(img) {
    vertical-align: middle;                          /* 图片垂直方向对齐 */
}
</style>
```

6.3.7 标题及消息显示组件 home. header. vue

home. header. vue 用来构建主页标题部分的内容，主要包括系统名称、登录用户的 logo 头像、后端推送的消息数量及消息内容。代码如下。

```
<template>
    <div class="home-header">
        教务辅助<img src="image/logo.png" alt="logo">管理系统
        <div class="home-loginer" v-show="store.user.username!=null">
            <img :style="store.msgStyle" :src="store.user.logo"
                height="16" width="16" alt="消息">
            <span :style="store.msgStyle">{{ store.user.username }}</span>
            <div class="msg-title" :title="store.message"><!-- 使用 title 属性显示消息 -->
                {{ store.msgCount }} <!-- 消息数量 -->
            </div>
        </div>
    </div>
</template>

<script setup>
const {proxy} = Vue.getCurrentInstance()
const store = proxy.$useStore
</script>

<style scoped>
.home-header {
    width: 848px;
    height: 28px;
    float: left;
    text-align: center;
    margin: 0 auto;
    padding: 2px;
    font-size: 20px;
    border: 0;
    background: rgba(216, 234, 234, 0.6);
```

```
}
.home-loginer {
    position: relative;
    width: 8em;
    height: 1.7em;
    font-size: 0.7em;
    color: #00f;
    top: 3px;
    right: 1em;
    border: 0 solid #f15555;
    float: right;
    text-align: right;
    padding: 1px;
    margin: 0;
    display: table-cell;
    z-index: 99999;
}
.msg-title {                                         /* 消息样式 */
    position: relative;
    left: 0;
    top: -6px;
    border-radius: 50%;                              /* 圆形的层 */
    display: inline-block;
    text-align: center;
    font-style: normal;
    color: #fff;
    background-color: #f15555;
    width: 1.9em;
    height: 1.7em;
    line-height: 1.7em;
    font-size: 0.7em;
    cursor: pointer;                                 /* 鼠标形状为手形 */
}
</style>
```

6.3.8 导航组件 home.menu.vue

导航组件使用无序列表构建页面的导航菜单,代码如下。

```
<template>
    <div class="home-menu">
        <ul class="home-ul">
            <li v-for="menu in menus" @click="setMenu" :id="menu.id">
                {{ menu.name }}
            </li>
        </ul>
    </div>
</template>

<script setup>
/* 这里暂时将各导航模块都设置为 null,后续再一一添加进来。
因此,项目运行后,单击导航菜单,页面将无任何变化。 */
const menus = [
    {id: 'home', name: '首\u3000页', module: null},          //这里的\u3000 表示全角空格
    {id: 'login', name: '用户登录', module: null},
    {id: 'regist', name: '用户注册', module: null},
```

```
    {id: 'college', name: '学院风采', module: null},
    {id: 'query', name: '学生查询', module: null},
    {id: 'enroll', name: '招生一览', module: null},
    {id: 'upload', name: '资料上传', module: null},
    {id: 'chat', name: '畅论空间', module: null}
]
const tamsApp = document.querySelector("#tamsApp").__vue_app__
menus.forEach(menu => tamsApp.component(menu.id, menu.module))      //注册组件
//通过 app.plugins.js 中定义的全局 $ useStore 属性来获取状态数据
const useStore = tamsApp.config.globalProperties.$useStore
//利用 Pinia 的 Action 方法 setModule()更改当前模块
const setMenu = (event) => useStore.setModule(event.target.id)
</script>

<style scoped>
.home-menu {
    position: relative;
    float: left;
    width: 850px;
    height: 30px;
    font-size: 16px;
    left: -40px;
    top: 0;
    /* 背景色:设置红、绿、蓝色彩值,不透明度为 0.2 */
    background: rgba(236, 223, 223, 0.2);
}
.home-ul {
    position: relative;
    width: 848px;
    height: 23px;
    top: 0;
    font-size: 16px;
    list-style: none;                          /* 去掉列表符号 */
    padding: 1px;                              /* 空白填充量 * */
    margin: 1px;
    display: flex;                             /* 弹性布局 */
    justify-content: space-around;             /* 列表项间隔均等 */
}
.home-ul li:hover {
    color: #fff;
    background-color: #f1625d;
    border-radius: 3px;                        /* 矩形四个边角的弧度 */
    cursor: pointer;                           /* 手形鼠标 */
    box-shadow: 2px 2px 2px #d7d4d4;           /*阴影效果*/
}
</style>
```

6.3.9 插件 app.plugins.js

在 app-view/public 模块(注意不是 home 模块)的 src/main/resources/static/plugins 文件夹下新建文件 app.plugins.js。在该文件中定义下面两个自定义指令。

(1) focus:设置当某个 input 元素被 Vue 插入到 DOM 中后,自动获得焦点。该指令的应用形式为 v-focus。为什么不通过设置 input 元素的 autofocus 属性自动获得焦点?因为 autofocus 仅在首次加载时有效,当 Vue 组件模块动态切换时,并不能自动获得焦点。

（2）submitButton：定义一个具有统一外观样式的提交按钮，并允许通过传递 width 参数值来定制按钮长度。该指令的应用形式为 v-submit-button。

这些指令以插件形式，注册到应用层级，这样系统中的所有组件均可使用。

app.plugins.js 代码如下。

```
import {useStore} from '../store/index.js'                //导入状态管理
export default {
    name: 'app.plugins',
    install: (app, options) => {
        //定义第 14 章消息处理时 WebSocket 服务器地址
        app.config.globalProperties.$webSocketAddress = 'ws://192.168.1.5/'
        app.config.globalProperties.$useStore = useStore()     //状态管理全局属性 $useStore
        app.directive('focus', {                            //定义 focus 指令
            mounted: (element) => element.focus()
        })

        app.directive('submitButton', {                     // 定义 submitButton 指令
            mounted: (element, binding) => {
                const style = {
                    cursor: 'pointer',
                    width: binding.value,                   // binding.value 是用户传送的 width 值
                    height: '27px',
                    textAlign: 'center',
                    color: '#fff',
                    background: '#338DE7',
                    border: '1px solid #70abe7',
                    borderRadius: '3px',
                    fontSize: '15px'
                }
                Reflect.ownKeys(style).forEach(key => {   //反射获取 style 的各属性
                  //将 style 的 key 所对应属性值一一赋值给 element 元素的对应属性
                    element.style[key] = style[key]
                })
            }
        })
    }
}
```

6.4 状态管理

状态管理相关组件位于 public 模块下，现在 public 模块的结构如图 6-5 所示。

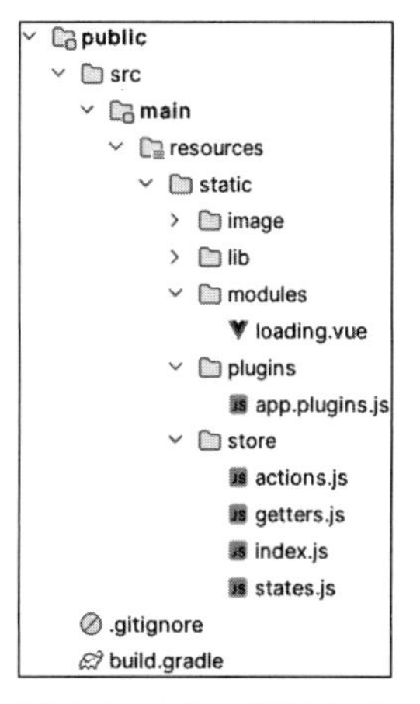

图 6-5　public 模块结构

6.4.1 states.js 定义状态量

在 src/main/resources/static/store 文件夹下新建 states.js。然后，在 states.js 中定义 4 个状态量：module，当前加载的模块；user，登录用户；token，登录用户的令牌；message，后台服务器推送的消息。代码如下。

```
export default {
    name: 'store.states',
    module: null,
    user: {
        username: null,
        logo: null,
        role: null
    },
    token: null,
    message: ''
}
```

6.4.2 actions.js 更改状态数据

在 src/main/resources/static/store 文件夹下新建 actions.js 文件。与 6.4.1 节 states.js 中的状态量相对应，actions.js 定义了 4 个 setter 方法，可用来更改前述 4 个状态量的值。

```
export default {
    name: 'store.actions',
    setModule: function (module) {
        this.module = module
    },
    setUser: function (user) {
        this.user = user
    },
    setToken: function (token) {
        this.token = token
    },
    setMessage: function (message) {
        this.message = message
    }
}
```

6.4.3 getters.js 计算函数

在 src/main/resources/static/store 文件夹下新建 getters.js 文件。getters.js 中主要包含以下两个计算函数。

(1) msgStyle：定义后台推送消息的样式。如果用户登录状态已失效，则将用户 logo 头像设置为灰色，以便提示该用户处于登录失效状态。

(2) msgCount：统计后端服务推送的消息总数。

getters.js 的代码如下。

```
export default {
    name: 'store.getters',
    msgStyle: (state) => {
        return {
            color: state.token == null ? '#ccc' : '#00f',        //若登录失效,则文字设置为灰色
            filter: state.token == null ? 'grayscale(1)' : 'grayscale(0)'    //应用灰度转换滤镜
        }
    },
    msgCount: (state) => {
        let regex = new RegExp(/\u000D/g)                        //匹配消息中的换行符\u000D
```

```
        let m = state.message.match(regex)                 //匹配消息
        return m ? m.length : 0                            //根据匹配结果返回消息数量
    }
}
```

后台服务器推送给前端的消息，用换行符作为不同消息之间的分隔符，因此通过匹配换行符，就能计算出消息总数。

6.4.4　index.js 创建状态实例

在 src/main/resources/static/store 文件夹下新建 index.js 文件。现在，可利用前面创建好的状态量、计算函数、Action 方法，来定义并输出 Pinia Store 对象 useStore。

```
import storeStates from './states.js'
import storeGetters from './getters.js'
import storeActions from './actions.js'

const {defineStore} = Pinia
export const useStore = defineStore({
    id: 'loginer',
    state: () => ({...storeStates}),                    //展开 storeStates 中的属性或对象
    getters: {...storeGetters},                         //展开 storeGetters 中的计算函数
    actions: {...storeActions}                          //展开 storeActions 中的操作方法
})
```

6.5　通用进度提示组件 loading.vue

通用进度提示组件类似于进度条，用于提示用户当前任务的处理状态。该组件采用动画 GIF 图片＋提示文字的组合形式，例如，图 6-6 表示当前正在上传文件的进度提示。用户可自由控制组件的显示/隐藏、动画 GIF 图片的显示/隐藏、提示文字的内容。

图 6-6　上传文件进度提示

在 public 模块的 src/main/resources/static/modules 文件夹下新建文件 loading.vue，代码如下。

```
<template>
    <span v-show="visible">
        <img src="image/doing.gif" v-show="imaged"
            width="50" height="45" alt="正在进行"/> <!-- 进度提示图片 -->
        <slot>正在进行...</slot> <!-- 默认显示的提示文字 -->
    </span>
</template>
<script setup>
const {defineProps} = Vue
defineProps({
    visible: {type: Boolean, default: true},            //该属性控制是否显示进度提示组件
    imaged: {type: Boolean, default: true}              //该属性控制是否显示动画 GIF 图片
})
</script>

<style scoped>
```

```
span {
    font - size: 13px;
    width: max - content;                                    /* 元素中的最大宽度作为整体宽度 */
    height: max - content;                                   /* 元素中的最大高度作为整体高度 */
}
</style>
```

整个主页模块的代码编写工作到此结束。现在继续通过 Gradle 面板再次启动项目，然后在浏览器地址栏输入“http://192.168.1.5/”，将显示如图 6-1 所示界面，主页构建成功完成。

第7章

用户登录

用户登录模块用于学生和教师的日常登录处理。本章首先介绍了登录的功能需求、界面设计以及相关数据表，然后说明了使用Nimbus JOSE+JWT生成JWT令牌的相关技术，最后介绍了用户登录的后端服务模块、前端视图模块的具体技术实现。本章模块的成功实现，为后续一些章节模块的处理建立了良好基础。

7.1 功能需求及界面设计

用户登录模块的功能需求主要包括：①构建用户登录主界面；②实现登录业务处理；③登录成功后，生成JWT令牌以备其他功能验证使用；④登录试错的屏幕锁定。用户登录界面如图7-1所示。

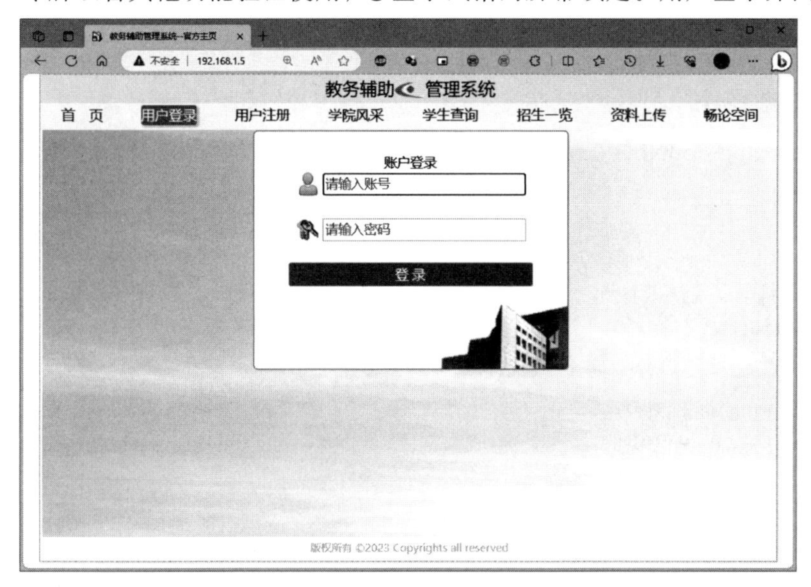

图7-1 用户登录界面

7.2 相关数据表

7.2.1 表结构与SQL语句

与用户登录有关的数据表是users表，其字段构成如表7-1所示。

表7-1 用户表users

字段名	数据类型	长度	是否为空	主键	默认值	含义
username	character varying	33	否	是		用户名
password	character varying	60	否			密码
logo	character varying	33	是		image/loginer.png	用户图标
role	character varying	20	否			用户角色
email	character varying	30	是			邮箱

创建users表的SQL语句如下。

```
CREATE TABLE public.users (
    username character varying(33) NOT NULL,
    password character varying(60) NOT NULL,
    logo character varying(33) DEFAULT 'image/loginer.png'::character varying,
    role character varying(20) NOT NULL,
    email character varying(30),
    CONSTRAINT users_pkey PRIMARY KEY (username)
);
ALTER TABLE public.users OWNER TO admin;
COMMENT ON TABLE public.users IS '用户表';
```

7.2.2 构建配置和实体类

1. 修改app-server/app-domain模块的build.gradle并重载更改

```
plugins {
    id 'server.common'
}
```

2. 创建实体类Users

在app-server/app-domain/src/main/java文件夹下创建包com.tams.entity，新建实体类Users.java。

```
@Data
@Table
@NoArgsConstructor
@AllArgsConstructor
public class Users implements Serializable {
    @Id
    private String username;                        //用户名
    private String password;                        //密码
    private String logo;                            //图标
    private String role;                            //角色
    private String email;                           //邮箱
}
```

7.3 使用 JWT 令牌

7.3.1 JWT 令牌简介

JWT 是 JSON Web Token 的简称，基于工业化标准 RFC 7519，是一个开放的标准协议。JWT 能够以 JSON 格式安全地传输用户登录状态，也为跨域问题提供了支持。

JWT 由三个部分组成：Header、Payload、Signature。

1. Header(头部)

描述关于该 JWT 的最基本信息。

```
{
    "alg": "HS256",
    "typ": "JWT"
}
```

alg 定义了使用的算法，typ 定义了类型。该 JSON 对象需要转换为经过 Base64URL 编码的字符串(数据①)：

ewoJImFsZyI6ICJIUzI1NiIsCgkidHlwIjogIkpXVCIKfQ

2. Payload(载荷)

JWT 的主体内容部分，也是一个 JSON 对象，包含需要传递的数据。JWT 指定了 7 个默认属性以供选择使用，并允许自定义属性。

- iss：签发人。
- exp(expires)：失效时间。
- sub：主题。
- aud：受众。
- nbf(not before)：在此时间前不可用。
- iat(issued at)：签发时间。
- jti(JWT id)：标识 ID。

这些属性并不是每个都必须定义。例如：

```
{
    "sub": "JWT",
    "iss": "http://www.hust.edu.cn",
    "iat": 1451888119,
    "exp": 1454516119,
    "jti": "hust0102038",
    "aud": "EM",
    "myname": "ccgg"
}
```

其中，myname 是自定义属性。Payload 也需要经过 Base64URL 进行编码，生成一个新的字符串(数据②)：

ewogICAgInN1YiI6ICJKV1QiLAogICAgImlzcyI6ICJodHRwOi8vd3d3Lmh1c3QuZWR1LmNuIiwKICAgICJpYXQiOiAxNDUx

ODg4MTE5LAogICAgImV4cCI6IDE0NTQ1MTYxMTksCiAgICAianRpIjogImh1c3QwMTAyMDM4IiwKICAgICJhdWQiOiAiRU0i
LAogICAgIm15bmFtZSI6ICJjY2dnIgp9

3. Signature(签名)

先将上面①、②两部分数据组合在一起,中间以“.”隔开,即①.②。然后,通过指定的密钥及算法,对其进行运算生成签名。例如,如果使用密钥 007、SHA-256 加密算法对①.②进行加密,则最后得到签名(数据③):

T5ucJ3Lzf9u3t5mdcdBTaNwS1UG4QVJL3HElOfEvnwA

将这三部分数据组合在一起,每个部分之间用“.”分隔,即“①.②.③”的形式,组合成一个字符串,就构成 JWT 令牌。

7.3.2 使用 Nimbus JOSE+JWT 处理令牌

Nimbus JOSE+JWT 是一个流行的、免费开源、功能强大的 Java 库,主要用于 JWT 的各种处理。Nimbus JOSE+JWT 涵盖所有标准签名和加密算法,官网地址为 https://connect2id.com/products/nimbus-jose-jwt。Nimbus JOSE+JWT 生成 JWT 令牌的主要方法简要列举如下。

- JWSHeader.Builder(JWSAlgorithm):利用 JWSAlgorithm 算法生成头部数据 header。
- JWTClaimsSet.Builder():生成 JWT 的主体内容 payload。
- SignedJWT(header, payload):使用 header、payload 得到签名。
- RSASSAVerifier(publicKey):利用公钥 publicKey 验证 JWT 的有效性。
- JWEObject.encrypt():使用公钥加密 JWT。
- JWEObject.parse(token):将令牌解析为 JWEObject 对象。
- JWEObject.decrypt(RSAEncrypter):将加密后的 JWT 解密。

7.3.3 创建 Assistant 令牌生成和校验工具类

下面来编写一个专门用于令牌生成和校验的工具类 Assistant.java。这个工具类为项目各模块服务,因此放置在 app-server/app-util 模块下。Assistant.java 类提供以下三个方法。

- getToken(String username):根据登录用户的用户名,生成令牌。
- verifyToken(String token, String username):根据用户名、令牌,校验令牌的有效性。
- passwordEncoder():对密码进行加密。这里采用 Spring Security 提供的高强度对称加密方法 BCryptPasswordEncoder()。BCryptPasswordEncoder 将明文进行哈希处理,生成密文。其特点是:同样的明文,多次加密后的密文并不相同。例如,密码 123456,加密后的密文可以是:

  $2a$10$6.sbp0/YHfa2MEJPkn9j6ej1o1XzTi.UiEVHnvymF7ZjQfrpetdBK

  也可以是:

  $2a$10$dDWTN2xum3CgO7eGTtej9.XxLe2bYMCzx7xVNplZL6pgUTsBdwtHy

1. 修改 app-util 模块的 build.gradle 构建脚本并重载更改

```
plugins {
    id 'server.common'
    id 'java'
```

```
}
dependencies {
    implementation 'com.nimbusds:nimbus-jose-jwt:9.35'
}
```

2. 新建 Assistant.java 工具类

在 app-util 模块的 src/main/java 文件夹下新建包 com.tams，在该包下创建 Assistant.java，代码如下。

```
@Component
public class Assistant {
    public static RSAKey publicKey;                              //公钥
    private static final RSAKey rsaJWK;                          //RSA 密钥对象

    static {
        try {
            rsaJWK = new RSAKeyGenerator(2048)                   //设置密钥长度为 2048 位
                    //随机生成密钥的 ID
                    .keyID(String.valueOf(new Random().nextLong()))
                    .generate();
            publicKey = rsaJWK.toPublicJWK();                    //生成公钥
        } catch (JOSEException e) {
            throw new RuntimeException(e);
        }
    }
    //生成令牌
    public String getToken(String username) {
        String jweString;                                        //加密后的 JWT 字符串
        try {
            JWSHeader header = new JWSHeader.Builder(JWSAlgorithm.RS256)
                    .keyID(rsaJWK.getKeyID())
                    .build();                                    //生成头部 Header
            Date today = new Date();
            JWTClaimsSet payload = new JWTClaimsSet.Builder()    //生成载荷 payload
                    .jwtID(String.valueOf(new Random().nextLong()))//随机 ID
                    //令牌受众,使用 URLEncoder.encode 编码,避免中文乱码问题
                    .audience(URLEncoder.encode(username,StandardCharsets.UTF_8))
                    //令牌有效期设置为 20min
                    .expirationTime(new Date(today.getTime() + 60000 * 20))
                    .notBeforeTime(today)                        //生效时间
                    .subject("tams")                             //主题
                    .issuer("tams.com")                          //令牌签发人
                    .build();
            SignedJWT signedJWT = new SignedJWT(header, payload);
            JWSSigner signer = new RSASSASigner(rsaJWK);
            signedJWT.sign(signer);                              //签名
            //创建 JWE(JSON Web Encryption)对象以便进行加密处理
            JWEObject jweObject = new JWEObject(
                    new JWEHeader.Builder(JWEAlgorithm.RSA_OAEP_256,
                                          EncryptionMethod.A256GCM)
                            .contentType("JWT")
                            .build(),
                    new Payload(signedJWT));
            jweObject.encrypt(new RSAEncrypter(publicKey));      //使用公钥加密
            //将 jweObject 对象序列化为 Base64URL 编码的字符串
            jweString = jweObject.serialize();
        } catch (Exception e) {
            throw new RuntimeException(e);
        }
```

```
        return jweString;
    }
    //校验令牌
    public Boolean verifyToken(String token, String username) {
        boolean isLegal = false;                                   //令牌是否有效的标识符
        try {
            JWEObject jweObject = JWEObject.parse(token);          //解析
            jweObject.decrypt(new RSADecrypter(rsaJWK));           //解密
            SignedJWT signedJWT = jweObject.getPayload().toSignedJWT();

            JWSVerifier verifier = new RSASSAVerifier(publicKey);
            if (signedJWT.verify(verifier)) {                      //校验令牌
                JWTClaimsSet payload = signedJWT.getJWTClaimsSet();
                boolean expires = new Date().before(payload.getExpirationTime());
                String iss = payload.getIssuer();
                String sub = payload.getSubject();
                String aud = URLDecoder.decode(payload.getAudience().get(0),
                        StandardCharsets.UTF_8);                   //解码,可有效避免中文乱码
                isLegal = expires && iss.equals("tams.com")
                        && sub.equals("tams") && aud.equals(username);      //是否有效
            }
        } catch (Exception e) {
            throw new RuntimeException(e);
        }
        return isLegal;
    }
    //对密码进行加密
    public PasswordEncoder passwordEncoder() {
        return new BCryptPasswordEncoder();
    }
}
```

图 7-2 显示了用户登录成功后,通过浏览器的"检查"→"网络"页面,观察到的后端返回给前端响应标头 Authorization 中存放的 JWT 令牌数据。

图 7-2　响应标头中的 JWT 令牌

7.4 后端服务模块

7.4.1 模块的整体结构

在 app-server/user-service 模块的 src/main/java 文件夹下创建好相应的包，整体结构如图 7-3 所示。

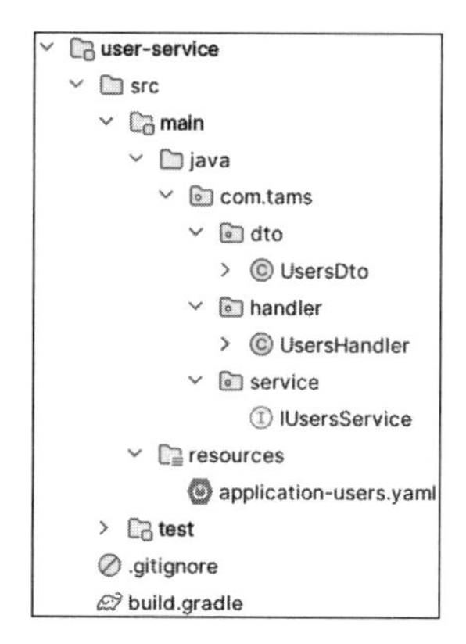

图 7-3　服务端 user-service 结构

7.4.2 修改 build.gradle 构建脚本

修改 app-server/user-service/build.gradle 的构建脚本并重载更改。

```
plugins {
    id 'server.common'
    id 'java'
}

dependencies {
    implementation project(':app - server:app - domain')
    compileOnly project(':app - server:app - util')
    implementation project(':app - view:user - service')
}
```

7.4.3 配置 application-users.yaml 并导入 app-boot

在 app-server/user-service 模块的 resources 文件夹下新建文件 application-users.yaml，设置好用户登录的路由地址：

```
users.route.path: /usr,/login        # users.route.path 的值有多个，实际上是一个数组
```

然后修改 app-server/app-boot 模块的配置文件 application.yaml，通过配置 spring.config.import 来为应用导入 application-users.yaml 中的路由配置。

```
...
home.route.path: classpath:/static/home.html
```

```
spring:
  config.import:
    - optional:application-users.yaml                    #注意 optional 前面有空格
  r2dbc:
    pool:
        enabled: true
...
```

optional 表示可选，一旦 application-users. yaml 不存在将被忽略，这样设置的目的是为了提高模块化组合的弹性、灵活性。

7.4.4 DTO 类

DTO(Data Transfer Object，数据传输对象)常用于在视图层与服务层之间的数据传输。与实体类不同，DTO 可根据页面数据传输的处理需要，来组织具体的属性：可以包含数据表中不存在的数据，也可以不包含数据表的某个字段。由此看来，DTO 更注重数据本身，不与实际业务发生联系，而是基于视图层数据传递的需要而设计。而实体类往往与数据表挂钩，也与业务逻辑紧密关联。

在 user-service/src/main/java/com. tams. dto 包下新建 UsersDto. java 类。

```
@Data
@NoArgsConstructor
@AllArgsConstructor
public class UsersDto {
    private String username;
    private String password;
    private String role;
    private String email;
}
```

7.4.5 编写登录服务

1. 编写 IUsersService 接口类

在 user-service 模块的 com. tams. service 包下新建 IUsersService. java 接口类。

```
public interface IUsersService extends R2dbcRepository<Users, String>{}
```

只需要利用 R2dbcRepository 接口中的方法，因此该接口类没写任何代码。

2. 创建业务逻辑处理类 UsersHandler

在 user-service 模块的 com. tams. handler 包下新建 UsersHandler. java 类。

```
@Component
@RequiredArgsConstructor
public class UsersHandler {
    private final @NonNull IUsersService usersService;            //注入 IUsersService 实例对象
    private final @NonNull Assistant assistant;                    //注入 Assistant 实例对象
    private final @NonNull ModelMapper modelMapper;                //注入 ModelMapper 实例对象
    public Mono<ServerResponse> login(ServerRequest request) {
        return request.bodyToMono(UsersDto.class)                  //请求数据提取为 DTO 类型 Mono
                .map(this::dtoUser)                                //DTO 对象转换为实体对象
                .flatMap(user ->
```

```
                usersService.findById(user.getUsername())       //根据用户名查询数据
                    .filter(dbUser -> assitant.passwordEncoder()    //匹配密码
                        .matches(user.getPassword(),dbUser.getPassword()))
                    .flatMap(this::responseData)                //登录成功,返回响应数据
                    .switchIfEmpty(status(NO_CONTENT).build()) //登录失败
                    .onErrorResume(e -> status(EXPECTATION_FAILED).build()));
    }
    //将 DTO 类映射为实体类
    private Users dtoUser(UsersDto userDto){
        return modelMapper.map(userDto,Users.class);
    }
    //构造返回给前端的数据
    private Mono<ServerResponse> responseData(Users user) {
        Map<String, String> map = new HashMap<>(3);
        map.put("username", user.getUsername());
        map.put("logo", user.getLogo());
        map.put("role", user.getRole());
        //通过 HTTP 响应头属性 Authorization,向前端返回令牌,并返回 Map 数据
        return ok().header("Authorization",assitant.getToken(user.getUsername()))
                .bodyValue(map);
    }
}
```

提示：代码中的 ok()、status()方法以及 NO_CONTENT、EXPECTATION_FAILED 常量，需要导入相应的静态方法：

```
import static org.springframework.web.reactive.function.server.ServerResponse.ok;
import static org.springframework.web.reactive.function.server.ServerResponse.status;
```

3. 在 app-server/app-boot 模块的 AppConfig.java 类中加入 ModelMapper 映射 Bean

```
@Bean
public ModelMapper modelMapper() {
    return new ModelMapper();
}
```

ModelMapper 用于在实体类、DTO 类之间进行对象转换。在教务辅助管理系统中，主要用于将 DTO 类对象转换成实体类对象。

7.4.6 定义函数式路由映射 Bean

现在，需要将用户登录的路由路径与相应的处理程序进行映射。修改 app-boot 模块中的 com.tams.config.AppConfig.java 类，添加 userRoute()方法。

```
@Configuration
public class AppConfig {
    private static final RequestPredicate ACCEPT_JSON =
                                accept(MediaType.APPLICATION_JSON);
    @Value("${home.route.path}")
    private Resource home;
    @Value("${users.route.path}")       //application-users.yaml 中配置的属性 users.route.path
    private String[] usrEndPoint;

    @Bean
    public RouterFunction<ServerResponse> homeRoute() {
```

```
        return route(GET("/"), request -> ok().bodyValue(home));
    }
    @Bean
    public RouterFunction<ServerResponse> userRoute(UsersHandler handler) {
        return route()
                .path(usrEndPoint[0], r -> r
                        .POST(usrEndPoint[1], ACCEPT_JSON, handler::login))
                .build();
    }
}
```

代码将路径端点 usrEndPoint 与后端服务 handler 对应起来。其中，usrEndPoint[0]的值为/usr；usrEndPoint[1]的值为/login。因此 UsersHandler 的 login()方法的 POST 地址是/usr/login，即前端用 POST 模式提交"/usr/login"时，将调用服务端的 login()方法。

7.5 前端视图模块

7.5.1 整体结构的设计

前端 app-view/user-service 模块包含的主要.vue 组件介绍如下。

- user.aggregator.vue：聚合器组件。该组件聚合了用户管理的相关函数，例如，负责用户登录（注册）的业务逻辑处理函数。
- user.common.vue：由于用户登录、用户注册的界面具有共性，抽取为公共组件。
- user.login.ui.vue：界面组件。用户通过该组件，实现登录业务处理。
- user.login.index.vue：主文件组件。该组件类似于桥梁作用，将 user.common.vue 和 user.login.ui.vue 关联起来。

后续还会将用户注册模块加入进来，现在的整体结构如图 7-4 所示。

提示：用户头像的 logo 图片统一保存在 user-service 模块的 image 文件夹下。

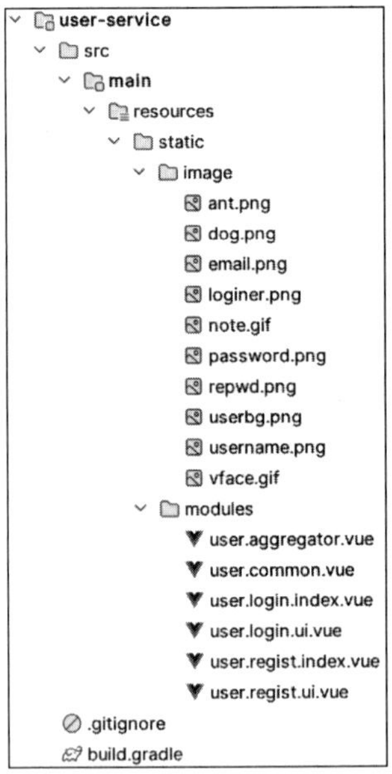

```
user-service
  src
    main
      resources
        static
          image
            ant.png
            dog.png
            email.png
            loginer.png
            note.gif
            password.png
            repwd.png
            userbg.png
            username.png
            vface.gif
          modules
            user.aggregator.vue
            user.common.vue
            user.login.index.vue
            user.login.ui.vue
            user.regist.index.vue
            user.regist.ui.vue
  .gitignore
  build.gradle
```

图 7-4 前端 user-service 结构

7.5.2 使用聚合器封装业务逻辑

使用聚合器将用户管理相关功能封装在一起，以便其他模块调用，方便管理。先在聚合器中封装用户登录业务，在 resources/static/modules 文件夹下新建 user.aggregator.vue，代码如下。

```
<script>
export default {
    name: 'user.aggregator',
    aggregator: function (exports) {
        const {
            Observable, of, interval, switchMap,
```

```
        takeWhile, filter, exhaustMap, tap, finalize,
        retry, timer, catchError, concat, take
    } = rxjs
    const {ajax} = rxjs.ajax
    const tipMessage = {                              //定义一些字符串常量
        EMPTY_USER: '用户名或密码不能为空!',
        LOGIN_FAILURE: '用户名或密码错误,登录失败!',
        NOT_CONFIRM_PWD: '两次输入的密码不一致,请重新输入!'
    }

    const useStore = document.querySelector("#tamsApp")
                        .__vue_app__
                        .config
                        .globalProperties
                        .$useStore                    ①

    const doLogin = (user, isLoading) => {
        const {procStream} = loginChain(user, isLoading)   //链式业务流
        procStream.subscribe()                        //订阅登录业务流
    }
    const loginChain = (user, isLoading) => {
        …                                             //登录业务流,待编写
    }

    exports.doLogin = doLogin                         //对外暴露以供调用
    return exports
  }({})
}
</script>
```

① 聚合器中无法像6.3.5节那样,直接通过getCurrentInstance()的proxy代理读取到状态数据useStore,因为这时候应用还未实例化,getCurrentInstance()结果为null。那么如何获取到状态管理的数据?有几种处理方法:①通过参数传递方式,将useStore状态数据传递过来;②在主应用中定义一个全局量保存useStore;③将useStore挂载到window对象上;④利用__vue_app__.config读取。这里采用第4种方式。

7.5.3　实现链式登录业务流

即使是用户登录这种简单业务,也可以将其划分成若干功能单一的业务单元,将这些业务单元串联起来组成业务流,再利用RxJS实现链式调用,将复杂的问题简单化了。这种业务处理细粒度化的思路,可扩展应用到其他模块。

用户登录业务可拆分成三个业务单元:①检查登录数据的填写是否完备;②POST提交给后端的usr/login对应的服务;③处理后端返回的结果。每个单元的功能简单而又单一。现在,补充完成loginChain函数的代码。

```
const loginChain = (user, isLoading) => {
//检查登录数据的填写是否完备
const checkUser = of(user).pipe(
    tap(usr => usr.tip = tipMessage.EMPTY_USER),
    filter(usr => usr.username.trim() !== '' && usr.password.trim() !== ''),
    switchMap(usr => of(usr))
)
```

```
// POST 提交给后端的 usr/login 对应的服务
const postUser = checkUser.pipe(
    tap(usr => {
        usr.tip = ''                                         //提示信息置空
        isLoading.visible = true                             //显示通用进度提示组件 loading.vue
    }),
    switchMap(usr => ajax({                                  //调用后端服务并转换到结果流
        url: 'usr/login',
        method: 'POST',
        body: usr
    }))
)
//处理后端返回的结果
const procStream = concat(postUser).pipe(                    //利用 concat 串联起业务流并上溯处理
    filter(data => {
       if (data.status === 200 && data.response != null) { //登录成功
            changeState(data, '', null)                      //更新状态数据
            return false
        }
        return true
    }),
    tap(() => user.tip = tipMessage.LOGIN_FAILURE),          //登录失败
    finalize(() => isLoading.visible = false),               //关闭通用进度提示组件
)
const changeState = (data, message, module) => {             //更新 Pinia 状态管理数据
   //需要删除数据传递时自动附加在 HTTP 头信息 authorization 末尾的换行符
   let token = data.responseHeaders
                    .authorization
                    .replace('\u000D', '')                   //删除换行符
    useStore.setUser(data.response)
    useStore.setToken(token)
    useStore.setMessage(message)
    useStore.setModule(module)
}
```

7.5.4 编写主文件组件

user.login.index.vue 是用户登录功能模块的前端入口，代码非常简洁。

```
<template>
    <user-common :user-component="UserLoginUI" message="正在登录，请稍候..."/>
</template>
<script setup>
import UserCommon from './user.common.vue'
import UserLoginUI from './user.login.ui.vue'
</script>
```

user.common.vue 是抽取出的表示共性化界面的组件，而 user.login.ui.vue 组件则代表传递给 user.common.vue 的具体界面。

7.5.5 抽取界面的共性化

无论是用户登录，还是后面的用户注册，其界面构成本质上是相同的，都包含两个部分：页面HTML元素、处理进度提示组件。共性化非常明显！因此设计一个 user.common.vue 组件，来表

示共性化界面。

```
<template>
    <div class="user-div">
        <user-ui :is-loading="isLoading"></user-ui> <!-- 页面 UI -->
        <loading :visible="isLoading.visible">        <!-- 处理进度提示组件 -->
            {{ props.message }}
        </loading>
    </div>
</template>
<script setup>
import Loading from './loading.vue'                    //加载进度提示组件

const {defineProps, reactive, h} = Vue
const props = defineProps({
    //表示页面 UI 的组件,可以是用户登录组件,也可以是用户注册组件
    userComponent: Object,
    message: String                                    //进度提示组件中的提示消息
})
const isLoading = reactive({                           ①
    visible: false
})
const UserUi = h(props.userComponent)                  ②
</script>

<style scoped>
.user-div {
    position: relative;
    width: 350px;
    height: 260px;
    margin: 0 auto;
    text-align: center;
    background: #fff url("../image/userbg.png") no-repeat bottom right;
    border: 1px solid #09f;
    border-radius: 5px;
    padding: 5px;
    font-size: 15px;
    box-shadow: 1px 1px 1px #d7d4d4;
}
:deep(.user-input) {                                   /* 将.user-input 样式渗透到子组件 */
    position: relative;
    width: 65%;
    height: 22px;
    text-align: left;
    border: 1px solid rgba(106, 106, 109, 0.49);
    font-size: 15px;
}
:deep(.user-tip) {
    color: #f00;
}
</style>
```

① isLoading 设置是否显示进度提示组件,这里使用了一个响应性对象。如果直接使用普通的基本类型,例如 const isLoading=Vue.ref(false),传递过程中会丧失响应性。

② 用 h()函数渲染传递过来的某个组件(用户登录组件或用户注册组件)。注意,isLoading 对象实际上是传递给相应组件的,例如,UserLoginUI 或 UserRegistUI。换一种写法,就容易理

解了。

将< user-ui :is-loading="isLoading"></user-ui>修改成：

```
<user-ui></user-ui>
```

再将 const UserUi = h(props.userComponent)修改成：

```
const UserUi = h(props.userComponent, {isLoading: isLoading})
```

7.5.6 创建用户登录 UI 组件

user.login.ui.vue 组件用来构建用户登录的具体界面，代码如下。

```
<template>
    <br/>账户登录<br/>
    <img src="image/username.png" alt="">
    <input type="text" class="user-input" placeholder="请输入账号"
           v-model.trim="user.username" v-focus><br/>
    <br/><img src="image/password.png" alt="">
    <input type="password" class="user-input" placeholder="请输入密码"
           v-model.trim="user.password"><br/><br/>
    <!-- 这里使用了自定义指令 submitButton,请参阅 6.3.9 节 -->
    <button v-submit-button:style.width="'80%'" @click="doLogin(user, isLoading)">
        登 录
    </button><br/>
    <span class="user-tip">{{ user.tip }}</span> <!-- 登录结果的提示信息 -->
</template>
<script setup>
import tams from './user.aggregator.vue'
const {defineProps, reactive} = Vue
defineProps({
    isLoading: Object
})
const user = reactive({
    username: '',
    password: '',
    tip: null                                           //提示信息
})
const {doLogin} = tams.aggregator                       //解构聚合器中的 doLogin 方法
</script>
```

7.5.7 修改主页导航组件

修改主页导航组件 home.menu.vue，将用户登录组件 user.login.index.vue 挂载到导航菜单上。打开 app-view/home/src/main/resources/static/home.menu.vue，做如下修改。

```
<script setup>
import LoginIndex from 'modules/user.login.index.vue'

const menus = [
    {id: 'home', name: '首\u3000页', module: null},
    {id: 'login', name: '用户登录', module: LoginIndex},
    {id: 'regist', name: '用户注册', module: null},
    ...
]
```

```
…
</script>
```

粗体代码为修改的部分,其他代码不变。到这里,用户登录基本完成。可利用 Gradle 面板的 bootRun 按钮,启动项目。单击主界面导航菜单的"用户登录",将打开登录界面。成功登录后,主界面右上角将显示用户 logo 头像。图 7-5 是登录过程中的处理画面。请事先在数据库的 users 表中准备好样本数据,例如,用户名"杨过",密码"$2a$10$y/wWkdI83lpnfs5trzEJ4uNRjcIKKJAipgR4Wry1IXqzJrE9ZJkfq"(明文是 123456)。

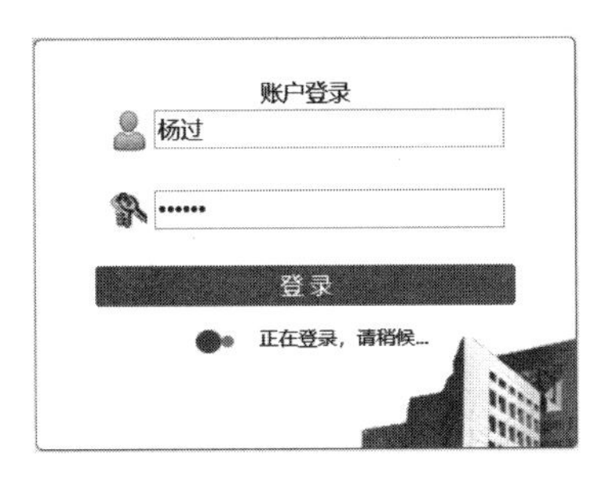

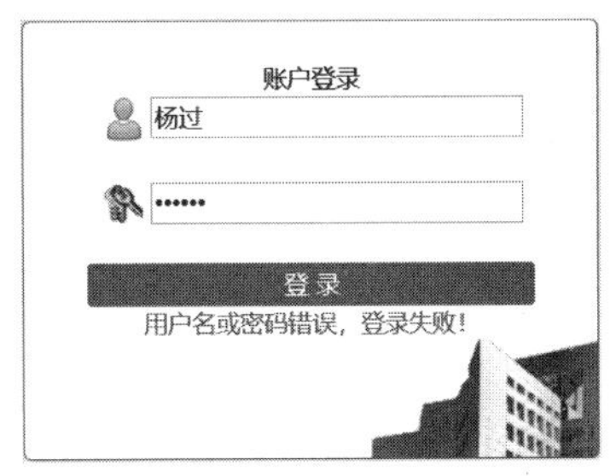

图 7-5 登录过程画面

7.5.8 登录试错的锁屏处理

为了防止非法用户频繁地输入用户名、密码试图登录,影响系统正常运行,对登录试错操作进行限制:连续三次登录失败,暂时锁定登录,5min 后可重试。锁定后,会显示提示信息,并开始倒计时,如图 7-6 所示。

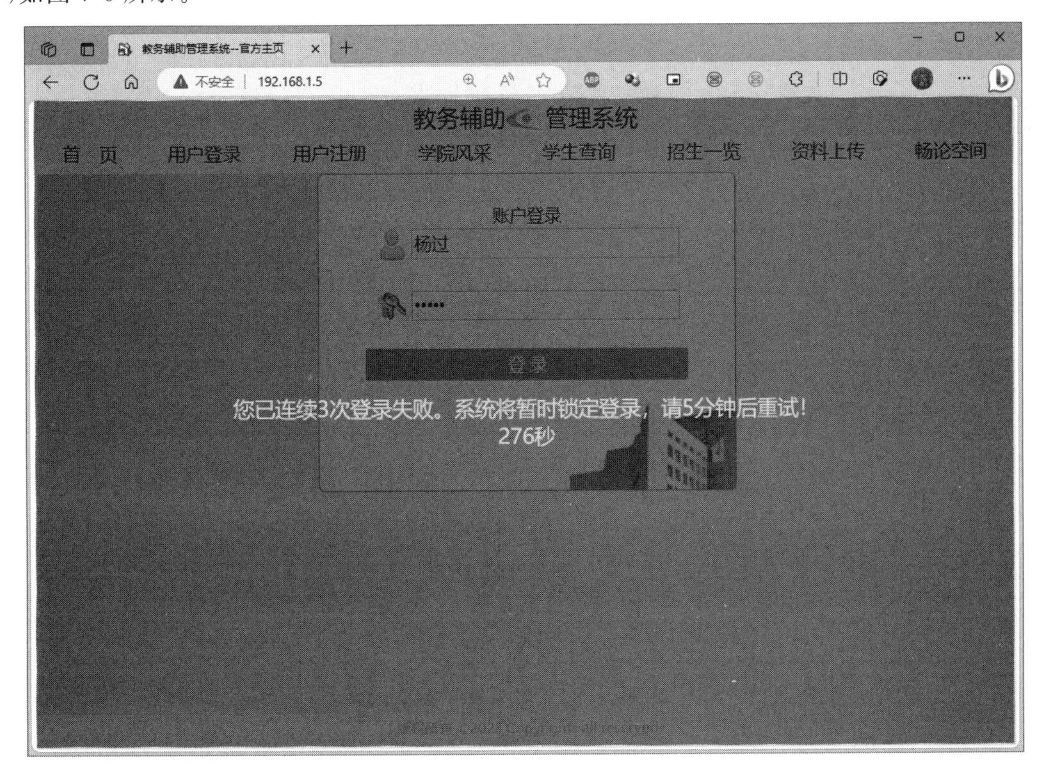

图 7-6 锁定登录

利用RxJS的retry(请参阅2.3.10节)，配合临时创建的一个半透明的<div>层，遮盖住主界面，就可轻松实现锁屏处理。修改聚合器user.aggregator.vue中的部分代码：

```
<script>
export default {
    name: 'user.aggregator',
    aggregator: function (exports) {
        …
        const tipMessage = {
            EMPTY_USER: '用户名或密码不能为空!',
            LOGIN_FAILURE: '用户名或密码错误,登录失败!',
            NOT_CONFIRM_PWD: '两次输入的密码不一致,请重新输入!',
            LOGIN_LOCKED: '您已连续3次登录失败。系统将暂时锁定登录,请5分钟后重试!'
                                                                  //新加入的字符串常量
        }
        …
        let retryTime = 0                                         //记录重试次数的计数器
        const loginChain = (user, isLoading) => {
            const checkUser = of(user).pipe(…)
            const postUser = checkUser.pipe(…)
            const procStream = concat(postUser).pipe(
                filter(data => {
                    if (data.status === 200 && data.response != null) {
                        retryTime = 0                             //重置计数器
                        changeState(data, '', null)               //更新状态数据
                        return false
                    }
                    return true
                }),
                tap(() => {
                    retryTime++                                   //计数器加1
                    user.tip = tipMessage.LOGIN_FAILURE
                }),
                takeWhile(() => retryTime > 2),
                /* takeWhile重复执行前面数据流的处理过程,直到retryTime等于3,则转到下面从tap
锁屏处理开始的业务流 */
                tap(() => {
                    user.tip = ''                                 //提示信息置空
                    lockScreen(true)                              //锁屏
                    throw new Error()                             //抛出错误,以便触发retry
                }),
                finalize(() => isLoading.visible = false),
                retry({
                     count: 2,                                    //重试次数
                     delay: (() => timer(60000 * 5).pipe(         //延迟5min
                         tap(() => {
                             retryTime = -1                       //重置计数器
                             lockScreen(false)                    //5min后解开锁屏
                         })
                     ))
                })
            )
            const changeState = (data, message, module) => {…}
            //锁屏函数
            const lockScreen = (disabled) => {
                const rootElement = document.querySelector("#tamsApp")
```

```
                ._vnode.el                                    //获取整个应用所在层的虚拟结点元素
            if (disabled) {                                   //添加锁屏遮盖层
                const lock = document.createElement('div')   //创建锁屏的遮盖层
                lock.className = 'lock - screen - div'        //给层添加样式
                rootElement.appendChild(lock)                 //添加到根元素
                //倒计时 5min,每隔 1s 显示倒计时剩余秒数
                interval(1000).pipe(take(300))
                    .subscribe(i => lock.innerHTML =
                        `${tipMessage.LOGIN_LOCKED}<br/>${300 - i}秒`)
            } else                                            //移除锁屏遮盖层
                rootElement.removeChild(rootElement.lastElementChild)
            /* 前面的_vnode.el 是指应用的 5 个元素,分别是 header 组件、
            menu 组件、main 组件、footer 组件、lock - screen - div 层.lastElementChild
            自然是指 lock - screen - div 锁屏遮盖层 */
        }
        return {procStream}
    }

    exports.doLogin = doLogin
    return exports
  }({})
}
</script>

<style>
.lock - screen - div {
    position: absolute;
    color: #ff0;
    background - color: rgba(0, 0, 0, 0.5);                  /* 半透明的遮盖层 */
    text - align: center;
    width: 100 %;
    height: 100 %;
    display: flex;                                            /* 弹性布局 */
    justify - content: center;
    align - items: center;
    font - size: 18px;
    top: 0;
    left: 0;
    z - index: 999999;                                        /* 锁屏层总是处于最顶部 */
}
</style>
```

第8章

用户注册

学生和教师注册以后才能使用教务辅助管理系统的全部功能。本章首先介绍了用户注册的功能需求、界面设计，然后说明了后端服务模块的瞬态属性、路由 Bean、转换回调接口及相关处理，最后介绍了前端视图模块的整体结构、链式业务流以及代码实现。本章是用户管理的重要组成部分，为用户顺利使用整个系统做好了准备。

8.1 功能需求及界面设计

用户注册模块的功能需求比较简单：①构建用户注册主界面；②将密码进行加密，然后用户数据保存到数据表 users 中；③注册时，检查数据的有效性（账号要求唯一）。用户注册界面如图 8-1 所示。

图 8-1 用户注册界面

8.2 后端服务模块

用户注册模块与用户登录模块一样，都属于 app-server/user-service 的构成部分，无须单独创建一个子模块。

8.2.1 添加瞬态属性

7.4.5 节编写了一个扩展自 R2dbcRepository 接口的 IUsersService 接口类，用户注册时将使用该接口提供的 save()方法，将 Users 实体对象保存到数据库中。save()方法的处理逻辑是：如果 Users 实体对象在数据表中已经存在(根据主键 username 判断)，则更新该记录；如果不存在，则抛出异常。这显然不符合我们的注册处理要求。因此，需要将 app-domain 模块 com.tams.entity 包下的 Users 实体类代码进行修改：

```
@Data
@Table
@NoArgsConstructor
@AllArgsConstructor
public class Users implements Persistable<String> {      //实现持久化接口 Persistable
    @Id
    private String username;
    private String password;
    private String logo;
    private String role;
    private String email;

    @Transient
    private boolean newUser;                              //瞬态属性

    public Users asNew() {
        newUser = true;
        return this;
    }
    @Override
    public String getId() {
        return username;
    }
    @Override
    public boolean isNew() {
        return newUser || username == null;
    }
}
```

给 Users 实体类添加了一个瞬态属性 newUser，这个属性不属于数据表字段，只是一个标识属性，不影响实体对象与数据表之间的映射。如果 isNew()是 true，则 R2DBC 会将记录插入数据库中。因此，当希望将数据插入数据库时，只需要调用 asNew()方法，这将使得 isNew()返回 true；当不想将数据插入数据库时，不调用 asNew()方法即可。

8.2.2 向 UsersHandler 组件添加注册方法

修改 app-server/user-service 模块的 com. tams. handler. UsersHandler. java 类，添加注册方法 regist(ServerRequest request)，代码如下。

```
@Transactional                                               //插入记录时,需要启用事务处理
public Mono<ServerResponse> regist(ServerRequest request) {
    return request.bodyToMono(UsersDto.class)
            .map(this::dtoUser)                              //DTO 类转换成实体类
            .flatMap(user ->
               usersService.findById(user.getUsername())     //用户名是否已经注册过
                  .flatMap(u -> status(FOUND).build())       //已经注册过
                  .switchIfEmpty(ok().build(usersService.save(user.asNew()).then()))
                  .onErrorResume(e -> status(EXPECTATION_FAILED).build()));
}
```

如果该用户名在数据表中已存在，说明已经注册过，则返回状态码 302 给前端。细心的读者可能会心存疑惑：这里的密码并没有加密，就直接存入数据表吗？请继续往下阅读。

8.2.3 配置用户注册的路由地址

处理很简单，直接修改 application-users. yaml 中 users. route. path 的值为

```
users.route.path: /usr,/login,/regist
```

8.2.4 修改路由 Bean 映射注册处理

7.4.6 节已经在 app-boot 模块的 AppConfig. java 配置类中定义好用户登录的 userRoute (UsersHandler handler)路由 Bean，现在需要稍微修改一下，以便将用户注册的路由路径“/usr/regist”与 regist(ServerRequest request)方法关联起来。只需要将现在的代码：

```
@Bean
public RouterFunction<ServerResponse> userRoute(UsersHandler handler) {
    return route()
            .path(usrEndPoint[0], r -> r
                    .POST(usrEndPoint[1], ACCEPT_JSON, handler::login))
            .build();
}
```

修改为

```
@Bean
public RouterFunction<ServerResponse> userRoute(UsersHandler handler) {
    return route()
            .path(usrEndPoint[0], r -> r
                    .POST(usrEndPoint[1], ACCEPT_JSON, handler::login)
                    .POST(usrEndPoint[2], ACCEPT_JSON, handler::regist))
            .build();
}
```

8.2.5 实现 BeforeConvertCallback 接口

Spring 提供了 BeforeConvertCallback 转换回调接口，在对象转换为出站数据时调用。

BeforeConvertCallback 常用于在实体对象保存到数据库前，对其进行某些修改，例如，保存到数据前对密码进行加密。在 app-server/user-service 模块的 com. tams. handler 包下新建 UsersBeforeSave. java，代码如下。

```
@Component
@RequiredArgsConstructor
public class UsersBeforeSave implements BeforeConvertCallback<Users> {
    private final @NonNull Assistant assistant;                    //注入 assistant 对象

    @Override
    public @NonNull Publisher<Users> onBeforeConvert(Users user, @NonNull SqlIdentifier table) {
        String encodePassword = assitant.passwordEncoder()
                                        .encode(user.getPassword());   //加密
        user.setPassword(encodePassword);
        return Mono.just(user);                                    //返回密码加密后的 user 对象
    }
}
```

与此类似的还有 AfterConvertCallback 接口，用于从数据库中获取到数据后进行某些更改，适用于希望数据库原记录保持不变，而是查询到数据后进行实时改变。例如，数据库中保存的是商品原价格，但显示到页面时是打折后的价格。这里就不再举例 AfterConvertCallback 应用的具体代码了，感兴趣的读者可自行实验。

8.3 前端视图模块

8.3.1 整体结构的设计

前端视图模块的整体结构基于第 7 章中的 app-view/user-service 模块，只不过是多了两个组件：user. regist. index. vue 和 user. regist. ui. vue，如图 8-2 所示。

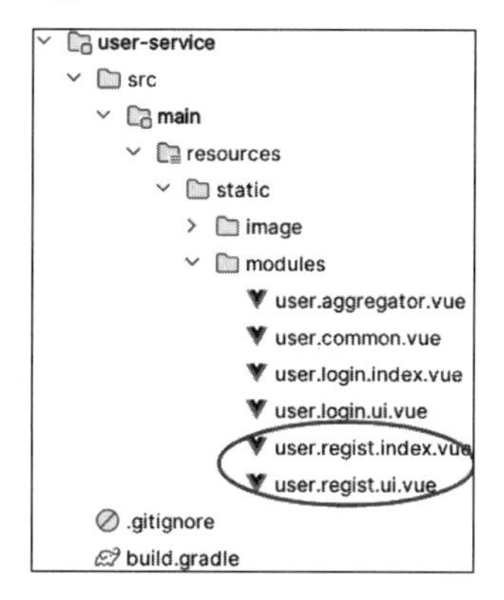

图 8-2　前端 user-service 模块结构

8.3.2 向聚合器中添加注册函数

修改 app-view/user-service 模块的聚合器文件 user. aggregator. vue，添加注册函数。

```
export default {
    name: 'user.aggregator',
    aggregator: function (exports) {
        …
        const tipMessage = {
            …
            IS_REGISTERED: '该用户已被注册,请更改用户名!',
            REGISTER_SUCCESS: '用户注册成功!',
            SYS_ERROR: '系统错误,无法注册!'
        }
        …
        const loginChain = (user, isLoading) =>{…}
        const doRegist = (user, isLoading) => {                    //注册函数
            const {procStream} = registChain(user, isLoading)
            procStream.subscribe()
        }
        const registChain = (user, isLoading) => {                 //链式业务流
            …                                                      //待编写
        }
        exports.doLogin = doLogin
        exports.doRegist = doRegist
        return exports
    }({})
}
```

8.3.3 实现链式注册业务流

与登录类似,用户注册业务可设计成三个业务单元：①检查数据填写的有效性；②POST 提交给后端的 usr/regist 对应的服务；③处理后端返回的结果。下面来编写完成 registChain()函数的代码。

```
const registChain = (user, isLoading) => {
    //检查数据填写的有效性(这里未对 E-mail 格式进行检查,请读者补充完整)
        const checkUser = of(user).pipe(
            filter(usr => {
                let filtered = false
                //用户名或密码未填写完整
                if (usr.username.trim() === '' || usr.password.trim() === '')
                    usr.tip = tipMessage.EMPTY_USER
                else if (usr.confirmPWD !== usr.password)      //两次输入的密码不一致
                    usr.tip = tipMessage.NOT_CONFIRM_PWD
                else filtered = true
                return filtered
            })
        )
        // POST 提交给后端的 usr/regist 对应的服务
        const postUser = checkUser.pipe(
            tap(usr => {
                usr.tip = ''                                 //提示信息置空
                isLoading.visible = true                     //显示通用进度提示组件 loading.vue
            }),
            exhaustMap(usr => ajax({                         ①
                url: 'usr/regist',
                method: 'POST',
                body: usr
            }))
        )
```

```
        //处理后端返回的结果
        const procStream = concat(postUser).pipe(
            tap(response => {
                if (response.status === 302)                //该用户名已被注册过
                    user.tip = tipMessage.IS_REGISTERED
                else if (response.status === 200)           //注册成功
                    user.tip = tipMessage.REGISTER_SUCCESS
            }),
            catchError(() => user.tip = tipMessage.SYS_ERROR),
            finalize(() => isLoading.visible = false)        //关闭通用进度提示组件
        )
        return {procStream}
    }
```

① 调用后端服务并转换到结果流。这里使用了 exhaustMap,原因在于:如果上一次 POST 注册的 Observable 还没有完成,exhaustMap 就不会产生新的 Observable,这样就可避免产生重复性的注册请求。例如,如果用户连续快速单击提交注册按钮,exhaustMap 会忽略这种连续单击行为。

8.3.4 主文件组件 user.regist.index.vue

与 user.login.index.vue 类似,user.regist.index.vue 是用户注册功能模块的前端入口,代码仍然非常简洁,无须过多解释。

```
<template>
    <user-common :user-component="UserRegistUI"
            message="正在注册,请稍候..."/>
</template>
<script setup>
import UserCommon from './user.common.vue'                    //请参阅 7.5.5 节
import UserRegistUI from './user.regist.ui.vue'
</script>
```

8.3.5 UI 组件 user.regist.ui.vue

user.regist.ui.vue 组件用来构建用户注册的具体界面,代码如下。

```
<template>
    注册教务辅助通行证<br/>
    <img src="image/username.png" alt="">
    <input type="text" class="user-input" placeholder="请输入账号"
           v-model.trim="user.username" v-focus>
    <br/><img src="image/password.png" alt="">
    <input type="password" class="user-input" placeholder="请输入密码"
           v-model.trim="user.password">
    <br/><img src="image/repwd.png" alt="">
    <input type="password" class="user-input" placeholder="请确认密码"
           v-model.trim="user.confirmPWD">
    <br/><img src="image/email.png" alt="">
    <input type="email" class="user-input" placeholder="请输入 Email"
           v-model.trim="user.email"><br/>
    <input type="radio" name="role" value="student" v-model="user.role">学生
    <input type="radio" name="role" value="teacher" v-model="user.role">教师
    <br/><br/>
    <!-使用了 6.3.9 节编写的自定义指令 submitButton -->
    <button v-submit-button:style.width="'80%'" @click="doRegist(user,isLoading)">
        提交注册
```

```
    </button>
    <br/><span class="user-tip">{{ user.tip }}</span>
</template>
<script setup>
import tams from "./user.aggregator.vue";

const {defineProps, reactive} = Vue
defineProps({
    isLoading: Object
})
const user = reactive({
    username: '',
    password: '',
    confirmPWD: '',                                       //确认密码
    role: 'student',                                      //默认角色:学生
    tip: null                                             //提示信息
})
const {doRegist} = tams.aggregator
</script>
```

8.3.6 修改主页导航组件

修改主页导航组件 home. menu. vue，将用户注册组件 user. regist. index. vue 挂载到导航菜单上。打开 app-view/home/src/main/resources/static/home. menu. vue，做如下修改。

```
<script setup>
import LoginIndex from 'modules/user.login.index.vue'
import RegistIndex from 'modules/user.regist.index.vue'

const menus = [
    {id: 'home', name: '首\u3000页', module: null},
    {id: 'login', name: '用户登录', module: LoginIndex},
    {id: 'regist', name: '用户注册', module: RegistIndex},
    ...
]
...
</script>
```

粗体代码为修改的部分，其他代码不变。至此，用户注册模块编写完成，现在可启动项目，测试用户注册功能的运行情况。图 8-3 是注册测试画面。实际上，注册模块缺少上传用户 logo 头像的功能，这里为简化起见直接使用了默认的头像图片。读者可在学习完第 13 章的内容后，补充完善用户注册模块的头像处理。

图 8-3　注册测试画面

第9章 消息推送

登录教务辅助管理系统的用户会收到后台推送的短消息。本章主要介绍了功能需求、界面设计、相关数据表、后端服务模块等内容。前端使用 EventSource 订阅消息流,后端基于 WebClient、Sinks.Many 技术推送消息,二者一起构建了 SSE 消息服务模式。

9.1 功能需求及界面设计

消息(Message)是指在应用之间传送的数据,可以是普通的文本字符串,也可以是一个对象。一般将发送消息方称为生产者,接收消息方称为消费者。

消息推送模块的功能需求非常单一:用户登录后,向服务器订阅消息;服务端则向用户推送近两天的通知、公告等短消息,如图 9-1 所示。

图 9-1 消息推送

9.2 相关数据表

9.2.1 表结构与 SQL 语句

与消息推送有关的数据表是 note 表,其字段构成如表 9-1 所示。

表 9-1 消息表 note

字段名	数据类型	长度	是否为空	主键	默认值	含义
id	integer		否	是	nextval('note_id_seq'::regclass)	记录号,自增
content	character varying	30	否			消息内容
issuer	character varying	100	否			发布者
issuetime	timestamp without time zone	0	否		now()	发布时间

创建 note 表的 SQL 语句如下。

```
CREATE TABLE public.note (
    id integer NOT NULL DEFAULT nextval('note_id_seq'::regclass),
    content character varying(30),
    issuer character varying(100),
    issuetime timestamp(0) without time zone DEFAULT now(),
    CONSTRAINT note_pkey PRIMARY KEY (id)
);
ALTER TABLE public.note OWNER TO admin;
COMMENT ON TABLE public.note IS '消息表';
```

9.2.2 实体类

在 app-server/app-domain 模块的 com.tams.entity 包下新建实体类 Note.java:

```
@Data
@Table
@NoArgsConstructor
@AllArgsConstructor
public class Note implements Serializable {
    @Id
    private int id;                                    //记录号
    private String content;                            //消息内容
    private String issuer;                             //发布者
    private String issuetime;                          //发布时间
}
```

9.3 后端服务模块

9.3.1 模块的整体结构

在 app-server/note-msg 模块的 src/main/java 文件夹下创建好相应的包,模块整体结构如图 9-2 所示。

9.3.2 修改 build.gradle 构建脚本

修改 note-msg 模块的构建脚本 build.gradle 并重载更改。

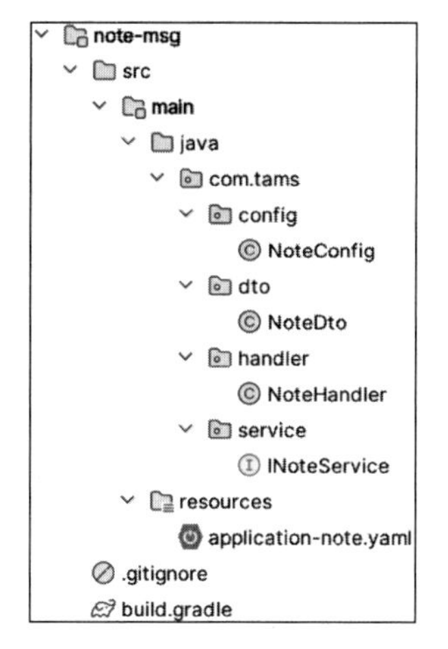

图 9-2　服务端 note-msg 结构

```
plugins {
    id 'server.common'
}
dependencies {
    implementation project(':app - server:app - domain')
}
```

9.3.3　配置 application-note. yaml 并导入 app-boot

在 resources 文件夹下新建 application-note. yaml，配置消息推送的前后端路由地址为 note. route. endPoint：/note/event，/note/get。其中，"/note/event"地址由前端调用，"/note/get"作为后端 WebClient 的基准地址。

现在，需要修改 app-server/app-boot 模块的 application. yaml 文件，以便导入 application-note. yaml 中的路由配置：

```
...
home.route.path: classpath:/static/home.html
spring:
  config.import:
    - optional:application - users.yaml
    - optional:application - note.yaml
  r2dbc:
    ...
```

9.3.4　DTO 类

在 note-msg 模块的 com. tams. dto 包下新建 NoteDto. java 类。

```
@Data
@NoArgsConstructor
@AllArgsConstructor
public class NoteDto {
    private String content;                              //消息内容
    private String issuer;                               //消息的发布者
    private String issuetime;                            //发布时间
}
```

9.3.5 配置推送消息的 WebClient 和 Sinks. Many

在 note-msg 模块的 com. tams. config 包下新建 NoteConfig. java 配置类，代码如下。

```
@Configuration
public class NoteConfig {
    @Bean
    public WebClient webClient(@Value("${note.route.endPoint}") String[] noteEndPoint) {
        return WebClient.builder().baseUrl(noteEndPoint[1]).build();
    }

    @Bean
    public Sinks.Many<NoteDto> broadcast() {
        return Sinks.many().unicast().onBackpressureBuffer();
    }

    @Bean
    public Flux<NoteDto> sinkFlux(Sinks.Many<NoteDto> sink) {
        return sink.asFlux().cache();
    }
}
```

webClient 建立了获取数据表中消息记录的通道，而 broadcast()有点类似于中介，既负责接收来自 webClient 的消息（作为消息的接收器），又需要将消息推送给前端订阅消息的浏览器用户（作为消息的发射器）。而前端，通过 EventSource 向后端服务器订阅消息。这时候，就需要 sinkFlux 利用 asFlux()方法，将 broadcast()中的消息基于 Flux 通量的形式，暴露给订阅者。

9.3.6 定义消息服务接口

在 note-msg 模块的 com. tams. service 包下新建 NoteConfig. java 接口类。

```
@Service
public interface INoteService extends R2dbcRepository<Note, String> {
    //从数据库查询近两天发布的消息
    String query = "select content, issuer, issuetime::text as issuetime " +
            "from note where date(issuetime)>= current_date - 1 order by id desc";
    @Query(query)
    Flux<NoteDto> getNotes();
}
```

9.3.7 基于退避策略推送消息

在 note-msg 模块的 com. tams. handler 包下新建 NoteHandler. java 类，这个类用于消息的业务逻辑处理。代码如下。

```
@Component
@EnableScheduling
@RequiredArgsConstructor
public class NoteHandler {
    private final @NonNull INoteService noteService;
    private final @NonNull WebClient webClient;
    private final @NonNull Sinks.Many<NoteDto> sink;
    private final @NonNull Flux<NoteDto> notes;
```

```
    @Scheduled(fixedRate = 60000 * 2)                              //启用计划:每隔 2min 推送一次
    public void publishNotes() {
        webClient.get().retrieve()                                 //获取数据表中的消息
                .bodyToFlux(NoteDto.class)                         //转换为 DTO 对象
                .retryWhen(Retry.backoff(3, Duration.ofSeconds(2)))      //重试策略
                .subscribe(sink::tryEmitNext);                     //建立连接并发射数据
    }

    public Mono<ServerResponse> noteEvent(ServerRequest request) {
        //使用事件流以便通知浏览器:服务器将持续推送消息流数据
        return ok().contentType(MediaType.TEXT_EVENT_STREAM)
                .body(notes, NoteDto.class);
    }
    //服务类的 getNotes()方法,从数据表中获取消息
    public Mono<ServerResponse> getNotes(ServerRequest request) {
        return ok().body(noteService.getNotes(), NoteDto.class);
    }
}
```

代码在重试获取消息时,使用了退避策略 backoff。退避策略是指使用某种算法来控制重试间隔。这里通过逐渐增加重试间隔的延迟时间,大约以 2s、4s、8s 这样的间隔频率去重试获取数据,而非固定的重试间隔,以便减轻服务器的处理压力。

9.3.8　定义函数式路由映射 Bean

最后一步,修改 app-server/app-boot 模块的 AppConfig.java 类,添加 noteRoute()路由映射 Bean。

```
@Configuration
public class AppConfig {
    …
    @Value("${note.route.endPoint}")
    private String[] noteEndPoint;

    @Bean
    public RouterFunction<ServerResponse> homeRoute() {…}
    @Bean
    public RouterFunction<ServerResponse> userRoute(UsersHandler handler) {…}
    @Bean
    public ModelMapper modelMapper() {…}
    @Bean
    public RouterFunction<ServerResponse> noteRoute(NoteHandler handler) {
        return route()
                .GET(noteEndPoint[0], handler::noteEvent) //note/event
                .GET(noteEndPoint[1], handler::getNotes) //note/get
                .build();
    }
}
```

9.4　前端视图模块

并不需要额外创建子模块来处理消息,因为用户登录以后才能接收到消息,因此前端接收消息的代码处理,只需要放置在 app-view/user-service 模块的 user.aggregator.vue 聚合器中。

9.4.1 使用 EventSource 订阅消息流数据

EventSource 是客户端与服务器发送事件通信的接口。EventSource 是单向通信，即消息只能从服务端发送到客户端。当客户端向服务端订阅消息时，EventSource 实例会对服务端开启一个持久化的连接，并以 text/event-stream 格式发送事件，直到服务端或者客户端关闭消息流。因此，EventSource 也被称为 Server-Sent-Event(SSE)。

EventSource 消息一般需要编码成 UTF-8 格式，且消息字段使用“\n”换行符分隔。EventSource 常应用于只需要服务器发送消息给客户端的场景中，例如，新闻推送、股票行情等。EventSource 提供的主要事件如下。

- onopen：与事件源连接成功时触发。
- onmessage：从事件源接收到数据时触发。
- onerror：无法连接事件源时触发。

修改 user.aggregator.vue 的 loginChain()函数，新增 observeMessage()，代码如下。

```
const loginChain = (user, isLoading) => {
    …
    const observeMessage = () => {
        const observer = new Observable((subscriber) => {      //创建可观察量
            const es = new EventSource('note/event')           //开启一个持久化的连接
            es.onmessage = (event) => subscriber.next(event.data) //发射接收到的消息
            //停止发送消息请求，例如出错，或者后台服务已经终止
            es.onerror = (event) => event.target.close()
            interval(30000).pipe(                              //每隔 30s 检测用户登录状态
                switchMap(() => of(useStore.token == null)), //登录已失效
                takeWhile(legal => !legal),                    //检测用户登录状态，直到已失效
                finalize(() => subscriber.unsubscribe())       //登录状态失效时取消订阅
             ).subscribe()
        })
        let messages = ''                                      //默认消息为空
        const consumer = {                                     //定义一个消息流数据的消费者
            next: (data) => {
                let msg = JSON.parse(data)                     //将消息数据解析为 JSON 对象
                if (!messages.match(msg.content))              //是新消息
                    messages += `${msg.content}\u3000${msg.issuer}
                                 \u3000${msg.issuetime.substring(5)}\u000D`
                useStore.setMessage(messages)                  //更改状态数据，触发界面变化
            }
        }
        observer.subscribe(consumer)                           //消费者订阅消息
    }
}
```

9.4.2 用户登录成功时订阅消息

当用户登录成功时，调用 observeMessage()方法订阅消息即可。修改 loginChain()函数的 procStream 对象，加入 observeMessage()方法。

```
const procStream = concat(postUser).pipe(
    filter(data => {
        if (data.status === 200 && data.response != null) {
```

```
            retryTime = 0
            changeState(data, '', null)
            observeMessage()                                    //订阅消息
            return false
        }
        return true
    }),
    ...
)
```

至此，消息推送模块编写完成。可以手工向 note 数据表中添加若干样本数据，然后启动项目，测试消息推送的运行情况。从系统完善性的角度来看，实际上还缺少一个向 note 数据表发布最新消息的后台管理模块，有兴趣的读者可自行完成该功能。

第10章

学院风采

学院风采用于展示各院系的文字介绍、视频宣传。本章介绍了学院风采模块的功能需求、界面设计、模块结构及各种配置，着重讲解了视频流数据的分段响应技术，结合延迟加载函数、组件聚合器、异步组件等技术实现了前端模块。本章内容是各学院宣传展示的窗口，是教务辅助管理系统不可或缺的组成部分。

10.1 功能需求及界面设计

学院风采模块的功能需求主要包括：①提供各学院的导航链接，这里仅以 4 个学院为例；②首先显示学院的文字介绍内容；③延迟 8s 后自动切换界面，以视频流形式展示学院特色。学院风采界面如图 10-1 和图 10-2 所示。

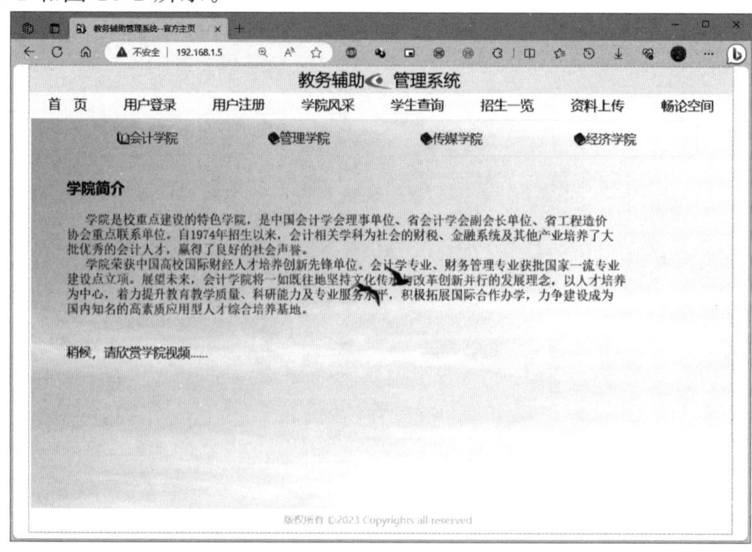

图 10-1　学院风采界面 1

图 10-2　学院风采界面 2

10.2　后端服务模块

10.2.1　模块的整体结构

app-server/college-list 模块的整体结构如图 10-3 所示。college-list 模块后端只需要向前端提供视频流数据，因此只有两个文件：application-college.yaml，配置路由路径；CollegeVideoHandler，提供视频流服务。

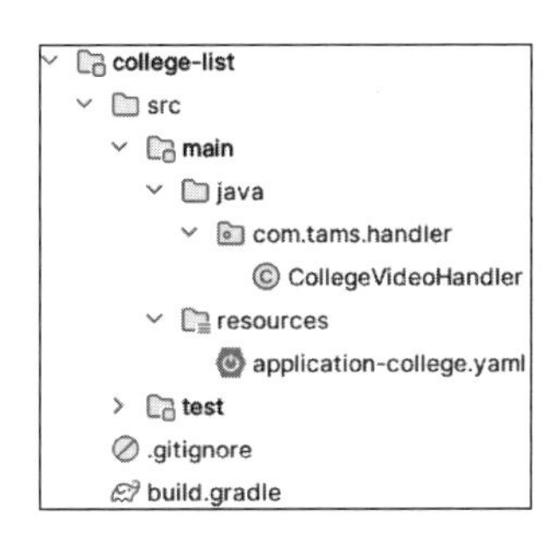

图 10-3　服务端 college-list 结构

10.2.2　修改 build.gradle 构建脚本

修改构建文件 build.gradle 的内容并重载更改。

```
plugins {
    id 'server.common'
}
dependencies {
```

```
    implementation project(':app-view:college-list')
}
```

10.2.3 配置 application-college.yaml 并导入 app-boot

先配置好 application-college.yaml 的内容：

```
college.route:
        videoPath: /video/{name}
        videoFile: classpath:/static/modules/video/%s.mp4
```

videoPath 用于前端 vue 组件中视频文件的源路径，其中，路径参数{name}代表视频文件名，例如，/video/acc 表示会计学院的视频文件。注意：name 不需要包含视频扩展名 mp4。

videoFile 是后端服务获取某个指定视频流的数据时的路径。videoPath 中 name 的具体值作为字符串，传递给 videoFile 中的格式化参数%s，最终构成了指定视频的完整路径，例如，classpath:/static/modules/video/acc.mp4。至于各学院的视频文件，则存放在前端模块的 modules/video 文件夹下。

接下来修改 app-server/app-boot 模块的配置文件 application.yaml，导入 application-college.yaml 中的路由配置。

```
spring:
  config.import:
    - optional:application-users.yaml
    - optional:application-note.yaml
    - optional:application-college.yaml
```

10.2.4 视频流数据的分段响应

使用视频流的好处是浏览器无须等待整个视频内容下载完成才能开始播放，而是将视频流分成若干视频片段，只要下载了一定字节的视频片段，即可开始播放。

在 college-list 模块的 com.tams.handler 包下新建 CollegeVideoHandler.java 类。

```
@Component
@RequiredArgsConstructor
public class CollegeVideoHandler {
    @Value("${college.route.videoFile}")
    private String videoFile;
    private final @NonNull ResourceLoader loader;                //注入 ResourceLoader 实例对象

    public Mono<ServerResponse> videoHandler(ServerRequest serverRequest) {
        //获取/video/{name}路径参数中的 name 值
        String name = serverRequest.pathVariable("name");
        Mono<Resource> mono = Mono.fromSupplier(() ->
                loader.getResource(String.format(videoFile, name)));
        return ok().contentType(MediaType.valueOf("video/mp4"))
                .body(mono, Resource.class);
    }
}
```

ResourceLoader 是一个资源加载器策略接口，能够根据资源地址类型，采用不同策略快速获取资源。loader.getResource()返回指定视频文件的句柄，提供给 Mono 以便引用视频流数据，再通过 HTTP 响应头的 body 返回给前端。

当学院风采前后端模块全部编写完成并运行后，通过浏览器的“网络”页面，可观察到后端服务的视频流数据的分段响应情况，如图 10-4 所示。

图 10-4　视频流数据段

状态码 206 代表 HTTP 请求中的 Partial Content 成功状态，表示请求已成功且 HTTP 响应头的 body 包含所请求的部分内容(视频段)，这意味着是分段请求视频文件，以便实现多线程同时下载。从图 10-4 可以看到，后端服务分为三次响应了视频数据的读取请求，每次分段数据的字节数不等。第一次分段，服务程序接受 0～15 006 179 字节区间的视频数据请求，实际获取到 631KB 的视频段；第二次分段，服务程序只接收 14 974 976～15 006 179 字节区间的视频数据请求，实际读取了 31.4KB 的视频段；第三次分段，则只接收 622 592～15 006 179 字节区间的视频数据请求，因为已经读取了部分数据。

单击 acc 名称，将显示响应标头信息。例如，单击第二个 acc，显示如图 10-5 所示信息。其中，Content-Length 表示当前响应正文中的内容为 31 204 字节，Content-Range 表示返回视频数据的起止位置以及整个视频文件的大小。由此可推知，第二次从 14 974 976 字节处开始读取视频，acc.mp4 总的大小为 15 006 180 字节。通常情况下，总的文件大小＝Content-Range 起始位置＋Content-Length，即 15 006 180＝14 974 976＋31 204。

图 10-5　第二次读取的分段数据

10.2.5　定义函数式路由映射 Bean

修改 app-server/app-boot 模块的 AppConfig.java 类，添加 collegeRoute()路由映射 Bean。

```
@Configuration
public class AppConfig {
    …
    @Value(" ${college.route.videoPath}")
    private String collegeEndPoint;

    …
    @Bean
    public RouterFunction<ServerResponse> noteRoute(NoteHandler handler) {…}
    @Bean
    public RouterFunction<ServerResponse> collegeRoute(CollegeVideoHandler handler) {
        return route()
                .GET(collegeEndPoint, handler::videoHandler)
                .build();
    }
}
```

10.3 前端视图模块

10.3.1 整体结构的设计

前端模块 app-view/college-list 的整体结构如图 10-6 所示。其中，intro 文件夹存放各学院的文字简介组件、视频组件。为简化起见，图 10-6 中只保留了会计学院的视频组件 ac.video.vue，其他学院略去；video 文件夹存放各学院的视频文件。同样，这里只保存了会计学院的视频文件 acc.mp4。

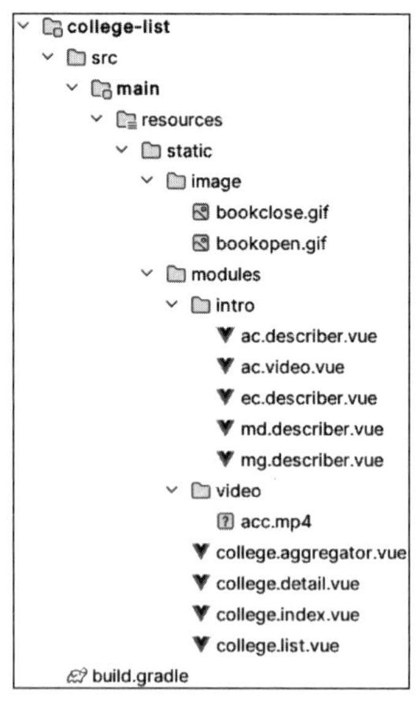

图 10-6　前端 college-list 结构

10.3.2 创建学院概述 SFC 组件

学院概述 SFC 组件包括两种：文字简介组件、视频组件。本节及后续各节都只以会计学院为

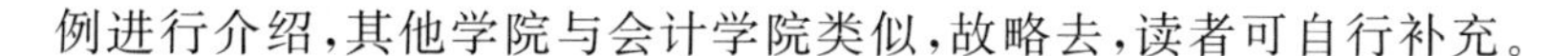

例进行介绍，其他学院与会计学院类似，故略去，读者可自行补充。

1. 文字简介组件 ac. describer. vue

会计学院文字简介组件 resources/static/modules/intro/ac. describer. vue 代码如下。

```
<template>
    <article>
        <header><h3>学院简介</h3></header>
        <section>
            <pre><-- pre 表示原样显示 -->
         学院是校重点建设的特色学院，是中国会计学会理事单位……其他文字略去
            </pre>
        </section>
        <footer>
            <span style='float:left;color:#0000ff'>稍候，请欣赏学院视频……</span>
        </footer>
    </article>
</template>
```

2. 视频组件 ac. video. vue

会计学院的视频组件 ac. video. vue 也放置在 resources/static/modules/intro 文件夹下，具体代码如下。

```
<template>
    <video src="video/acc" preload="none"
           controls autoplay="autoplay"/>
</template>
<style scoped>
video {
    display: block;
    object-fit: fill;                          /*拉伸视频并忽略纵横比来适合容器*/
    max-width: 760px;
    max-height: 400px;
    border: 1px dotted #09f;
    box-shadow: 2px 2px 2px #d7d4d4;
}
</style>
```

10.3.3　主文件组件

主文件组件 college. index. vue 放置在 resources/static/modules 文件夹下。该组件的内容来自于两个组件：college. list. vue，学院列表组件，以菜单链接形式显示各个学院。该组件通过事件触发器 emitCollegeId 调用 emitCollegeId()函数，以便当用户单击菜单链接时，动态加载对应的学院内容组件；college. detail. vue，学院内容组件，显示各学院的文字简介、视频介绍等具体内容。college. index. vue 的代码如下。

```
<template>
    <div class="college-intro">
        <college-list @emitCollegeId="emitCollegeId"></college-list>
        <college-detail :college-id="collegeId"></college-detail>
    </div>
</template>
<script setup>
```

```
import CollegeList from './college.list.vue'
import CollegeDetail from './college.detail.vue'

const collegeId = Vue.ref(null)
const emitCollegeId = (id) => collegeId.value = id
</script>

<style scoped>
.college-intro {
    position: relative;
    width: 758px;
    margin: 0 auto;
    padding: 0;
    font-size: 15px;
    border: 0 solid #b5b8bf;
}
</style>
```

10.3.4 学院列表组件

学院列表组件 resources/static/modules/college.list.vue，采用无序列表<ul>，构造出页面上的学院链接菜单。

当单击某个学院名称列表项<li>时，有以下两件事情需要处理。

(1) 更改链接菜单的索引值，而索引值的改变会引起页面上学院名称左边小图标的响应性变化。这个小图标，用书本的打开状态，表示当前激活的学院(见图 10-1)。

```
current = index
```

(2) 触发事件处理，调用 emitCollegeId 事件，以便动态加载与当前 ID 所对应的学院模块：

```
$emit('emitCollegeId',college.id)
```

学院列表组件 college.list.vue 的完整代码如下。

```
<template>
    <div class="colleges-div">
        <ul class="college-ul">
            <li v-for="(college,index) in colleges"
                @click="current = index; $emit('emitCollegeId',college.id)">
                <img :src="getImage(index)" alt="">{{ college.name }}
            </li>
        </ul>
    </div>
</template>

<script setup>
import tams from './college.aggregator.vue'              //从组件聚合器中导入各学院对应的模块

const {ref, defineEmits, defineExpose} = Vue
const current = ref(0)                                  //默认第 1 个学院:会计学院
const colleges = [                                      //学院组件数组
    {id: 'ac', name: '会计学院', module: tams.aggregator.ac},
    {id: 'mg', name: '管理学院', module: tams.aggregator.mg},
    {id: 'md', name: '传媒学院', module: tams.aggregator.md},
    {id: 'ec', name: '经济学院', module: tams.aggregator.ec}
```

```
]
const emits = defineEmits(['emitCollegeId'])           /声明自定义事件 emitCollegeId
//触发 emitCollegeId 事件,重置当前需要动态加载模块的 ID 值
emits('emitCollegeId', colleges[0].id)
const tamsApp = document.querySelector("#tamsApp").__vue_app__
colleges.forEach(c => tamsApp.component(c.id, c.module)) //向 Vue 应用注册各学院模块
const getImage = (index) => current.value === index
    ? 'image/bookopen.gif' : 'image/bookclose.gif'       //切换页面上学院名称前面的小图标

defineExpose({
    current,
    colleges,
    getImage
})
</script>

<style scoped>
.colleges-div {
    position: relative;
    width: 100%;
    height: 40px;
    font-size: 15px;
    margin: 0 auto;
    padding: 1px;
    box-shadow: 0 0 1px #dec6c6;
}
.college-ul {
    font-size: 15px;
    padding: 0;
    margin: 5px;
    color: #0c3390
}
.college-ul li {
    font-size: 15px;
    float: left;                                  /* 横向排列 */
    list-style: none;                             /* 去掉列表符号 */
    padding: 5px;
    margin-inline: 50px;                          /* 元素首尾的间距 */
}
.college-ul li:hover {
    color: #ff0000;
    cursor: pointer;                              /* 鼠标设置为手形 */
    text-decoration: underline;                   /* 无下画线 */
}
</style>
```

10.3.5　学院内容组件

学院内容组件 resources/static/modules/college.detail.vue,通过<component>的 is 属性,动态加载各学院组件。不同学院的内容切换时,使用了 Vue 内置的<Transition>组件设置动画效果:学院组件进入、离开时应用过渡效果。这里设置过渡效果名为 fade,并设置过渡模式为 out-in:先执行离开动画,完成后再执行进入动画,以吻合不同学院之间的切换效果。学院内容组件 college.detail.vue 代码如下。

```
<template>
    <div class="college-detail">
        <Transition name="fade" mode="out-in">
            <KeepAlive>
                <component :is="collegeId"></component>
            </KeepAlive>
        </Transition>
    </div>
</template>
<script setup>
const {defineProps} = Vue
defineProps({
    collegeId: String
})
</script>

<style scoped>
.college-detail {
    width: 100%;
    height: 295px;
    float: left;
    text-align: left;
    margin: 0 auto;
    padding-top: 10px;
    font-size: 15px;
    border: 0 dotted #4071e2;
}
.fade-enter-active, .fade-leave-active {
    transition: opacity 1s ease;                    /* 1s内淡入/淡出 */
}
.fade-enter-from, .fade-leave-to {                  /* 动画起始状态、结束状态的样式 */
    opacity: 0;                                     /* 完全透明 */
}
</style>
```

10.3.6 组件聚合器

组件聚合器 resources/static/modules/college.aggregator.vue，用于将各学院的文字简介组件、视频组件集成在一起，以便列表组件 college.list.vue 按需导入。college.aggregator.vue 代码如下。

```
<script>
export default {
    aggregator: function (exports) {
        //延迟加载视频函数。Loader:要加载的组件;delay,延迟时间
        function delayLoader(loader, delay) {
            return new Promise(resolve =>
                setTimeout(() => resolve(loader), delay)
            )
        }
        //会计学院文字简介组件
        const acDescriber = Vue.defineAsyncComponent(
            () => import('./intro/ac.describer.vue')
        )
        //会计学院视频组件
```

```
        const AcComponent = Vue.defineAsyncComponent({
            loader: (() => delayLoader(import('./intro/ac.video.vue'), 8000)),     //延迟 8s
            loadingComponent: acDescriber,                  //先加载文字简介组件
            delay: 0,                                       //立即加载文字简介组件,无延迟
            errorComponent: Vue.h('span', "视频加载失败...")
        })
        //经济学院文字简介组件
        const EcComponent = Vue.defineAsyncComponent(
            () => import('./intro/ec.describer.vue')
        )
        //传媒学院文字简介组件
        const MdComponent = Vue.defineAsyncComponent(
            () => import('./intro/md.describer.vue')
        )
        //管理学院文字简介组件
        const MgComponent = Vue.defineAsyncComponent(
            () => import('./intro/mg.describer.vue')
        )

        exports.ac = AcComponent
        exports.ec = EcComponent
        exports.md = MdComponent
        exports.mg = MgComponent
        return exports;
    }({})
}
</script>
```

代码定义了一个通用性延迟加载视频函数 delayLoader(),利用 Promise 延迟加载视频组件。因为根据功能需求,各学院文字介绍内容先显示,延迟 8s 后再以视频流形式加载视频组件。各组件的定义使用了 defineAsyncComponent 异步组件,请参阅 3.5.2 节的内容。这里略去了其他学院的视频组件,读者可自行补充完善。

10.3.7 修改主页导航组件

修改主页导航组件 home.menu.vue,将 college.index.vue 挂载到主页导航菜单上。打开 app-view/home 模块的 home.menu.vue,修改如下。

```
<script setup>
import LoginIndex from 'modules/user.login.index.vue'
import RegistIndex from 'modules/user.regist.index.vue'
import CollegeIndex from 'modules/college.index.vue'

const menus = [
    {id: 'home', name: '首\u3000页', module: null},
    {id: 'login', name: '用户登录', module: LoginIndex},
    {id: 'regist', name: '用户注册', module: RegistIndex},
    {id: 'college', name: '学院风采', module: CollegeIndex},
    …
]
…
</script>
```

第11章

学生查询

学生查询功能模块用于按照查询关键字,来模糊查询学生的基础信息。本章介绍了学生查询的功能需求、界面设计以及相关数据表,实现了后端服务并整合了实时流数据处理平台 Hazelcast,而在前端子模块的实现中着重应用了 ce. vue 来定制化查询。本章模块的成功实现,满足了用户对学生信息的多样化查询需求。

11.1 功能需求及界面设计

学生查询模块的功能需求主要包括: ①构建查询主界面; ②按照姓名或班级关键字,模糊查询学生的基础信息,当用户输入关键字时,即时执行数据查询; ③整合实时流数据处理平台 Hazelcast,实现计算机集群结点的分布式数据共享查询; ④基于 ce. vue 定制化前端处理; ⑤成功登录的用户才能查询,未登录或登录过期的用户,均不能查询。学生查询界面如图 11-1 所示。

图 11-1 学生查询界面

11.2　相关数据表

11.2.1　表结构与 SQL 语句

与学生查询关联的数据表是学生表 student，其字段构成如表 11-1 所示。

表 11-1　学生表 student

字段名	数 据 类 型	长　度	是否为空	主　键	默认值	含　义
sno	character varying	10	否	是		学号
sname	character varying	20	否			姓名
sclass	character varying	20	是			班级
tel	character varying	18	是			电话
address	character varying	50	是			地址
postcode	character	6	是			邮编

创建 student 表的 SQL 语句如下。

```
CREATE TABLE public.student (
    sno character varying(10) NOT NULL,
    sname character varying(20) NOT NULL,
    sclass character varying(20),
    tel character varying(18),
    address character varying(50),
    postcode character(6),
    CONSTRAINT student_pkey PRIMARY KEY (sno)
);
ALTER TABLE public.student OWNER TO admin;
COMMENT ON TABLE public.student IS '学生表';
```

11.2.2　实体类

在 app-server/app-domain 模块的 com.tams.entity 包下新建实体类 Student.java。

```
@Data
@NoArgsConstructor
@AllArgsConstructor
public class Student implements Serializable {
    @Id
    private String sno;                              //学号
    private String sname;                            //姓名
    private String sclass;                           //班级
    private String tel;                              //电话
    private String address;                          //地址
    private String postcode;                         //邮编
}
```

11.3 后端服务模块

11.3.1 模块的整体结构

学生查询后端服务模块 app-server/student-query 模块的整体结构如下。

- com. tams. config 包：存放模块的 Configuration 配置文件，例如 HazelcastConfig. java。
- com. tams. dto 包：保存与 Student 实体类对应的 DTO 类，例如 StudentDto. java。
- com. tams. handler 包：放置执行查询业务的 Handler 类，例如 StudentHandler. java。
- com. tams. service 包：存放与数据表进行数据交互的接口类，例如 IStudentService. java。
- application-student. yaml 文件：学生查询模块的全局配置类。

后端学生查询模块的整体结构如图 11-2 所示。

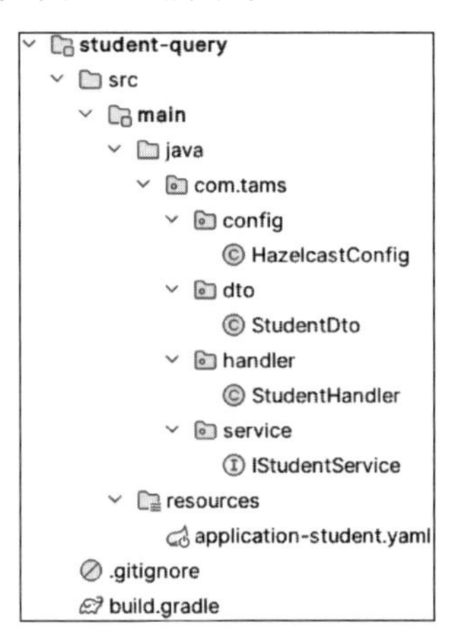

图 11-2 服务端 student-query 结构

11.3.2 修改 build. gradle 构建脚本

修改 student-query 模块的构建脚本 build. gradle 并重载更改。

```
plugins {
    id 'server.common'
}
dependencies {
    implementation project(':app - server:app - domain')
    implementation project(':app - view:student - query')
}
```

11.3.3 配置 application-student. yaml 并导入 app-boot

1. 配置 application-student. yaml

在 app-server/student-query 模块的 resources 文件夹下创建 application-student. yaml 配置

文件,其内容暂时只有一行代码:

```
student.route.path: /stu/query/{key}/{username}          #路由地址
```

路由地址包含两个路径参数:key,查询关键字;username,用户名,用于验证用户 JWT 令牌的有效性。

2. 导入 app-boot

修改 app-server/app-boot 模块的配置文件 application.yaml,导入 application-student.yaml 中的路由配置。

```
spring:
  config.import:
    - optional:application-users.yaml
    - optional:application-note.yaml
    - optional:application-college.yaml
    - optional:application-student.yaml
```

11.3.4 DTO 类

在 app-server/student-query 模块的 com.tams.dto 包下新建 StudentDto.java 类。

```
@Getter
@Setter
@NoArgsConstructor
@AllArgsConstructor
public class StudentDto extends Student {
    private String cname;                                    //学院名称
}
```

11.3.5 数据访问接口类

在 app-server/student-query 模块的 com.tams.service 包下新建 IStudentService.java 类。

```
public interface IStudentService extends R2dbcRepository<StudentDto, String>{
    String query = "select s.*,c.cname from student s,college c where " +
            "(sname like '%'||:key||'%' or sclass like '%'||:key||'%') and left(s.sno,2) = c.cno";
    @Query(query)
    Flux<StudentDto> queryStudentByKey(String key);
}
```

query 语句根据学生姓名或班级中的关键字 key,模糊查询数据记录。例如,按照关键字“管”进行查询,对应 SQL 语句为

```
select s.*,c.cname from student s,college c where
            (sname like '%管%' or sclass like '%管%') and left(s.sno,2) = c.cno
```

11.4 整合实时流数据处理平台 Hazelcast

11.4.1 Hazelcast 简介

考虑这样一种场景:某企业的 Web 应用系统分布配置在若干台相互独立却又高速互联的不

同地域的计算机上(集群)。当成千上万的用户查询某特定产品数据时,其实查的是同样数据、做的是重复性工作,可是却需要不断去连接数据库获取数据。那么,能否将某位用户(例如第一位用户)从某台服务器(结点)数据库中查询到的数据,分享到集群结点计算机的内存里面保存起来?这样当其他用户查询时,直接从集群中不同结点内存中拿到数据就可以了,无须查询数据库,查询速度获得巨大的提升。

Hazelcast 是一个开源的实时流数据处理平台,能够进行即时状态数据处理、消息传递、事件推送、微服务协调、分布式数据分发与集群管理等。利用 Hazelcast,就可有效解决上面场景中的分布式数据查询共享需求。由于 Hazelcast 完全基于内存来存储数据,所以可实现各种数据状态、数据集合以及其他各类信息的共享,并能在不同结点计算机之间实现数据的自动平衡。轻量化、简单易用、高可扩展性、高可用性(官方宣传 100%可用,从不失败),能够实现基于云传输的高速数据共享处理,可以和任何现有数据库系统一起使用。

Hazelcast 在全球拥有广泛用户,例如,Vert. x(著名 Java Web 框架)、Volvo(沃尔沃)、MuleSoft(云集成服务商)、NISSAN(日产)、HSBC(汇丰银行)等。Hazelcast 官网地址为 https://hazelcast. com/。

提示: 在 5. 3. 1 节的 server. common. gradle 文件中,已经配置好了 Hazelcast 的相关依赖项。

11. 4. 2 Hazelcast 应用基础

1. 静态化配置

顾名思义,通过静态配置文件 hazelcast-default. yaml 进行配置。在模块 resources/config 下创建 hazelcast-default. yaml,并进行配置,如图 11-3 所示。建议直接复制 Hazelcast 压缩包 hazelcast-5. 3. 6. jar 中自带的 hazelcast-default. yaml,在该文件基础上进行修改。

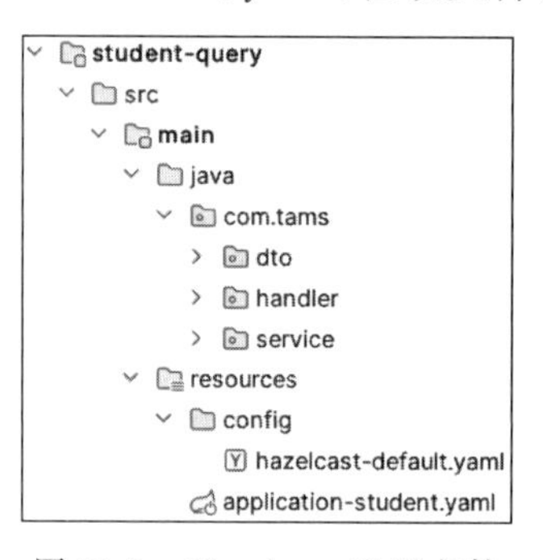

图 11-3 Hazelcast 配置文件

修改后的 hazelcast-default. yaml 文件的关键配置如下。

```
hazelcast:
  cluster-name: tams
  network:
    public-address: 192.168.1.5                    #公共地址
    ...
    join:
      auto-detection:
        enabled: true
      ...
      tcp-ip:
```

```
        enabled: true
        interface: 192.168.1.2-5,192.168.0.2-7          #绑定的网络接口范围
        member-list:                                    #集群中的结点成员列表示例
          - 192.168.1.3
          - 192.168.1.5
          - 192.168.0.7
  map:
    queryStudentByKey:                                  #缓存数据的 map 名称
      ...
      backup-count: 0                                   #同步备份的副本数
      async-backup-count: 1                             #异步备份的副本数
      #允许本地成员从备份的副本中读取数据,减少延迟,提高性能
      read-backup-data: true
      time-to-live-seconds: 2700
      max-idle-seconds: 1800
```

time-to-live-seconds 配置缓存数据的最大驻留时间为 45min，而 max-idle-seconds 配置缓存数据的最大失效时间为 30min。如果缓存的某条数据在指定时间内没有被读取，则认为失效。

现在，需要通知 Spring 项目 Hazelcast 配置文件的具体位置。修改 app-server/student-query 模块的 application-student. yaml 文件，加入以下代码。

```
spring.hazelcast:
  config: classpath:/config/hazelcast-default.yaml
```

最后，修改 app-boot 模块的入口类添加@EnableCaching 注解，以便启用缓存。当项目启动后，Spring 就会将 Hazelcast 作为默认的缓存管理器，然后就可利用 CacheManager 缓存管理器进行缓存处理。

```
Cache cacheData = cacheManager.getCache("queryStudentByKey");    //获取缓存
if (cacheData!= null) {                                          //缓存已存在
    Cache.ValueWrapper wrapper = cacheData.get(key);             //获取缓存中指定的数据
    …                                                            //后续处理
}
```

这里不再详细赘述。感兴趣的读者，可试着自行完成这种处理方式。

当然，如果采用动态化配置，则无须使用 hazelcast-default. yaml，也不需要利用 Spring 的 CacheManager，而是利用 Hazelcast 实例对象来进行缓存处理，后面将使用动态化配置方法来实现分布式内存数据共享。

2. 动态化配置

动态化配置，是通过程序代码来配置 Hazelcast 参数。Hazelcast 提供了多种配置类，常见的有 MapConfig，用一个 Map 来缓存数据；TcpIpConfig，TCP-IP 配置类；NetworkConfig，网络配置类。例如：

```
MapConfig mapConfig = new MapConfig("queryStudentByKey");
TcpIpConfig tcpIpConfig = new TcpIpConfig();
NetworkConfig networkConfig = new NetworkConfig();
```

接下来的 11.4.3 节，教务辅助管理系统将使用动态化配置方式，来设置学生查询模块的 Hazelcast 参数。

3. 获取 Hazelcast 实例对象

Hazelcast 提供了一个静态方法 newHazelcastInstance()，可用于返回 Hazelcast 实例对象。

```
Config config = new Config().setInstanceName("hazelcast-tams");
HazelcastInstance instance = Hazelcast.newHazelcastInstance(config);
```

有了 Hazelcast 实例对象 instance,就可进行各种数据缓存操作了。

11.4.3 Hazelcast 配置类

首先,需要修改 application-student.yaml 配置文件,添加 Hazelcast 的配置参数。

```
student.route.path: /stu/query/{key}/{username}
hazelcast:                          # Hazelcast 配置前缀
  instanceName: hazelcast-tams      #Hazelcast 实例名
  mapConfigName: queryStudentByKey  #保存缓存数据的 Map 配置名
  publicAddress: ${server.ip}       #公共地址,源自 app-boot 模块 application.yaml 的 server.ip
  port: 5858                        #端口号
  memberList: 192.168.1.3,192.168.1.5,192.168.0.7                  #配置了三个示例结点成员
```

由于项目最终在 Docker 内部运行,而 Docker 内部进行了网络地址转换(Network Address Translation,NAT),集群结点计算机之间将无法直接互相访问。因此,需要结点计算机都将 publicAddress 公共地址设置为 NAT 上定义的地址后,相互之间才可以通信、分享数据。当然,如果项目不在 Docker 内部运行,则无须设置 publicAddress。另外,Hazelcast 默认使用 5701 作为 REST API 端口,这里不妨将其修改为 5858。

然后,在 app-server/student-query 模块的 com.tams.config 包下新建 HazelcastConfig.java 配置类。

```
@Configuration
public class HazelcastConfig {
    @Value("${hazelcast.instanceName}")                   //实例名
    private String instanceName;
    @Value("${hazelcast.mapConfigName}")                  //缓存数据的 map 配置名
    private String mapConfigName;
    @Value("${hazelcast.publicAddress}")                  //公共地址
    private String publicAddress;
    @Value("${hazelcast.port}")                           //访问端口
    private int port;
    @Value("${hazelcast.memberList}")                     //结点成员
    private String[] memberList;

    @Bean
    public HazelcastInstance hazelcastInstance() {
        Config config = new Config().setInstanceName(instanceName);
        config.getJetConfig().setEnabled(true);           //启用 Jet 引擎

        MapConfig mapConfig = new MapConfig(mapConfigName);
        mapConfig.setReadBackupData(true);
        mapConfig.setBackupCount(0);                      //同步备份的副本数
        mapConfig.setAsyncBackupCount(1);                 //异步备份的副本数
        mapConfig.setTimeToLiveSeconds(2700);             //缓存数据的最大驻留时间
        mapConfig.setMaxIdleSeconds(1800);                //缓存数据的最大失效时间
        config.addMapConfig(mapConfig);

        TcpIpConfig tcpIpConfig = new TcpIpConfig();
        tcpIpConfig.setEnabled(true);                     //启用 TCP-IP 模式
        tcpIpConfig.setMembers(List.of(memberList));      //设置结点成员
```

```
        NetworkConfig networkConfig = new NetworkConfig();
        networkConfig.setPublicAddress(publicAddress);        //设置公共地址
        networkConfig.setPort(port);                          //设置端口号
        networkConfig.setJoin(new JoinConfig().setTcpIpConfig(tcpIpConfig));
        config.setNetworkConfig(networkConfig);

        return Hazelcast.newHazelcastInstance(config);
    }
}
```

J　　是一个开源、基于内存的分布式批处理和流处理引擎，会自动使用、分配集群上的可运行　　　　　　　模实时事件或静态数据。在项目运行过程中，Jet 引擎支持　　　　　　　缝删除结点而不会丢失数据。

com.tams.handler 包下新建 StudentHandler.java 类，该类

```
Name}")
                                        //Hazelcast 缓存数据的 map 配置名
Service studentService;
)                                       //将注入名称限定为 hazelcastInstance
stInstance hazelcastInstance; //自动注入

ueryStudentByKey(ServerRequest request) {
ta = new ArrayList<>();                 //临时存放数据
Variable("key");                        //查询关键字
st<StudentDto>> map =
azelcastInstance.getMap(mapConfigName);
 map.get(key);                          //从 Hazelcast 缓存 map 中获取数据

 (list != null) ?                       //是否已有缓存数据
le(list) :                              //有缓存数据，直接返回缓存数据
.queryStudentByKey(key)                 //无缓存数据，执行查询
parator.comparing(StudentDto::getSno))           //学号排序
n(Schedulers.parallel())                //在并行工作单元上执行
(cacheData::add)                        //查询到的记录添加到 list 中
(s -> map.put(key, cacheData))          //添加到 Hazelcast 缓存
plete(cacheData::clear);                //清空 cacheData 中的数据

 StudentDto.class);
```


11.5　利用 JWT 令牌验证有效性

在 7.3.3 节已编写好了 JWT 令牌生成和校验工具类 Assistant.java。现在，可利用该工具类，实现功能需求中的第 4 点：利用 JWT 令牌，验证用户状态的有效性。当用户不是有效的登录状态

时，将无法使用相应的功能模块。

11.5.1 基于 HandlerFilterFunction 的验证组件

验证组件面向的不仅是学生查询模块，其他模块也需要验证有效性，因此该组件需要放置在 app-server/app-util 模块下，以供全局调用。在 app-server/app-util 模块的 com. tams 包下新建 AuthFilter. java 类，代码如下。

```
@Component
@RequiredArgsConstructor
public class AuthFilter implements HandlerFilterFunction<ServerResponse, ServerResponse> {
    private final @NonNull Assitant assitant;                    //注入工具类的实例对象

    @Override
    public @NonNull Mono<ServerResponse> filter(ServerRequest request, @NonNull HandlerFunction
<ServerResponse> next) {
        String username = request.pathVariable("username");     //用户名
        //获取通过 HTTP 请求头 Authorization 传过来的 JWT 令牌
        String token = request.headers().firstHeader(AUTHORIZATION);
        if (assitant.verifyToken(token, username))               //令牌有效
            return next.handle(request);                         //继续下一步处理
        else
            return status(UNAUTHORIZED).build(Mono.empty());     //返回未授权状态码 401
    }
}
```

提示：AUTHORIZATION、UNAUTHORIZED 需要导入以下两个静态常量。

```
import static org.springframework.http.HttpHeaders.AUTHORIZATION;
import static org.springframework.http.HttpStatus.UNAUTHORIZED;
```

11.5.2 定义函数式路由映射 Bean

修改 app-server/app-boot 模块的 AppConfig. java 类，添加 studentRoute()路由映射 Bean。

```
@Configuration
@RequiredArgsConstructor
public class AppConfig {
    ...
    @Value("${student.route.path}")
    private String stuEndPoint;
    private final @NonNull AuthFilter authFilter;

    ...
    @Bean
    public RouterFunction<ServerResponse> studentRoute(StudentHandler handler) {
        return route()
                .GET(stuEndPoint, handler::queryStudentByKey)
                .filter(authFilter)
                .build();
    }
}
```

filter(authFilter)方法基于过滤函数 authFilter，对路由地址“/stu/query/{key}/{username}”

进行验证过滤。如果用户处于未登录状态或登录超时过期失效状态，将向前端返回响应状态码401，表示处于 Unauthorized 未授权状态，据此将用户姓名、logo 头像置灰，并显示相应提示信息，如图 11-4 所示。

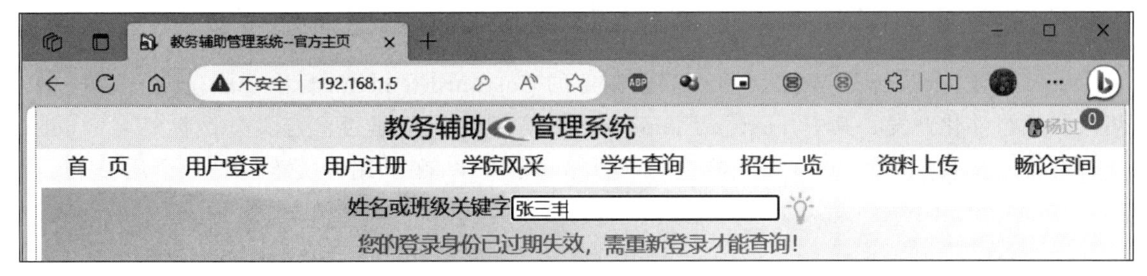

图 11-4　查询失效状态

11.6 前端视图模块

11.6.1 整体结构的设计

前端 app-view/student-query 模块包含以下 3 个组件。

- query. aggregator. vue：学生查询模块的业务逻辑处理函数的聚合器组件。
- query. element. ce. vue：基于自定义元素模式的 SFC 组件，负责构建查询 UI 界面及查询结果数据的挂载。
- query. index. vue：学生查询模块页面入口的主文件组件。

前端学生查询模块的整体结构如图 11-5 所示。

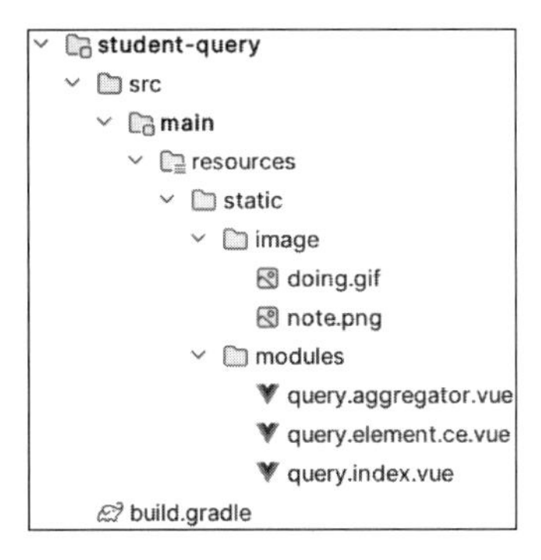

图 11-5　前端 student-query 结构

11.6.2 前端主文件

在 app-view/student-query 模块的 modules 文件夹下新建 query. index. vue。

```
<template>
    <student-query></student-query>
</template>
<script setup>
```

```
import QueryElement from './query.element.ce.vue'              //导入 ce.vue 自定义元素内容

const ce = Vue.defineCustomElement(QueryElement)
customElements.get('student-query') ||
    customElements.define('student-query', ce)                  ①
</script>
```

① customElements 是 W3C 万维网联盟制定的 Custom Elements 标准中的自定义组件 API，可用来实现组件化开发。其中，customElements.get()判断页面是否已定义过该标签名 student-query，若已定义则直接返回，无须再进行注册处理，所以这里用了逻辑或"||"运算符。而 customElements.define()则用于将 ce 组件注册为自定义元素 student-query。

11.6.3 利用 ce.vue 定制化查询

这里使用 defineCustomElement 自定义元素模式加载 SFC，所以需要将组件文件的命名以.ce.vue 结尾。在 app-view/student-query 模块的 modules 文件夹下新建 query.element.ce.vue，这个 SFC 组件文件将被主文件 query.index.vue 以自定义元素模式加载。query.element.ce.vue 的具体代码如下。

```
<script>
//导入聚合器中定义的组件，实际上就是指 queryUI 组件、mountData 组件
import tams from './query.aggregator.vue'

export default {
    name: 'query.element',
    setup() {
        const {h, reactive} = Vue
        const queryHandler = reactive({
            isDoing: false,                  //正在处理标识符
            message: null,                   //提示信息
            students: []                     //用数组存放查询到的学生记录
        })
        return () => h('div',                //显示查询结果数据的层
            [
                h(tams.aggregator.queryUI,   //渲染查询组件
                    {
                        queryHandler: queryHandler
                    }
                ),
                h(tams.aggregator.mountData, //渲染数据挂载组件
                    {
                        queryHandler: queryHandler
                    }
                )
            ])
    },
    styles: [`                               /* defineCustomElement 专用的 styles 属性 */
                img {vertical-align: middle;}
                table {
                    width: 100%;
                    position: relative;
                    line-height: 30px;
                    font-size: 10px;
```

```
                border-collapse: collapse;
                background: rgba(229, 232, 241, 0.73);
                border-bottom: 1px solid #badaff;
                padding: 0;
                text-align: center
            }
            tr {
                border-bottom: 1px solid #badaff;
                padding: 0;
                font-size: 13px;
                text-align: center
            }
            tr:nth-child(odd) {          /* 奇数行背景色 */
                background-color: #e8f1fb;
            }
            tr:nth-child(even) {         /* 偶数行背景色 */
                background-color: #E8E8F7;
            }
        `]
}
</script>
```

11.6.4 使用聚合器管理组件

在 app-view/student-query 模块 modules 文件夹下创建聚合器组件 query.aggregator.vue，该组件重点利用 h()函数来渲染查询组件 queryUI、数据挂载组件 mountData。

```
<script>
import Loading from './loading.vue'

export default {
    name: 'query.aggregator',
    aggregator: function (exports) {
        const {defineComponent, h} = Vue
        const tipMessage = {
            TABLE_HEADER: ['学号', '姓名', '班级', '电话', '地址', '邮编', '学院'],
            UNAUTHORIZED: '未登录用户,无法查询数据!',
            LOGIN_EXPIRATION: '登录身份已过期失效,需重新登录才能查询!',
            SEARCH_KEY: '姓名或班级关键字',
            IS_QUERYING: '正在根据关键字查询数据,请稍候...',
            NO_FOUND: '未查询到相关记录!',
            SYS_ERROR: '系统错误,无法执行查询!'
        }
        const useStore = document.querySelector("#tamsApp")
            .__vue_app__.config.globalProperties.$useStore

        const queryUI = defineComponent({…})          //定义查询组件,待编写
        const mountData = defineComponent({…})        //定义数据挂载组件,待编写
        exports.queryUI = queryUI
        exports.mountData = mountData
        return exports
    }({})
}
</script>
```

11.6.5 查询组件

聚合器中的查询组件 queryUI 需要完成查询 UI 界面的构造；对用户输入查询关键字的键盘事件的处理；执行链式查询业务流。具体代码如下。

```
const queryUI = defineComponent({
    props: {
        queryHandler: Object                              //传递的参数
    },
    setup(props) {
        const {queryHandler} = props                      //解构 props 参数
        const {h, ref, onMounted} = Vue
        const {fromFetch} = rxjs.fetch
        const {
            fromEvent, of, tap, switchMap, filter,
            concat, map, catchError, distinctUntilChanged,
            debounceTime, finalize
        } = rxjs

        const keyInput = ref('') //用户输入的查询关键字
        onMounted(() => bindInputEvent(keyInput.value))   //调用键盘输入事件
        const bindInputEvent = (keyInput) => {…}          //键盘输入事件处理,待编写
        const doQuery = (key) => {                        //定义查询处理函数
            const {procStream} = queryChain(key)          //调用链式查询业务函数
            procStream.subscribe()
        }
        const queryChain = (key) => {…}                   //链式查询业务流函数,待编写

        return () => [                                    //渲染查询的结果
            h('span', tipMessage.SEARCH_KEY),             //提示文字
            h('input', {                                  //创建输入文本框,用于输入查询关键字
                type: 'text',
                style: {width: '200px'},
                ref: keyInput                             //文本框的值与 keyInput 绑定用
            }),
            h('img', {src: 'image/note.png'}),            //文本框右侧的小灯泡图片
            h('br')                                       //换行,以便在下面显示查询的数据结果
        ]
    }
})
```

11.6.6 处理键盘输入事件

键盘输入事件函数 bindInputEvent()主要功能有①拦截未登录用户的查询活动；②去抖动，在用户停止输入 0.8s 后再执行搜索操作，以提升查询效率；③避免重复性查询请求，例如，每隔一段时间输入同样的查询关键字。bindInputEvent()函数代码如下。

```
const bindInputEvent = (keyInput) => {
    keyInput.focus()
    fromEvent(keyInput, 'keyup').pipe(
        filter(() => {
            if (useStore.token == null) {                 //未登录用户禁止查询
                queryHandler.message = tipMessage.UNAUTHORIZED
```

```
                return false
            }
            return true
        }),
        map(event => event.target.value),
        debounceTime(800),                          //去抖动
        distinctUntilChanged(),                     //关键字有变化时才发射数据,避免重复查询
        filter(key => key.length > 0),              //无待查询关键字,不执行查询
        map(key => doQuery(key))                    //执行查询
    ).subscribe()
}
```

11.6.7 实现链式查询业务流

与前面几章的业务处理类似,查询业务也进行细粒度的业务单元划分:①初始化查询数据;②调用后端服务查询数据;③过滤后端返回的结果;④处理结果数据。loginChain()函数代码如下。

```
const queryChain = (key) => {
    //初始化查询数据
    const initQuery = of(key).pipe(
        tap(() => {
            queryHandler.students.length = 0            //清空保存查询数据的数组
            queryHandler.isDoing = true                 //启用查询进度指示组件
            queryHandler.message = ''                   //提示信息置空
        })
    )
    //调用后端服务查询数据
    const fetchData = initQuery.pipe(
        //构建后端服务对应的地址
        map(key => `stu/query/${key}/${useStore.user.username}`),
        switchMap(url => fromFetch(url, {                //调用后端服务
            headers: {
                'Authorization': useStore.token         //传送 JWT 令牌
            }
        }))
    )
    //过滤后端返回的结果
    const filterResponse = fetchData.pipe(
        switchMap(response => response.ok ?             //服务端正常响应
            response.json() : of(response.status)),     //返回 JSON 数据或状态码
        filter(response => {
            if (response === 401) {                     //用户处于登录过期失效状态
                queryHandler.message = tipMessage.LOGIN_EXPIRATION
                useStore.setToken(null)                 //更改用户状态数据
                return false
            }
            return true
        }),
    )
    //处理结果数据
    const procStream = concat(filterResponse).pipe(
        //展开查询结果,赋值给 queryHandler.students 数组;或者,未查到数据
        map(students => students.length > 0 ? queryHandler.students = [...students]
            : queryHandler.message = tipMessage.NO_FOUND),
```

```
            catchError(() => queryHandler.message = tipMessage.SYS_ERROR),
            finalize(() => queryHandler.isDoing = false)     //关闭查询进度处理组件
        )
        return {procStream}
}
```

11.6.8 数据挂载组件

数据挂载组件 mountData 将查询到的数据挂载到 HTML 界面的<table>表格上。

```
const mountData = defineComponent({
    props: {
        queryHandler: Object
    },
    setup(props) {
        const {queryHandler} = props
        const bindTableData = (students) => {
            let header = []
            tipMessage.TABLE_HEADER
                .forEach(t => header.push(h('th', t)))        //渲染出表头
            let cell = students.map(student => {             //返回表格的行数据
                let td = []
                for (const k in student) {
                    td.push(h('td', student[k]))              //向数组中添加学生记录
                }
                return h('tr', td)
            })
            return [h('tr', header), cell]
        }
        return () => [
            h(Loading, {                                      //渲染进度处理组件
                    visible: queryHandler.isDoing
                }, () => tipMessage.IS_QUERYING
            ), //tipMessage.IS_QUERYING 提示信息传给 Loading 的 slot 插槽
            h('span', {                                       //提示信息,例如"未查询到相关记录!"
                innerText: queryHandler.message,
                style: {color: '#f00'}
            }),
            //若查到数据,则显示结果表格;否则,显示 null
            queryHandler.students.length > 0 ?
                h('table', bindTableData(queryHandler.students)) : null
        ]
    }
})
```

11.6.9 修改主页导航组件

修改 app-view/home 模块的 home.menu.vue,将 query.index.vue 挂载到主页导航菜单上。

```
<script setup>
import LoginIndex from 'modules/user.login.index.vue'
import RegistIndex from 'modules/user.regist.index.vue'
import CollegeIndex from 'modules/college.index.vue'
import QueryIndex from 'modules/query.index.vue'

const menus = [
    {id: 'home', name: '首\u3000页', module: null},
```

```
        {id: 'login', name: '用户登录', module: LoginIndex},
        {id: 'regist', name: '用户注册', module: RegistIndex},
        {id: 'college', name: '学院风采', module: CollegeIndex},
        {id: 'query', name: '学生查询', module: QueryIndex},
        …
    ]
    …
</script>
```

11.7 测试分布式数据共享效果

现在来做一个实验，测试分布式数据缓存效果：用两台计算机作为集群结点。一台计算机的IP地址为192.168.1.5(简称A结点)，另外一台计算机的IP地址为192.168.0.7(简称B结点)。实验步骤如下。

(1) 复制项目。将A结点的tams项目复制到B结点。

(2) 配置数据库环境。在B结点计算机上安装PostgreSQL数据库，并创建同样的数据库tams。在A结点计算机上生成创建数据表、样本数据的SQL脚本文件tams.sql，在B结点计算机运行该脚本，生成同样的数据表及数据。

(3) 修改IP地址。修改B结点tams项目app-server/app-boot模块application.yaml配置文件的IP：

```
server:
  ip: 192.168.0.7
```

(4) 修改B结点student表的数据。为了更好地观察数据缓存效果，这里特意将B结点student表的某条记录，例如，姓名为"杨过"的某记录的地址字段值，简单修改一下，只要与A结点数据库中的数据不一样即可。A结点则不要修改。

(5) 启动项目。在A、B结点计算机上分别启动项目，成功后IntelliJ IDEA控制台将输出如图11-6所示画面，表示群成员有两个，其中，this表示当前结点计算机。

```
2023-11-25T10:14:09.002+08:00  INFO 20960 --- [ration.thread-0] c.h.inter

Members {size:2, ver:2} [
    Member [192.168.1.5]:5858 - 46bdc3e9-32c9-4b42-a433-dd2db3f1ec2d this
    Member [192.168.0.7]:5858 - 06a491d7-ca1c-47d9-bb66-d325d56767b7
]
```

图11-6 结点计算机启动项目

(6) 在B结点计算机浏览器上打开主页http://192.168.0.7/，以某个用户身份登录并查询学生"杨过"，将显示从B结点student数据表中查询到的结果。

(7) 在A结点计算机浏览器上打开主页http://192.168.1.5/，登录后同样查询"杨过"，界面上将显示查询结果。注意，这个结果数据实际上直接使用了缓存的共享数据，也就是第(6)步中从B结点数据库查询数据的缓存结果，因为该数据在第(4)步特意做了简单修改，与A结点数据库中的记录并不一样，即数据已经被Hazelcast缓存并在结点计算机之间共享了。因此，这次查询并没有去访问A结点计算机的数据库，极大地提高了查询效率。

第12章

招生一览

招生一览模块主要用饼图方式显示不同学院各专业的招生数据。本章介绍了招生一览的功能需求、界面设计以及相关数据表，完成了提供招生数据查询接口的远程服务项目 Enroll，并利用 gRPC 技术、ECharts 技术来实现招生一览模块的数据处理需求。本章模块的技术实现，有助于理解并掌握 gRPC、ECharts 的技术处理方法。

12.1 功能需求及界面设计

招生一览模块的功能需求主要包括①构建招生一览主界面；②利用 gRPC，从远程服务项目 Enroll 招生管理系统获取招生数据；③使用 ECharts 显示最近 5 年的招生数据饼图。招生一览界面如图 12-1 所示。

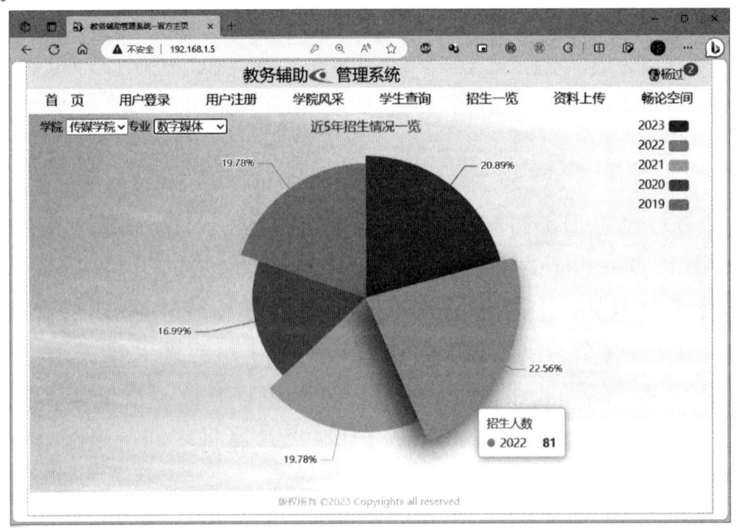

图 12-1 招生一览界面

12.2 相关数据表

12.2.1 表结构与 SQL 语句

与招生有关的数据表是招生情况表 enroll，其字段构成如表 12-1 所示。

表 12-1　招生情况表 enroll

字段名	数据类型	长　度	是否为空	主键	默　认　值	含　　义
id	integer		否	是	nextval('note_id_seq'::regclass)	记录号，自增
nian	smallint		否			年份
cno	character	3	否			学院编号
major	jsonb		否			专业招生数据

创建 enroll 表的 SQL 语句如下。

```
CREATE TABLE public.enroll (
    id integer NOT NULL DEFAULT nextval('enroll_id_seq'::regclass),
    nian smallint NOT NULL,
    cno character(3) NOT NULL,
    major jsonb,
    CONSTRAINT enroll_pkey PRIMARY KEY (id)
);
ALTER TABLE public.enroll OWNER TO admin;
COMMENT ON TABLE public.enroll IS '招生情况表';
```

表结构里面值得关注的是 major 字段，该字段被定义为 jsonb 类型。PostgreSQL 数据库的 jsonb 类型，以二进制格式存储数据，支持索引，处理速度较快，且不保留数据中的空格。各专业招生数据字段 major 采用“专业代码：招生数”的形式存放数据，例如：

```
{ "011": 88, "012": 82, "013": 85, "014": 84, "015": 101, "016": 83}
```

图 12-2 展示了 enroll 表中的部分样本数据。

id [PK] integer	nian smallint	cno character	major jsonb
1	2023	01	{"011": 88, "012": 82, "013": 85, "014": 84, "015": 101, "016": 83}
2	2023	02	{"021": 95, "022": 72, "023": 88}
3	2023	03	{"031": 84, "032": 79, "033": 68, "034": 75, "035": 80, "036": 93}
4	2023	04	{"041": 79, "042": 83, "043": 82, "044": 75}
5	2022	01	{"011": 81, "012": 80, "013": 89, "014": 78, "015": 111, "016": 76}
6	2022	02	{"021": 110, "022": 75, "023": 85}
7	2022	03	{"031": 80, "032": 75, "033": 72, "034": 81, "035": 83, "036": 95}
8	2022	04	{"041": 81, "042": 76, "043": 79, "044": 70}

图 12-2　部分招生数据

12.2.2 实体类

在 TAMS 项目 app-server/app-domain 模块的 com. tams. entity 包下新建实体类 Enroll.

java。

```
@Data
@NoArgsConstructor
@AllArgsConstructor
public class Enroll implements Serializable {
    @Id
    private int id;                                  //记录号
    private int nian;                                //年份
    private String cno;                              //学院编码
    private String major;                            //专业招生数据
}
```

12.3 通过远程服务获取招生数据

招生一览模块本身并不需要去数据库查询招生数据，因为招生数据由专门的 Enroll 招生管理系统进行管理。Enroll 系统完全独立于教务辅助管理系统，该系统对外公开某个接口方法，而其他系统则基于 gRPC 方式远程获取 Enroll 系统提供的数据。

12.3.1 gRPC 简介

RPC 是 Remote Procedure Call（远程过程调用）的缩写，允许一台计算机程序（客户端）像调用本地服务一样，发送数据请求到另外一台计算机上的远程服务接口（服务端）。远程主机实现此接口并在收到请求后执行服务程序，然后通过序列化数据传输协议（例如 JSON、Protobuf 等）将数据结果打包并通过网络传输返回给调用者。客户端有一个存根（Stub），提供与服务器接口相同的方法。RPC 通常使用 TCP 或 UDP 作为底层传输协议，但客户端并不需要了解底层网络细节，因此使用起来非常简单、高效。

目前较为流行的开源 RPC 框架有 Apache Dubbo、Apache Thrift、gRPC 等。Apache Dubbo 是一个基于 Java 的高性能开源 RPC 框架，其前身是阿里巴巴公司开发的开源、轻量级 Java RPC 框架，后来阿里巴巴将其捐献给 Apache 基金会；Apache Thrift 则是一种可扩展的跨语言 RPC 框架，支持 C++、Java、Python、PHP、C# 等多达十几种语言，且能与其他语言之间实现高效无缝服务。

gRPC 框架则与谷歌（Google）有关。十多年来，谷歌公司一直在使用一个内部名称为 Stubby 的微服务架构来处理跨数据中心运行的大量服务。2015 年，谷歌公开了 Stubby，这就是著名的开源高性能框架 gRPC。gRPC 默认使用 HTTP/2 进行传输，使用 Protocol Buffers 基于二进制数据进行交换（而非 JSON），能够为不同平台、语言生成相应客户端、服务端代码，使其相互之间可通过 gRPC 进行通信。gRPC 历经十多年的实践考验，性能卓越。

12.3.2 Protobuf 协议

Protobuf（Protocol Buffers）是 Google 公司提出的一种轻便、灵活、高效的结构化数据存储格式，具有语言无关、平台无关、可扩展性等特性。Protobuf 为结构化的数据包提供了一种序列化格式，其存储结构紧凑、解析速度快、支持多种编程语言，广泛应用于系统之间的消息存储、交换等场景。

使用 Protobuf 时需要先定义一个扩展名为. proto 的接口描述语言文件，再利用编译工具编译为某种语言的接口文件，然后就可进行数据的序列化和反序列化处理。所谓的序列化，是指将对象转换为二进制数据，而反序列化则是将二进制数据转换成对象。Protobuf 工作流程如图 12-3 所示。

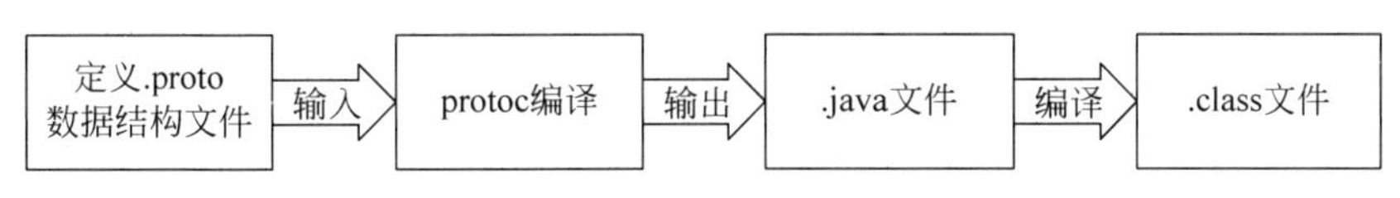

图 12-3　Protobuf 工作流程

由图 12-3 可知，使用 Protobuf 来处理数据的过程主要包括三个步骤：①创建好. proto 文件，并定义相应的数据结构；②借助 Gradle 构建工具，利用 com. google. protobuf 插件的 protoc 命令编译. proto 文件，生成. java 读写接口，然后编译成可执行的 class 文件；③调用该接口，通过序列化、反序列化操作读写数据。

12.3.3　.proto 文件简介

显然，Protobuf 一般利用. proto 文件来定义系统之间传输数据的消息格式。数据包按照. proto 文件所定义的消息格式，来完成二进制码流的序列化和反序列化。

1. 定义消息类型

通过关键字 message 来定义消息类型，即传输的数据格式。假如想查询学生的基本信息数据，可定义如下的消息格式。

```
syntax = "proto3";                                    //使用 proto3 语法

message QueryStudent {
  string sno = 1;                                     //学号字段
  string xm = 2;                                      //姓名字段
  int32 height = 3;                                   //身高字段
}
```

必须为消息定义中的每个字段指定一个大于或等于 1 的整数作为字段编号，该编号值在所有字段中必须唯一，且不能更改。一旦更改该编号值，等效于删除该字段并创建一个新字段。建议将字段编号值尽量设置为较小的整数值，这样占用的空间较少。

2. 字段规则

定义字段时可使用以下修饰符来定义规则。

(1) reserved：保留。可使用 reserved 关键字来保留某些字段或者编号值，以便在更新. proto 文件时，例如，删除了某个字段，reserved 可确保这些字段或者编号值不被重新使用。

(2) optional：可选。消息体中的可选字段。在发送消息时，如果该字段已设置值，则会被序列化；如果没被设置值，则使用系统默认值，或者自定义一个默认值。在接收消息时，如果使用旧版本的接口读取新数据时，该字段因无法识别被丢弃。因此可将新添加的字段设置为 optional，这样一来，既保证了新版本正常运行，又不影响老版本的运行，因为新添加的 optional 字段会被忽略。

(3) repeated：重复。消息体中的可重复字段，类似于动态数组。

下面是重新定义的 QueryStudent 消息结构。

```
message QueryStudent {
  string sno = 1;
  string xm = 2;
  int32 height = 3;
  repeated string tel = 4;                    //电话字段,可存储多个电话
  optional string addr = 5;                   //地址,可选字段
  reserved "role"                             //角色,保留字段
}
```

3. 包

可以向.proto添加package修饰符来定义包名。使用包名后还可以防止消息类型之间的命名冲突。

```
package enroll.student;

message QueryStudent {
  string sno = 1;
  string xm = 2;
  int32 height = 3;
  enroll.teacher.Code code = 4;
}
```

4. 导入其他.proto文件

可通过import关键字来导入其他.proto文件中的定义。

```
syntax = "proto3";

import "teacher.proto";                       //导入 teacher.proto
import "google/protobuf/empty.proto";         //导入 gRPC 内置的 empty.proto

package enroll.student;
message QueryStudent {
  string sno = 1;
  string xm = 2;
  int32 height = 3;
  enroll.teacher.Code code = 4;
}
```

5. map和enum

可使用map关键字来定义键值对数据,例如,描述学生的学号、个人简介的intros。

```
message StudentIntro {
  map<string, string> intros = 1;
}
```

而利用enum关键字可定义枚举型数据。

```
enum Status {
  PARTY_MEMBER = 0;                           //是否党员
  CET4 = 1;                                   //英语四级分数
  CET6 = 2;                                   //英语六级分数
}
message QueryStudent {
  string sno = 1;
  string xm = 2;
```

```
  int32 height = 3;
  Status status = 4;
}
```

6. oneof

如果消息包含多个字段但只能设置一个字段，也就是存在“多选一”的需求场景，则可使用 oneof 来满足这种处理需求。oneof 有点类似于 Java 中的联合体 union，其中的各个字段是“互斥”的，同时只能有一个生效。在. proto 中定义 oneof 结构是比较简单的，只需要在 oneof 关键字后跟随具体名称即可。

```
message QueryStudent {
  string sno = 1;
  string xm = 2;
  int32 height = 3;
  oneof gender {                                    //性别
    bool is_male = 4;                               //是否男
    bool is_female = 5;                             //是否女
  }
}
```

在序列化和反序列化过程中，如果 is_male 为 true，则 is_female 被忽略，反之亦然。

7. 字段映射和默认值

Java 类型与 Proto 类型的映射关系以及主要的 Proto 类型默认值，如表 12-2 所示。

表 12-2　字段映射和默认值

字段映射		默认值	
Java 类型	Proto 类型	Proto 类型	默认值
int	int32	int32 或其他数值类型	0
long	int64	bool	false
boolean	bool	string	空字符串
double	double	enum	枚举类型中的第一个值
float	float	repeated	空列表
String	string	bytes	空字节(byte[0])
byte[]	bytes		

8. 定义服务

可以在. proto 文件中使用 rpc 关键字，来定义若干个不同服务模式的服务接口。gRPC 框架提供了以下 4 种服务模式。

(1) 一元调用模式(Unary)：简单的请求/响应模型。客户端发送一个请求到服务器，服务器处理请求并响应一个结果，例如，客户端请求注册，服务端返回一条注册成功或失败的数据结果。一元调用可以是阻塞式同步调用，也可以是非阻塞异步调用。

(2) 服务器流式处理模式(Server Stream)：客户端向服务器发送单个请求，并期望返回若干响应结果。服务器发送所有的可能结果返回给客户端。例如，滴滴打车中客户端某用户发出一条打车请求，滴滴系统的服务器发送多条响应：应答司机的车牌号及联系方式；车辆当前位置；预计到达时间等。

(3) 客户端流式处理模式(Client Stream)：客户端向服务器发送多个请求，服务器向客户端只发送一个响应。例如,文件分块上传处理。客户端将大文件拆分为多个数据块,发出异步并行上传请求,服务器只返回一条文件上传成功或失败的结果数据。

(4) 双向流式传输处理模式(Bi-Directional Stream):客户端和服务器通过单个 TCP 进行连接,持续双向共享消息。例如,聊天系统中的客户端、服务器端的消息处理。

下面是这 4 种模式的示例代码。

```
service CalculatorService {
  //一元调用模式
  rpc userRegist(Input) returns (Output);
  //服务器流式处理模式
  rpc callTaxi(Input) returns (stream Output);
  //客户端流式处理模式
  rpc fileUpload(stream Input) returns (Output);
  //双向流式传输处理模式
  rpc chat(stream Input) returns (stream Output) {};
}
```

Protobuf 编译器 protoc 将基于指定语言(例如 Java)编译生成服务接口、服务器存根(server-stub)、客户端存根(client-stub)。存根是服务接口的具体实现类,这意味着无论是哪一种模式,客户端与服务器的请求/响应处理实际上都是通过存根来进行的。

12.3.4 使用响应式 gRPC

全球著名的 CRM 客户关系管理解决方案的领导者 Salesforce 公司的技术团队,提供了 gRPC 的响应式技术解决方案。该解决方案主要由以下三个部分组成。

(1) reactor-grpc:主要提供了响应式 gRPC 生成器、protoc 生成器及相应的支撑类。

(2) grpc-spring:提供了 GrpcServerHost 类、SimpleGrpcServerFactory 工厂类、GrpcServerFactory 接口以及重要的@GrpcService 注解。

(3) reactor-grpc-stub:主要提供了 4 种响应式处理模式对应存根类的实现方法。

本书将在项目中使用这三个依赖项实现响应式 gRPC。

12.4 创建远程服务项目 Enroll

按照 1.6 节的方法,新建 Spring Reactive Web 项目 Enroll。

12.4.1 项目的整体结构

为简化起见,这里只需要实现 Enroll 系统与 gRPC 相关的 EnrollService 招生数据查询服务功能,其他功能及前端视图处理一并略去。项目整体结构如图 12-4 所示。

12.4.2 项目的构建脚本及配置脚本

修改项目构建文件 build.gradle 的构建脚本,进行插件、资源仓库、依赖项、编译等内容的配置。

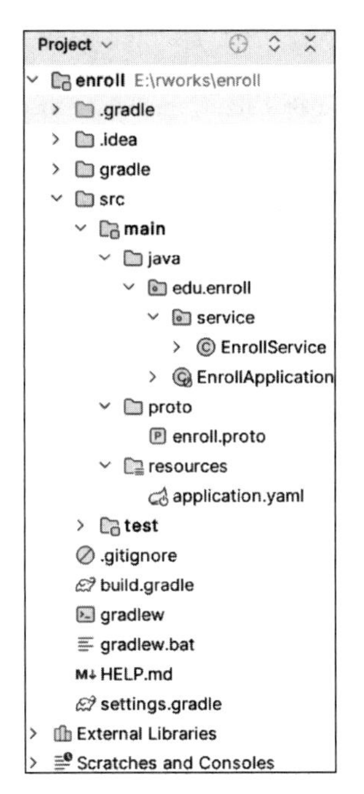

图 12-4　Enroll 项目整体结构

```
plugins {                                                    //相关插件
    id 'java'
    id 'base'
    id 'org.springframework.boot' version '3.1.4'
    id 'io.spring.dependency-management' version '1.1.3'
    id 'com.google.protobuf' version '0.9.4'
}
java {                                                       //Java 版本
    sourceCompatibility = JavaLanguageVersion.of(17)
}

group = 'edu.enroll'
version = '1.0'
base {
    archivesName.set('edu.' + project.name + '.grpc')        //打包后的 jar 文件名
    libsDirectory.set(layout.buildDirectory.dir('enroll-jars'))          //jar 文件存放的目录
}

configurations {
    compileOnly {
        extendsFrom annotationProcessor                      // compileOnly 继承自 lombok
    }
}
repositories {                                               //配置资源仓库
      maven {
        url 'https://maven.aliyun.com/repository/google'
    }
    mavenLocal()
    mavenCentral()
}

dependencies {                                               //配置依赖项
```

```
    implementation 'org.springframework.boot:spring-boot-starter-data-r2dbc'
    implementation 'org.springframework.boot:spring-boot-starter-webflux'
    implementation 'org.springframework.cloud:spring-cloud-starter-vault-config:4.0.1'
    runtimeOnly 'org.postgresql:r2dbc-postgresql'
    compileOnly 'org.projectlombok:lombok'
    annotationProcessor 'org.projectlombok:lombok'
    implementation 'io.grpc:grpc-netty-shaded:1.57.2'
    implementation 'io.grpc:grpc-protobuf:1.57.2'
    implementation 'io.grpc:grpc-stub:1.57.2'
    implementation 'com.salesforce.servicelibs:reactor-grpc:1.2.4'
    implementation 'com.salesforce.servicelibs:grpc-spring:0.8.1'
    implementation 'com.salesforce.servicelibs:reactor-grpc-stub:1.2.4'

    testImplementation 'org.springframework.boot:spring-boot-starter-test'
    testImplementation 'io.projectreactor:reactor-test'
}

protobuf {
    protoc {                                                //protobuf 编译器
        artifact = 'com.google.protobuf:protoc:3.24.1'
    }
    plugins {                                               //使用的插件
        grpc {                                              //gRPC 语言编译接口插件
            artifact = "io.grpc:protoc-gen-grpc-java:1.57.2"
        }
        reactor {                                           //响应式 gRPC 插件
            artifact = "com.salesforce.servicelibs:reactor-grpc:1.2.4"
        }
    }
    generateProtoTasks {
        ofSourceSet("main")*.plugins {              //基于响应式模式进行编译并组装生成相关类
            grpc {}
            reactor {}
        }
    }
}

tasks.withType(JavaCompile).configureEach {
    options.encoding = "UTF-8"                              //设置编译时的编码
}
tasks.withType(Copy).configureEach {                        //文件复制时的策略
    duplicatesStrategy = DuplicatesStrategy.EXCLUDE
}
```

SourceSet 一般是指源文件及位置、依赖项、类路径、编译路径、输出目录等，而 SourceSet 中的 main 则常用于表示项目 Java 源代码的位置，例如，src/main/java 文件夹。

接下来，修改 settings.gradle 文件中的配置脚本：

```
rootProject.name = 'enroll'
```

12.4.3 配置 application.yaml

修改项目的 application.yaml 文件，除了常规的项目配置外，还需要添加 gRPC 服务器配置，配置内容如下。

```
grpc.server:
  host: 192.168.1.5
  port: 8086                                        #gRPC服务器的端口号

server:
  ip: 192.168.1.5
  port: 8085                                        #Enroll项目的端口号
spring:
  r2dbc:
    pool:
      enabled: true
      initial-size: 12
      max-size: 50
      max-idle-time: 25m
    url: r2dbc:postgresql://${server.ip}:5432/tamsdb
    username: admin
    password: '007'
```

需要注意的是，gRPC服务器端口号，与Enroll项目的端口号，并不相同。尽管二者的IP地址设置为同样的值，这里还是分别配置了gRPC服务器、Enroll项目的地址属性grpc.server.host、server.ip，为以后可能的变化留有余地。

12.4.4 创建proto文件

在src/main下创建文件夹proto，然后在该文件夹下新建enroll.proto文件，代码如下。

```
syntax = "proto3";
import "google/protobuf/empty.proto";
package edu.enroll.services;
option java_package = "edu.enroll.services";                //编译生成Java类时的包名
option java_outer_classname = "EnrollProto";                //编译生成的Java类的名称

message MajorNo {
  string mno = 1;                                           //专业代码
}

message CollegeEnroll {
  int32 nian = 1;                                           //年份
  int32 enrollment = 2;                                     //招生人数
}
message CollegeMajor {
  string college = 1;                                       //学院名称
  string major = 2;                                         //专业
}

service EnrollService {
  rpc getAllCollegeMajor(google.protobuf.Empty) returns (stream CollegeMajor);
  rpc getEnroll5ByMno(MajorNo) returns (stream CollegeEnroll);
}
```

这里定义了两个服务接口：getAllCollegeMajor接口，用来获取学院及该学院的全部专业，以便为图12-1中的学院、专业两个下拉选择框的动态关联准备数据。这个接口并不需要传入数据，因此其输入参数设置为google.protobuf.Empty；getEnroll5ByMno接口，获取指定专业代码的招生数据。

12.4.5 编写 gRPC 服务类

gRPC 服务类 EnrollService 需要继承自 ReactorEnrollServiceGrpc. EnrollServiceImplBase 类。ReactorEnrollServiceGrpc 类是自动生成的类，该类包含自动生成的静态抽象类 EnrollServiceImplBase 和静态存根类 ReactorEnrollServiceStub，如图 12-5 所示。ReactorEnrollServiceStub 存根类包含公开的响应式服务定义 getAllCollegeMajor()和 getEnroll5ByMno()，需要实现这两个方法的业务处理逻辑，以满足招生数据的查询需求。

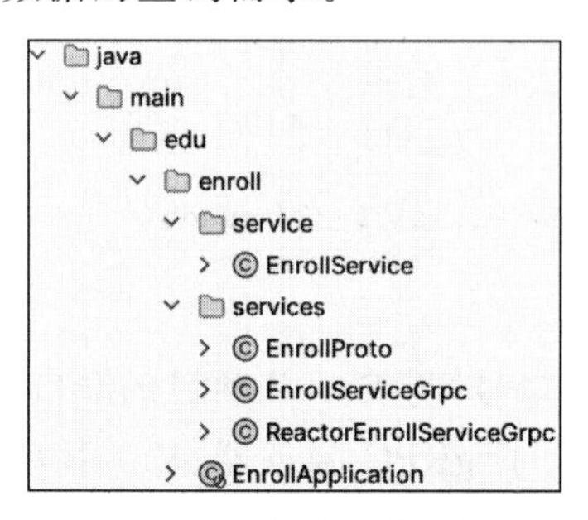

图 12-5　自动生成的类

编写 EnrollService 服务类代码如下。

```
@GrpcService                                                    //注解为 gRPC 服务
public class EnrollService extends ReactorEnrollServiceGrpc.EnrollServiceImplBase {
    private R2dbcEntityTemplate template;                       //这里直接使用 R2DBC 模板处理数据

    @Autowired
    public void setTemplate(R2dbcEntityTemplate template) {     //注入实例对象 template
        this.template = template;
    }

    @Override
    protected CallOptions getCallOptions(int methodId) {
        return CallOptions.DEFAULT
                .withOption(ReactorCallOptions.CALL_OPTIONS_PREFETCH, 20)   ①
                .withOption(ReactorCallOptions.CALL_OPTIONS_LOW_TIDE, 5);
    }

    @Override
    public Flux<EnrollProto.CollegeMajor> getAllCollegeMajor(Mono<Empty> request) {
        String sql = "select trim(a.cname) as college,json_object_agg(b.mno,b.mname)::text as major " +
                "from college a,major b where a.cno = substr(b.mno,1,2) group by a.cname";
        return request.flatMapMany(m -> template.getDatabaseClient()
                .sql(sql)                                       //执行 sql 查询获取数据
                .map(row -> EnrollProto.CollegeMajor.newBuilder()
                        .setCollege((String) row.get("college"))
                        .setMajor((String) row.get("major"))
                        .build())                               //行数据转换为 CollegeMajor 消息
                .all());
    }

    @Override
```

```
    public Flux<EnrollProto.CollegeEnroll> getEnroll5ByMno(Mono<EnrollProto.MajorNo> request) {
        String sql = "select a.nian,b.value::int2 as enrollment " +
                "from enroll a,jsonb_each(a.major) b,major c where c.mno = :mno " +
                "and a.nian <= extract(year from now()) " +
                "and a.nian >= extract(year from now()) - 4 " +
                "and b.key = c.mno group by a.nian,enrollment order by a.nian desc"; ②
        return request.map(EnrollProto.MajorNo::getMno)
                .flatMapMany(mno -> template.getDatabaseClient()
                        .sql(sql)
                        .bind("mno", mno)                //向具名参数":mno"传递参数值
                        .fetch().all())
                .map(s -> EnrollProto.CollegeEnroll.newBuilder()
                        .setNian(Integer.parseInt(s.get("nian").toString()))
                        .setEnrollment(Integer.parseInt(s.get("enrollment").toString()))
                        .build());                       //行数据转换为 CollegeEnroll 消息
    }
}
```

① 流量控制，设置 EnrollService 服务数据预取队列的大小。而紧随其下的代码，则设置数据处理低潮时的预取队列大小。

② SQL 语句中的 b.value 必须使用强制类型转换符"::"，以便取出具体的招生整数值，因为 major 字段是 jsonb 类型。如果不做这种处理的话，取出数据后其值类似于这种形式：JsonByteArrayInput{81}，其中，81 是招生数，而使用"::int2"后就能获取到正常的数据值 81。

服务实现完成后，需要将其添加到项目入口类中，以便项目启动时启动 gRPC 服务器，并创建能够服务于客户端调用的 EnrollService。

提示：如果代码报错，是因为相应的 ReactorEnrollServiceGrpc 类还没有自动生成。只需要在 IntelliJ IDEA 界面右侧的 Gradle 面板中，展开 tams→Tasks→build，先双击 clean 按钮清理项目，再双击 bootJar 按钮组装项目，即可解决。

12.4.6 启动 gRPC 服务器

修改项目入口类 EnrollApplication.java 的代码，启动 gRPC 服务器并创建服务。

```
@SpringBootApplication
public class EnrollApplication {
    public static void main(String[] args) {
        SpringApplication.run(EnrollApplication.class, args);
    }

    @Bean(initMethod = "start")
    public GrpcServerHost grpcServerHost(@Value("${grpc.server.port}") int port) {
        return new GrpcServerHost(port);                    //创建 gRPC 服务器并启动
    }

    @Bean
    public ReactorEnrollServiceGrpc.EnrollServiceImplBase enrollServiceImpl() {
        return new EnrollService();                         //创建 Enroll 服务以供调用
    }
}
```

至此，Enroll 项目全部编写完成。

12.5 TAMS 项目的后端服务模块

现在来实现教务辅助管理系统的招生一览模块 app-server/enroll-chart 的后端服务。

12.5.1 模块的整体结构

后端服务模块 enroll-chart 的整体结构如图 12-6 所示。

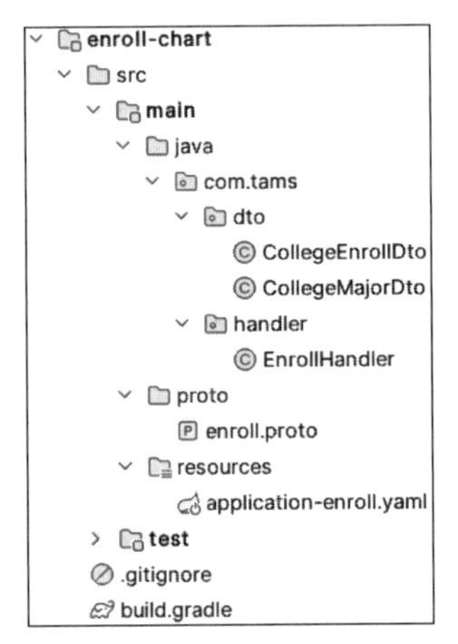

图 12-6 服务端 enroll-chart 结构

12.5.2 修改 build.gradle 构建脚本

模块的构建脚本 build.gradle 里面主要是配置项目依赖项以及 protobuf,脚本代码如下。

```
plugins {
    id 'server.common'
    id 'reactor.grpc'
    id 'com.google.protobuf' version '0.9.4'
}

dependencies {
    implementation project(':app-server:app-domain')
    implementation project(':app-view:enroll-chart')
}
protobuf {
    protoc {
        artifact = 'com.google.protobuf:protoc:3.24.1'
    }
    plugins {
        grpc {
            artifact = "io.grpc:protoc-gen-grpc-java:1.57.2"
        }
        reactor {
            artifact = "com.salesforce.servicelibs:reactor-grpc:1.2.4"
        }
    }
```

```
    generateProtoTasks {
        ofSourceSet("main") * .plugins {
            grpc {}
            reactor {}
        }
    }
}
```

12.5.3 配置 application-enroll. yaml 并导入 app-boot

在 enroll-chart 模块的 src/main/resources 下新建 application-enroll. yaml，该文件主要是配置路由路径以及 gRPC 服务器地址、端口信息，内容如下。

```
enroll.route.path: /enroll/sm,/enroll/{majorNo}
grpc.server:
  host: 192.168.1.5
  port: 8086
```

路由地址"/enroll/sm"用于访问服务接口 getAllCollegeMajor，获取学院、专业关联数据；而地址"/enroll/{majorNo}"则用来访问服务接口 getEnroll5ByMno，获取近五年某个专业的招生数据。

然后修改 app-server/app-boot 模块的配置文件 application. yaml，导入招生一览模块的配置内容。

```
spring:
  config.import:
    ...
    - optional:application-student.yaml
    - optional:application-enroll.yaml
```

12.5.4 DTO 类和 proto 文件

1. DTO 文件

在 enroll-chart 模块的 src/main/java 下创建好存放 DTO 文件的包 com. tams. dto。需要新建两个 DTO 类，分别与. proto 文件中的消息类型对应。

1) CollegeEnrollDto. java

```
@Data
@Builder
@NoArgsConstructor
@AllArgsConstructor
public class CollegeEnrollDto {
    private int nian;                                    //年份
    private int enrollment;                              //招生人数
}
```

2) CollegeMajorDto. java

```
@Data
@Builder
@NoArgsConstructor
@AllArgsConstructor
```

```
public class CollegeMajorDto {
    private String college;                          //学院名称
    private String major;                            //专业
}
```

2. proto 文件

在 enroll-chart 模块的 src/main 下创建文件夹 proto，在其下新建 enroll. proto，其内容与 Enroll 项目的 enroll. proto 完全一样，请参阅 12.4.4 节的内容。

12.5.5 编写 gRPC 客户端组件

要想访问 Enroll 项目提供的服务接口，需要 gRPC 存根。客户端必须执行两个操作才能发出请求并接收服务端的响应数据：①通道，需要首先创建好与后端服务器的连接通道；②存根，创建响应式存根，并利用其发出请求。

在 enroll-chart 模块的 src/main/java 下创建包 com. tams. handler，再在其下新建客户端组件类 EnrollHandler. java，代码如下。

```
@Component
public class EnrollHandler {
    @Value("${grpc.server.host}")
    private String host;
    @Value("${grpc.server.port}")
    private int port;
    private ReactorEnrollServiceGrpc.ReactorEnrollServiceStub stub;      //注入存根实例对象

    @PostConstruct
    public void setup() {
        ManagedChannel channel = NettyChannelBuilder.forAddress(host, port)  //通道
                .usePlaintext()                          ①
                .flowControlWindow(NettyChannelBuilder.DEFAULT_FLOW_CONTROL_WINDOW)       ②
                .build();
        stub = ReactorEnrollServiceGrpc.newReactorStub(channel)          //存根
                .withOption(ReactorCallOptions.CALL_OPTIONS_PREFETCH, 20)
                .withOption(ReactorCallOptions.CALL_OPTIONS_LOW_TIDE, 5);
    }

    public Mono<ServerResponse> getAllCollegeMajor(ServerRequest request) {
        Flux<CollegeMajorDto> flux =
                    stub.getAllCollegeMajor(Empty.getDefaultInstance())      ③
                .flatMap(row -> Mono.just(CollegeMajorDto.builder()
                        .college(row.getCollege())
                        .major(row.getMajor()).build()));     //转换为 CollegeMajorDto
        return ok().body(flux, CollegeMajorDto.class);
    }

    public Mono<ServerResponse> getEnroll5ByMno(ServerRequest request) {
        EnrollProto.MajorNo majorNo = EnrollProto.MajorNo.newBuilder()
                .setMno(request.pathVariable("majorNo"))      //赋值专业代码
                .build();
        Flux<CollegeEnrollDto> flux = stub.getEnroll5ByMno(majorNo)
                .flatMap(row -> Mono.just(CollegeEnrollDto.builder()
                        .nian(row.getNian())                  //年份
                        .enrollment(row.getEnrollment())      //招生数据
```

```
                    .build()));                    //行数据转换为 CollegeEnrollDto
        return ok().body(flux, CollegeEnrollDto.class);
    }
}
```

① 默认情况下,gRPC 通道使用 SSL/TLS 传输数据,这里通过设置为 PlainText 明文,取消了 TLS,以免需要认证才能进行通道连接。

② 对流数据进行简单控制。一旦数据流控制缓冲区已满,服务端会停止发送,直到缓冲区可用,这时候客户端才可继续获取数据。

③ 这里使用 DTO 类而非实体类转换数据是为了简化处理。不然,需要利用 protobuf-java-util 插件,结合 JsonFormat. Printer 方法,对 message 进行 JSON 转换,比较麻烦。

12.5.6 添加函数式路由映射 Bean

在 app-server/app-boot 模块的 AppConfig. java 类中添加 enrollRoute()方法。

```
@Configuration
@RequiredArgsConstructor
public class AppConfig {
    …
    @Value("${enroll.route.path}")
    private String[] enrollEndPoint;
    …
    @Bean
    public RouterFunction<ServerResponse> enrollRoute(EnrollHandler handler) {
        return route()
                .GET(enrollEndPoint[0], handler::getAllCollegeMajor)
                .GET(enrollEndPoint[1], handler::getEnroll5ByMno)
                .build();
    }
}
```

12.6 TAMS 项目的前端视图模块

12.6.1 整体结构的设计

招生一览前端视图模块 app-view/enroll-chart 的整体结构如图 12-7 所示。

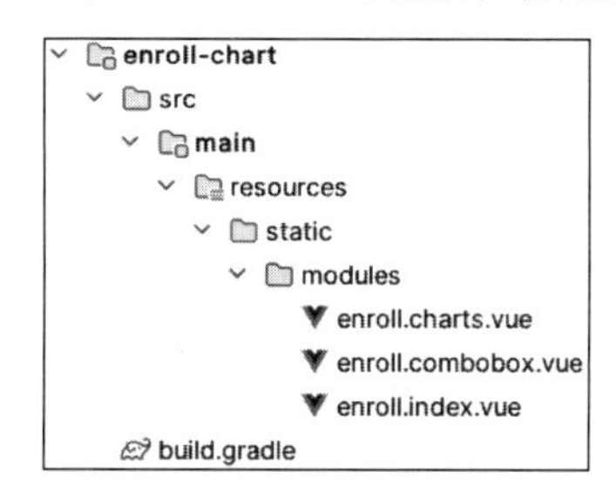

图 12-7 前端 enroll-chart 结构

12.6.2 数据的图形可视化

数据的展示，一般包括三种方式：①文本。用文本展示数据，容易进行录入、存储、检索等各种处理，较为灵活，但抽象性较强，难以展现细节，人机交互界面不友好，难以从文字窥探全貌。②表格。用表格展现数据，清晰、规整，规范性、概括性强，能够根据需要进行类别项划分，简便易行，但人机交互界面较差，难以展现数据内在的规律性，也难以从整体上把握数据的趋势与规律。③图形。用图形可视化数据，清晰易见，人机交互界面美观，容易发现数据的规律、趋势，可从多维度去观察数据，也容易从全局把握数据总貌。

Web应用数据展示的图形化，往往会给用户带来直接、美观的良好体验，受到普遍欢迎，得到越来越广泛的应用。因此，招生一览的数据，将利用 Apache ECharts 可视化图库，用饼图方式来展示。

12.6.3 使用 Apache ECharts 构建图形

1. Apache ECharts 简介

Apache ECharts 是一个免费、开源、功能强大的图表可视化库，源自百度公司的商业级数据图表工具，最早于 2013 年 6 月 ECharts 发布 1.0 版本。ECharts 发布后得到了业界高度关注和好评，成为国内关注度最高的开源项目，也受到了国外技术团体的关注。

ECharts 用纯 JavaScript 编写，能够实现直观、交互式和高度可定制的图表，现已成为 Apache 基金会的孵化项目，官网地址为 https://echarts.apache.org/zh/index.html。

2. 下载使用

可以通过 CDN 方式，在页面加入以下代码进行引用。

```
<script src="https://cdn.jsdelivr.net/npm/echarts@5.4.3/dist/echarts.min.js"></script>
```

或者，通过下面的链接：

```
https://cdnjs.cloudflare.com/ajax/libs/echarts/5.4.3/echarts.min.js
```

直接下载 echarts.min.js，本书采用这种方式。将 echarts.min.js 保存到项目 app-view/public 模块的 src/main/resources/static/lib 文件夹下，然后修改 app-view/home 模块的 home.html 文件，在<head>标签中加入代码：

```
<script src="lib/echarts.min.js"></script>
```

3. ECharts 创建图形的架构

ECharts 创建图形方式非常规范，有固定模式可以遵循。

1）定义一个显示图形的层

```
<div id="myChart"></div>
```

2）创建 ECharts 图形对象

```
let chartDom = document.getElementById('mychart')          //获取 myChart 层
const myChart = echarts.init(chartDom)                     //ECharts 初始化
myChart.setOption(chartsOption)                            //利用 chartsOption 对象细节化
```

3）对图形进行细节化修饰

chartsOption 是一个 JSON 对象，可从标题、提示文本、图例、背景表格、x 轴、y 轴、series 数据序列等方面，进行属性设置、CSS 修饰、数据设定等细节化处理。各项的参数设置很丰富，这里就无法一一列出了，请参阅 ECharts 说明文档。chartsOption 基本架构如下。

```
chartsOption:
   {
      title: {                                           //设置图形标题及样式 },
      tooltip: {                                         //鼠标在图形上悬浮时的提示文本 },
      legend: {                                          //图例 },
      grid: {                                            //背景表格 },
      xAxis: {                                           //x 轴 },
      yAxis: {                                           //y 轴 },
      series: []                                         //数据序列
}
```

并不是每种类型的图形都需要这 7 大部分，视图形的具体类型而定。

4. 示例

用面积图来显示管理学院近四年各专业的招生情况，如图 12-8 所示。

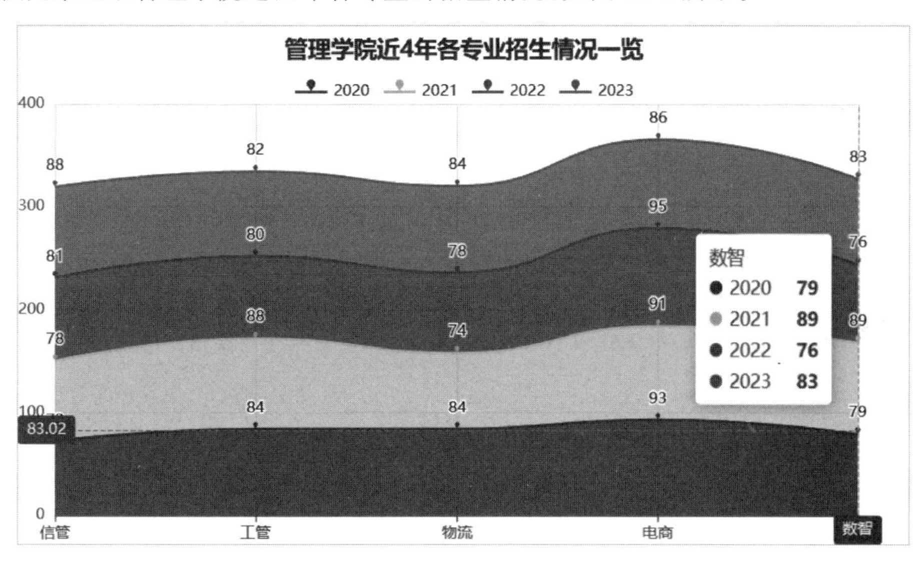

图 12-8　招生面积图

为简便起见，本示例并没有从数据库中获取数据，而是使用了临时数据，主要代码如下。

```
<div id = "chartArea" style = "margin:0 auto;width:700px; height:400px;
                                    border: 1px solid #badaff"></div>
<script>
Vue.createApp({
    setup() {
        const chartsOption =                              //定义图形的细节化修饰项
            {
                title: {
                    text: '管理学院近 4 年各专业招生情况一览',
                    left: 'center',
                    top: 5,
                    textStyle: {
```

```
                color: '#0a38ef'
            }
        },
        tooltip: {
            trigger: 'axis',
            axisPointer: {
                type: 'cross',                    //鼠标滑动时显示交叉线
                label: {
                    backgroundColor: '#ea0a23'
                }
            }
        },
        legend: {
            top: 36,
            data: [                               //近 4 个年份
                (new Date().getFullYear() - 3) + '',
                (new Date().getFullYear() - 2) + '',
                (new Date().getFullYear() - 1) + '',
                new Date().getFullYear() + ''
            ]
        },
        grid: {
            left: '0px',
            right: '40px',
            bottom: '2px',
            containLabel: true
        },
        xAxis: [
            {
                type: 'category',
                boundaryGap: false,               //不扩展坐标轴两端空白
                splitLine: {
                    show: true                    //显示分隔线
                },
                data: []                          //x 轴的数据,默认值是空数组
            }
        ],
        yAxis: [
            {
                type: 'value',
                splitLine: {
                    show: true
                }
            }
        ],
        series: []                                //数据序列,在 buildChartArea()函数中赋值
    }
const buildChartArea = () => {                    //构建面积图函数
    //定义面积区的 4 种颜色
    const areaStyleColor = ['#cb0dec', '#f3c007', '#ea0a23', '#099109']
    const enrollData = [          //存放临时数据的数组,每个年度的数据为 JSON 对象
     {nian: 2020,
      maj: [{"信管": 72}, {"工管": 84}, {"物流": 84}, {"电商": 93}, {"数智": 79}]
     },
     {nian: 2021,
      maj: [{"信管": 78}, {"工管": 88}, {"物流": 74}, {"电商": 91}, {"数智": 89}]
```

```
            },
            {nian: 2022,
             maj: [{"信管": 81}, {"工管": 80}, {"物流": 78}, {"电商": 95}, {"数智": 76}]
            },
            {nian: 2023,
             maj: [{"信管": 88}, {"工管": 82}, {"物流": 84}, {"电商": 86}, {"数智": 83}]
            }
           ]
          enrollData.forEach((o, index) => {
              let seriesObject = {                      //序列数据对象
                  name: o.nian,                         //年份
                  type: 'line',
                  stack: '招生',
                  smooth: true,
                  symbol: 'pin',                        //折线上显示标注图标
                  symbolSize: 6,                        //圆点大小
                  label: {show: true},                  //圆点上显示数字
                  color: areaStyleColor[index],         //圆点颜色
                  lineStyle: {                          //线条颜色
                      color: areaStyleColor[index]
                  },
                  areaStyle: {                          //面积区颜色
                      color: areaStyleColor[index]
                  },
                  emphasis: {
                      focus: 'series'
                  },
                  data: []
              }
              o.maj.forEach(major => {
                  for (let key in major) {              //处理每个专业
                      seriesObject.data.push(major[key]);    //招生数据存入数组
                      //若专业名称未曾加入 x 轴,则加入
                      if (chartsOption.xAxis[0].data.indexOf(key) === -1) {
                          chartsOption.xAxis[0].data.push(key)
                      }
                  }
              })
              chartsOption.series.push(seriesObject)    //数据赋值给图形的数据序列
          });
          let chartDom = document.getElementById('chartArea') //获取 chartArea 图层
          let myChart = echarts.init(chartDom)          //ECharts 初始化
          myChart.setOption(chartsOption)               //修饰图形
      }
      buildChartArea()
   }
}).mount('#chartArea')
</script>
```

12.6.4 前端主文件

在 app-view/enroll-chart 模块的 src/main/resources/static/modules 下新建 enroll.index.vue。作为前端视图的入口文件，主要负责构建出招生一览的视图界面，包含三个组件：学院专业下拉框联动组件 enroll.combobox.vue、数据加载进度提示组件 loading.vue、显示招生饼图的

enroll. charts. vue 组件。具体代码如下。

```
<template>
    <div class = "chart - pie">
        <enroll - combobox @setMajorNo = "setMajorNo"/> <! -- 下拉框联动组件 -- >
        <loading :visible = "visible"> <! -- 进度提示组件 -- >
            正在获取远程招生数据,请稍候...
        </loading>
        <enroll - charts :major - no = "majorNo"
                     @isLoading = "isLoading"/> <! -- 招生饼图组件 -- >
    </div>
</template>
<script setup>
import EnrollCombobox from './enroll.combobox.vue'          //导入学院专业下拉框联动组件
import Loading from './loading.vue'                         //导入数据加载进度提示组件
import EnrollCharts from './enroll.charts.vue'              //导入招生饼图组件

const {ref} = Vue
const majorNo = ref(null)
const visible = ref(true)                                   //是否显示进度提示组件

const setMajorNo = (mno) => majorNo.value = mno             //设置当前专业代码
const isLoading = (v) => visible.value = v                  //设置进度提示组件的可视性
</script>

<style scoped>
.chart - pie {
    position: relative;
    width: 818px;
    height: 355px;
    margin: 0 auto;
    padding: 5px;
    font - size: 14px;
    text - align: left;
    border: 0 solid #90aae7;
    z - index: 99;
}
</style>
```

12.6.5 学院专业下拉框联动组件

当用户下拉选择某个学院时,需要动态更新专业下拉框的数据。利用 Vue 的侦听器 watch,可以轻松实现这一点:监听院系下拉框的改变,若发生变化则将专业下拉框的默认值修改为该学院的第一个专业名称;监听专业下拉框的改变,发生变化时利用事件触发器 $emit 调用 enroll. index. vue 组件的 setMajorNo 方法,从而触发页面上 ECharts 饼图的响应式改变。

在 app-view/enroll-chart 模块的 src/main/resources/static/modules 下新建组件文件 enroll. combobox. vue,代码如下。

```
<template>
    <div class = "chart - select">学院
        <select v - model = "index"><! -- 学院下拉框 -- >
            <option v - for = "(college,i) in colleges" :value = "i">
                {{ college.cname }}
```

```
            </option>
        </select>专业
        <select v-model="majorNo"> <!-- 专业下拉框 -->
            <template v-if="colleges.length>0">
                <option v-for="(major,j) in colleges[index].major"
                        :value="j">
                    {{ major }}
                </option>
            </template>
        </select>
    </div>
</template>
<script setup>
const {
    ref, reactive, defineEmits,
    watch, onMounted, defineExpose
} = Vue
const {ajax} = rxjs.ajax
const {switchMap, finalize, scan, catchError} = rxjs
const colleges = reactive([])
const index = ref(null)
const majorNo = ref(null)

const emits = defineEmits(['setMajorNo'])
watch([() => index.value, () => majorNo.value],
    ([index, mno], [oldIndex, oldMno]) => {
        if (index !== oldIndex)                         //院系发生改变时
            //默认显示该学院的第 1 个专业名称
            majorNo.value = Object.keys(colleges[index].major)[0]
        if (mno !== oldMno)                             //专业发生改变时
            emits('setMajorNo', mno) //触发 setMajorNo 方法,赋值为当前专业代码
    })
onMounted(() => buildCollegeMajor(index, colleges))    //构建学院、专业下拉框数据
//调用远程服务项目 Enroll 的服务接口 getAllCollegeMajor,获取学院、专业关联数据
const buildCollegeMajor = (index, colleges) => ajax('enroll/sm').pipe(
    switchMap(data => data.response),                   //切换到后端返回的响应数据流
    scan((all, enroll) => colleges.push({               //存入数组
        cname: enroll.college,                          //学院名称
        major: JSON.parse(enroll.major)                 //专业名称
    }), 0),
    //设置为 undefined,以便出错时将图形显示为无数据的灰色圆圈
    catchError(() => majorNo.value = undefined),
    finalize(() => index.value = 0)                     //默认显示第 1 个学院
).subscribe()

defineExpose({
    index,
    colleges,
    majorNo
})
</script>
<style scoped>
.chart-select, select {
    position: relative;
    left: 0;
    top: 0;
```

```
    font - size: 14px;
    z - index: 9999;
}
</style>
```

12.6.6 招生饼图组件

在 app-view/enroll-chart 模块的 src/main/resources/static/modules 下创建招生饼图组件 enroll.charts.vue，该组件负责 ECharts 饼图的构建与显示，代码的整体结构如下。

```
<template>
    <div class="enroll - chart" ref="chartDom"></div>
</template>
<script setup>
const {
    defineProps, toRef, ref, defineEmits,
    reactive, watch, defineExpose
} = Vue
const {fromFetch} = rxjs.fetch
const {switchMap, catchError, EMPTY} = rxjs

const chartDom = ref(null)
const enrollData = reactive([])

const props = defineProps({
    majorNo: String
})
//解构出 majorNo,类似于 const {majorNo} = toRefs(props)
const majorNo = toRef(props,'majorNo')
const emits = defineEmits(['isLoading'])                //声明自定义事件 isLoading

watch(majorNo, value => chartsOptionData(chartsOption, value))
const chartsOptionData = (chartsOption, majorNo) => {   //获取数据、构建图形,待编写}
const chartsOption = {                                  //设置图形修饰项,待编写}
defineExpose({chartDom})
</script>

<style scoped>
.enroll - chart {
    position: relative;
    left: 0;
    top: - 20px;
    width: 810px;
    height: 440px;
    font - size: 14px;
    border: 0 solid #90aae7;
    z - index: 999;
}
</style>
```

12.6.7 获取数据构建图形

chartsOptionData()方法调用远程服务项目 Enroll 的服务接口 getEnroll5ByMno，根据传递的专业代码，获取近五年的招生数据，其对应的路由地址是“enroll/${majorNo}”。

chartsOptionData 方法的代码如下。

```
const chartsOptionData = (chartsOption, majorNo) => {
    emits('isLoading', true)                                    //显示进度提示信息
    //调用远程服务接口
    const observer = fromFetch(`enroll/${majorNo}`).pipe(       //定义一个观察者
        switchMap(response => response.ok ?                     //是否正常获取到数据
            response.json() : EMPTY),
        catchError(() => EMPTY)
    )
    const consumer = {                                          //定义数据的消费者
        next: (data => {                                        //消费数据
            enrollData.length = 0                               //清空数组
            data.forEach(enroll => enrollData.push({
                value: enroll.enrollment,                       //招生数据
                name: enroll.nian                               //年份
            }))
        }),
        complete: (() => {
            emits('isLoading', false)                           //关闭进度提示信息
            chartDom.value.removeAttribute('_echarts_instance_')  ①
            let myChart = echarts.init(chartDom.value)          //初始化 ECharts
            myChart.setOption(chartsOption)                     //修饰 ECharts 图形
        })
    }
    observer.subscribe(consumer)                                //订阅
}
```

① _echarts_instance_是 ECharts 实例化过程中，在相应的<div>容器生成并附加的属性，该属性实际上就代表了当前 ECharts 的标识 ID。移除该属性，意味着彻底清除了<div>中的 ECharts 图形对象。

12.6.8 设置图形修饰项

设置图形修饰项比较简单，定义一个 chartsOption 对象即可，代码如下。

```
const chartsOption = {
    title: {                                //标题
        text: '近 5 年招生情况一览',
        left: 'center',
        textStyle: {
            fontSize: '16px',
            fontStyle: 'normal',
            fontWeight: 'normal'
        },
        top: 0
    },
    tooltip: {                              //提示文本
        trigger: 'item'                     //鼠标悬浮在项目上时弹出提示
    },
    legend: {                               //图例
        orient: 'vertical',                 //垂直放置图例
        left: 'right',
        textStyle: {
            fontSize: '14px',
            fontStyle: 'normal',
        },
```

```
            top: 0
        },
        series: [                                   //数据序列
            {
                name: '招生人数',
                type: 'pie',
                roseType: 'radius',                 //显示成南丁格尔图,通过半径大小区分数据大小
                center: ['50%', '50%'],
                radius: '85%',                      //饼图半径
                data: enrollData,                   //具体的数据
                itemStyle: {
                    emphasis: {                     //鼠标悬浮到饼图分块时强调显示的样式
                        borderRadius: 8,
                        shadowBlur: 30,
                        shadowOffsetX: -10,
                        shadowOffsetY: 10,
                        shadowColor: 'rgba(0, 0, 0, 0.5)'
                    }
                },
                label: {                            //文本标签
                    normal: {
                        show: true,
                        formatter: '{d}%'           //显示为百分比形式
                    }
                }
            }
        ]
    }
```

12.6.9 修改主页导航组件

最后,修改 app-view/home 模块的主页导航组件 home.menu.vue,将 enroll.index.vue 挂载到主页导航菜单上。

```
<script setup>
import LoginIndex from 'modules/user.login.index.vue'
import RegistIndex from 'modules/user.regist.index.vue'
import CollegeIndex from 'modules/college.index.vue'
import QueryIndex from 'modules/query.index.vue'
import EnrollIndex from 'modules/enroll.index.vue'

const menus = [
    {id: 'home', name: '首\u3000页', module: null},
    {id: 'login', name: '用户登录', module: LoginIndex},
    {id: 'regist', name: '用户注册', module: RegistIndex},
    {id: 'college', name: '学院风采', module: CollegeIndex},
    {id: 'query', name: '学生查询', module: QueryIndex},
    {id: 'enroll', name: '招生一览', module: EnrollIndex},
    …
]
…
</script>
```

至此,招生一览模块全部编写完成。要测试招生一览的运行效果,请务必要启动 Enroll 项目,否则 TAMS 项目无法获取到招生数据。

第13章

资料上传

资料上传模块用于为成功登录的用户提供各种资料文件的上传服务。本章介绍了资料上传模块的功能需求、界面设计、前后端模块的结构，实现了后端服务的响应式文件流处理，以及前端的自定义文件拖放指令、链式文件上传业务流等内容。本章内容是TAMS系统的辅助性功能，为用户共享资料提供了方便。

13.1 功能需求及界面设计

资料上传模块的功能需求主要包括①构建文件上传界面，界面背景设计为放射状渐变颜色；②登录后的用户才能上传文件，用户需要将待上传的若干文件，用鼠标拖放到界面的指定区域；③上传文件的总计大小不能超过50MB；④文件上传后，保存文件名时做统一的格式化处理：日期时间-用户名-文件名，例如，202310180930-张三丰-管理学院回告.xlsx；⑤若需要将某文件从待上传文件清单中移去，双击该文件名即可；⑥后端服务采用响应式文件流的方式上传文件。资料上传界面如图13-1所示。

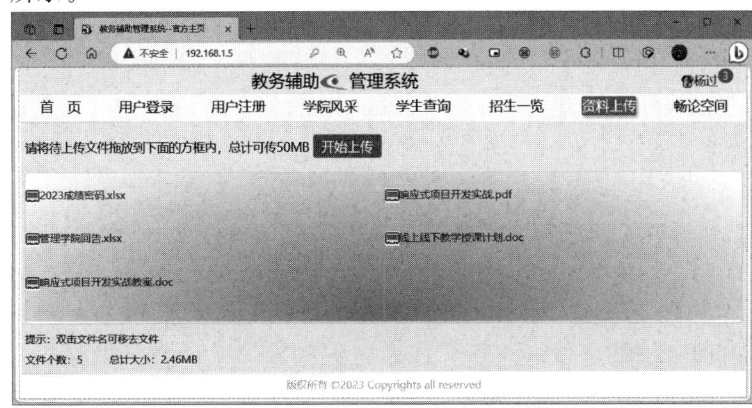

图13-1 资料上传界面

13.2 后端服务模块

13.2.1 模块的整体结构

后端服务模块 app-server/file-service 的整体结构比较简单，只包含两个文件：一个是模块配置文件 application-file.yaml，另外一个是文件上传的服务类文件 FileHandler.java，如图 13-2 所示。

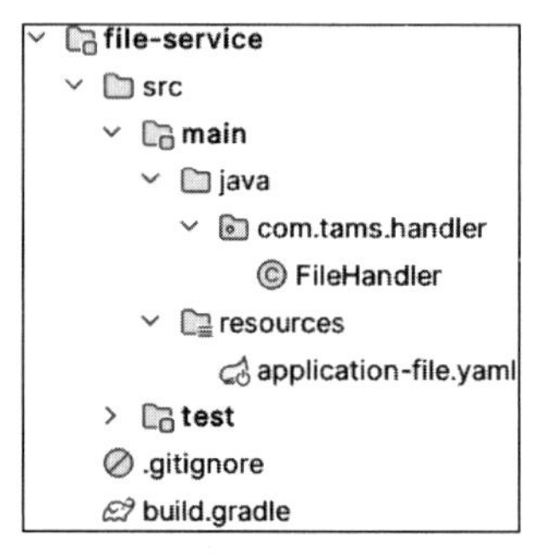

图 13-2 服务端 file-service 结构

13.2.2 修改 build.gradle 构建脚本

构建脚本 build.gradle 用于配置 file-service 模块的公共依赖插件、前端视图依赖项。修改好 build.gradle 的内容，并重载更改。

```
plugins {
    id 'server.common'
}
dependencies {
    implementation project(':app-view:file-service')      //需要前端视图
}
```

13.2.3 配置 application-file.yaml 并导入 app-boot

1. 配置 application-file.yaml

在 src/main/resources 下新建 application-file.yaml，配置路由路径以及上传后的文件存放位置，内容如下。

```
file:
  route.path: /file/up/{username}                # 文件上传服务的路由路径
  uploadPath: upfiles                            # 文件上传后的目标存放文件夹
```

文件上传后，存放到 upfiles 文件夹，这是没有将项目正式发布到 Docker 容器前、在 IntelliJ IDEA 中调试运行时的“暂存”文件夹。该文件夹默认位置是项目所在盘符的文件夹路径，例如，TAMS 项目是保存在 E:\rworks 文件夹下的，那么 upfiles 就是指 E:\upfiles。当资料上传模块编

写完成、测试运行效果时，务必事先在E盘创建好upfiles文件夹，否则上传会报错。

当然，当项目正式发布到Docker容器时，目标存放文件夹是不能使用带有绝对路径的“E:\upfiles”，这个问题第15章再进行处理。

2. 导入app-boot

修改app-server/app-boot模块的配置文件application.yaml，导入application-file.yaml的配置内容。

```
spring:
  config.import:
    ...
    - optional:application-enroll.yaml
    - optional:application-file.yaml
```

13.2.4　编写文件上传的服务组件

在src/main/java下新建包com.tams.handler，在其下新建服务类组件FileHandler.java。该组件代码如下。

```
@Component
public class FileHandler {
    @Value("${file.uploadPath}")
    private String uploadPath;
    public Mono<ServerResponse> uploadFile(ServerRequest request) {
        AtomicReference<String> username = new AtomicReference<>();
        return request.body(BodyExtractors.toParts())                    //提取请求中的表单域数据
                .publishOn(Schedulers.parallel())                        //在调度器工作单元上并行执行
                .filter(part -> {
                    if (part instanceof FormFieldPart)                   //如果是表单的文本域数据
                        username.set(((FormFieldPart) part).value());    //暂存用户名
                    return part instanceof FilePart;                     //返回表单的文件域数据
                })
                .cast(FilePart.class)                                    //转换为文件
                //将流中的各文件流数据保存到目标文件夹
                .flatMap(file -> file.transferTo(destPath(file, username.get())))
                .then(ok().build())                                      //成功
                .onErrorResume(e -> status(EXPECTATION_FAILED).build());            //出错
    }
    //构建保存上传文件的目标路径
    private Path destPath(FilePart file, String username) {
        String fileName = file.filename();
        SimpleDateFormat date = new SimpleDateFormat("yyyyMMddHHmm");
        //文件保存格式:日期时间-用户名-文件名
        return Paths.get(String.format("/%s/%s-%s-%s", uploadPath,
                date.format(new Date()), username, fileName));
    }
}
```

13.2.5　定义函数式路由映射Bean

在app-server/app-boot模块的AppConfig.java类中添加fileRoute()路由映射Bean。

```
@Configuration
@RequiredArgsConstructor
public class AppConfig {
    private static final RequestPredicate FORM_DATA =
                                accept(MediaType.MULTIPART_FORM_DATA);
    ...
    @Value("${file.route.path}")
    private String fileEndPoint;
...
@Bean
public RouterFunction<ServerResponse> fileRoute(FileHandler handler) {
    return route()
            .POST(fileEndPoint, FORM_DATA, handler::uploadFile)
            .filter(authFilter)         //验证用户的有效性,请参阅 11.5.1 节
            .build();
    }
}
```

13.3 前端视图模块

13.3.1 整体结构的设计

前端 app-view/file-service 模块非常简单,只包含一个入口类的页面组件 upload.index.vue,如图 13-3 所示。

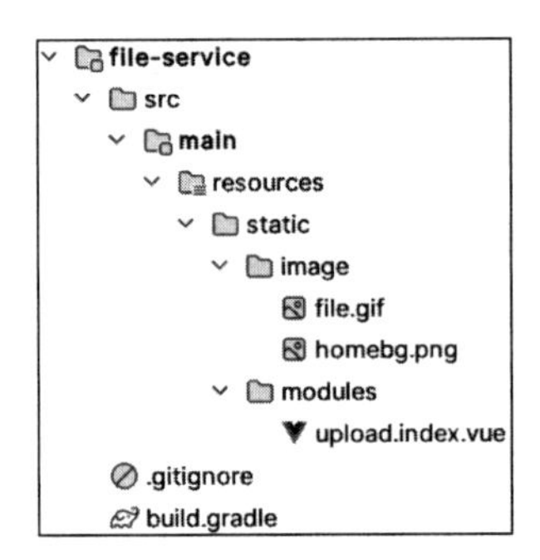

图 13-3　前端 file-service 结构

13.3.2 自定义文件拖放指令

需要设计一个专门的文件拖放指令 dragDropFile：当用户拖放若干个待上传的文件时,保存待上传文件到数组中,以便传递给后端,并在界面上构建出这些待上传文件的简易缩略图。该指令的应用形式为 v-drag-drop-file,用于主文件中界面上 id 值为 files-list 的<div>层。

修改 app-view/public 模块的 app.plugins.js,添加自定义指令 dragDropFile。

```
import {useStore} from '../store/index.js'
export default {
    name: 'app.plugins',
    install: (app, options) => {
```

```
...
app.directive('dragDropFile', {                       //定义 dragDropFile 指令
    mounted: (element, binding) => {
        const {
            fromEvent, Observable, tap,
            mergeWith, switchMap, filter, scan
        } = rxjs
        const {h, render} = Vue
        binding.value.splice(0)                       //清空数组中的旧文件数据
        new Observable().pipe(
            mergeWith(fromEvent(element, 'dragover'),
                fromEvent(element, 'drop')),    //合并拖、放事件
            //拖放文件时,阻止浏览器默认的打开文件行为
            tap(event => event.preventDefault()),
            switchMap(event => event.dataTransfer.files), //获取拖放的文件
            //过滤掉重复拖放的文件
            filter(file => binding.value.every(f => f.name !== file.name)),
            scan((acc, file) => {                    //扫描用户拖放的若干文件
                binding.value.push(file)          //当前文件加入到待上传文件数组中
                //创建一个虚拟的结点对象
                const fragment = document.createDocumentFragment()
                render(h('div', [                 //在页面上构建待上传文件的简易缩略图
                    h('img', {                    //待上传文件前面放置一个小图标
                        src: 'image/file.gif',
                        style: {verticalAlign: 'middle'}
                    }),
                    h('span', {                   //待上传文件的文件名
                        innerText: file.name,
                        style: {cursor: 'pointer'},
                        ondblclick: () => {   //双击时移去该文件
                            let index = binding.value.indexOf(file)
                            element.removeChild(element.children[index])
                            binding.value.splice(index, 1) //删除
                        }
                    })
                ]), fragment)                     //将 div 层渲染到虚拟结点 fragment
                element.appendChild(fragment)  //将 fragment 添加到 element
            }, 0)
        ).subscribe()
    }
})
    }
}
```

13.3.3 编写前端主文件

在 app-view/file-service 模块的 src/main/resources/static/modules 文件夹下创建前端主文件 upload.index.vue。该文件包含三个部分：<template>,构建上传界面；<script setup>,文件上传的交互处理脚本；<style scoped>,CSS 修饰代码。具体代码如下。

```
<template>
    <div class="files-upload">
        <section>
            请将待上传文件拖放到下面的方框内,总计可传 50MB
            <button v-submit-button:style.width="'80px'" @click="doUpload()">
```

```
                开始上传
            </button> 
            <span class="procMessageTip" v-show="!uploading.isDoing">
                {{ uploading.tip }}
            </span>
            <loading :visible="uploading.isDoing">
                正在上传文件,请稍候...
            </loading>
        </section>
        <section class="files-container">
            <div id="files-list" v-drag-drop-file="myFiles"></div>
        </section>
        <section class="footer-tip">
            <span>提示:双击文件名可移去文件</span><br/>
            文件个数:{{ myFiles.length }}   
            总计大小:{{
                fileSizeCount >= 1024 ? (fileSizeCount / 1024).toFixed(2) + 'MB'
                    : fileSizeCount + 'KB'
            }}
        </section>
    </div>
</template>
<script setup>
import Loading from './loading.vue'                    //加载进度提示组件

const {
    reactive, computed, getCurrentInstance, defineExpose
} = Vue
const {
    of, map, tap, switchMap, filter,
    catchError, finalize, concat
} = rxjs
const {fromFetch} = rxjs.fetch

const tipMessage = {                                   //定义一些字符串常量
    UNAUTHORIZED: '未登录用户,无法上传文件!',
    LOGIN_EXPIRATION: '登录身份已失效,需重新登录才能上传!',
    NO_SELECTED_FILES: '请先选择待上传的文件!',
    EXCEED_LIMIT: '文件总计大小超过限制!',
    SUCCESS: '个文件上传成功!',
    WRITE_ERROR: '写文件出错,上传失败!',
    SYS_ERROR: '系统错误,无法上传文件!'
}
const uploading = reactive({
    isDoing: false,                                    //上传进度提示组件
    tip: null                                          //上传过程中的提示信息
})
const {proxy} = getCurrentInstance()
const useStore = proxy.$useStore                       //用户状态数据
const myFiles = reactive([])                           //存放待上传文件的数组

const fileSizeCount = computed(() => {                 //计算待上传文件的总计大小
    let totalSize = 0.00
    myFiles.forEach(f => totalSize += f.size)
    return (totalSize / 1024).toFixed(2)
})

const doUpload = () => {                               //上传业务流处理函数
    const {procStream} = uploadChain()
```

```
    procStream.subscribe()
}
const uploadChain = () => {                                //链式上传业务流,待编写}

defineExpose({
    fileSizeCount,
    uploading,
    doUpload,
})
</script>

<style scoped>
.files-upload {
    position: relative;
    width: 840px;
    height: 98%;
    line-height: 50px;
    text-align: left;
    padding: 4px;
    margin: 0 auto;
    display: grid;                                         /* 网格布局 */
    border: 0;
    background: #eaf1f1;
    font-size: 14px;
}
.files-container {
    text-align: center;
    color: #f00;
    height: 330px;
    font-size: 14px;
    border: 0;
}
.procMessageTip {
    color: #f00;
}
.footer-tip {
    font-size: 12px;
    color: #0505ab;
    line-height: 30px;
}
#files-list {
    background: #fff;
    border: 1px solid #ecd8d8;
    border-radius: 5px;
    text-align: left;
    color: #1d1dea;
    height: 100%;
    font-size: 12px;
    background: radial-gradient(rgba(118, 171, 247, 0.88), #fff); /* 放射状渐变背景 */
    column-count: 2;                                       /* 内容划分为2栏显示 */
    column-gap: 2px;                                       /* 列间隙为2px */
    column-rule: 1px dotted #f7d204;                       /* 列规则:列之间1px、淡黄色点线 */
}
</style>
```

13.3.4　实现链式上传业务流

将文件上传业务划分成4个功能单一的业务处理单元：①构建表单数据，主要包含文本域(用户名)、文件域(待上传文件)数据;②有效性检查,主要包括检查用户登录状态是否失效、文件总计大小是否超限;③调用后端服务上传文件;④处理后端服务的响应结果。链式上传业务流处理函数 uploadChain()的代码如下。

```
const uploadChain = () => {
    const formData = of(null).pipe(                          //构建表单数据
        map(() => (new FormData())),
        tap(fData => fData.append('username', useStore.user.username)),
        tap(fData => myFiles.forEach(f => fData.append('file', f))),
    )
    const checkFiles = formData.pipe(                        //有效性检查
        filter(fData => {
            let filtered = false
            if (useStore.token == null)                      //未登录用户
                uploading.tip = tipMessage.UNAUTHORIZED
            else if (fData.get('file') == null)              //没有选择待上传的文件
                uploading.tip = tipMessage.NO_SELECTED_FILES
            else if (parseInt(fileSizeCount.value) > 1024 * 50)  //文件总计超过 50MB
                uploading.tip = tipMessage.EXCEED_LIMIT
            else filtered = true
            return filtered
        })
    )
    const postFiles = checkFiles.pipe(                       //调用后端服务上传文件
        tap(() => {
            uploading.tip = ''                               //提示信息置空
            uploading.isDoing = true                         //显示进度提示组件
        }),
        //调用后端服务程序
        switchMap(fData => fromFetch(`file/up/${useStore.user.username}`,
            {
                method: 'POST',
                headers: {'Authorization': useStore.token},  //传送令牌
                body: fData                                  //提交的表单数据
            }))
    )
    const procStream = concat(postFiles).pipe(               //处理后端服务的响应结果
        map(response => {
            if (response.status === 200) {                   //上传成功
                uploading.tip = myFiles.length + tipMessage.SUCCESS
                myFiles.splice(0)                            //清空数组
                document.querySelector('#files-list')
                    .innerHTML = ''                          //清空界面
            } else if (response.status === 401) {            //用户登录状态已经失效
                uploading.tip = tipMessage.LOGIN_EXPIRATION
                useStore.setToken(null)                      //更改用户状态数据中的 token
            } else                                           //写文件出错
                uploading.tip = tipMessage.WRITE_ERROR
        }),
        catchError(err => {
            uploading.tip = tipMessage.SYS_ERROR
            return of(err)
        }),
        finalize(() => uploading.isDoing = false)            //关闭进度提示组件
    )
    return {procStream}
}
```

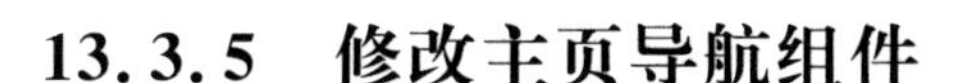

13.3.5　修改主页导航组件

与其他模块类似，需要修改 app-view/home 模块的主页导航组件 home. menu. vue，将 upload. index. vue 挂载到主页导航菜单上。

```
<script setup>
…
import QueryIndex from 'modules/query.index.vue'
import EnrollIndex from 'modules/enroll.index.vue'
import UploadIndex from 'modules/upload.index.vue'

const menus = [
    …
    {id: 'query', name: '学生查询', module: QueryIndex},
    {id: 'enroll', name: '招生一览', module: EnrollIndex},
    {id: 'upload', name: '资料上传', module: UploadIndex},
    …
]
…
</script>
```

现在，可启动项目，对招生一览功能进行测试，检查运行情况是否符合功能需求。

第14章

畅论空间

畅论空间模块为登录用户提供讨论、学习交流的场所。本章介绍了畅论空间的功能需求、界面设计、技术架构以及消息服务，采用 Apache Kafka＋WebSocket 实现了后端响应式消息服务，而前端则利用 RxJS. webSocket、Sec-WebSocket-Protocol 子协议、defineCustomElement 自定义元素等技术来组合处理。本章模块的功能实现，满足了用户信息交流的辅助需求。

14.1 功能需求及界面设计

畅论空间模块的功能需求主要包括①用户处于有效登录状态时(登录成功且未超时失效)，可进入畅论空间发送聊天信息；②当前登录用户所发消息显示在聊天区的右侧，消息背景为绿色；其他用户的消息显示在聊天区的左侧，消息背景为白色；③用户进入畅论空间时，自动向其推送最近的 10 条消息记录；④消息发送失败时自动重发三次；⑤界面 CSS 样式表文件使用动态加载技术。畅论空间界面如图 14-1 所示。

畅论空间通过 WebSocket 进行消息传递，使用 Apache Kafka 存储消息并用响应式发送器、接收器收发消息。畅论空间的总体技术架构如图 14-2 所示。

从技术架构来看，畅论空间功能的实现需要消息服务的支持。

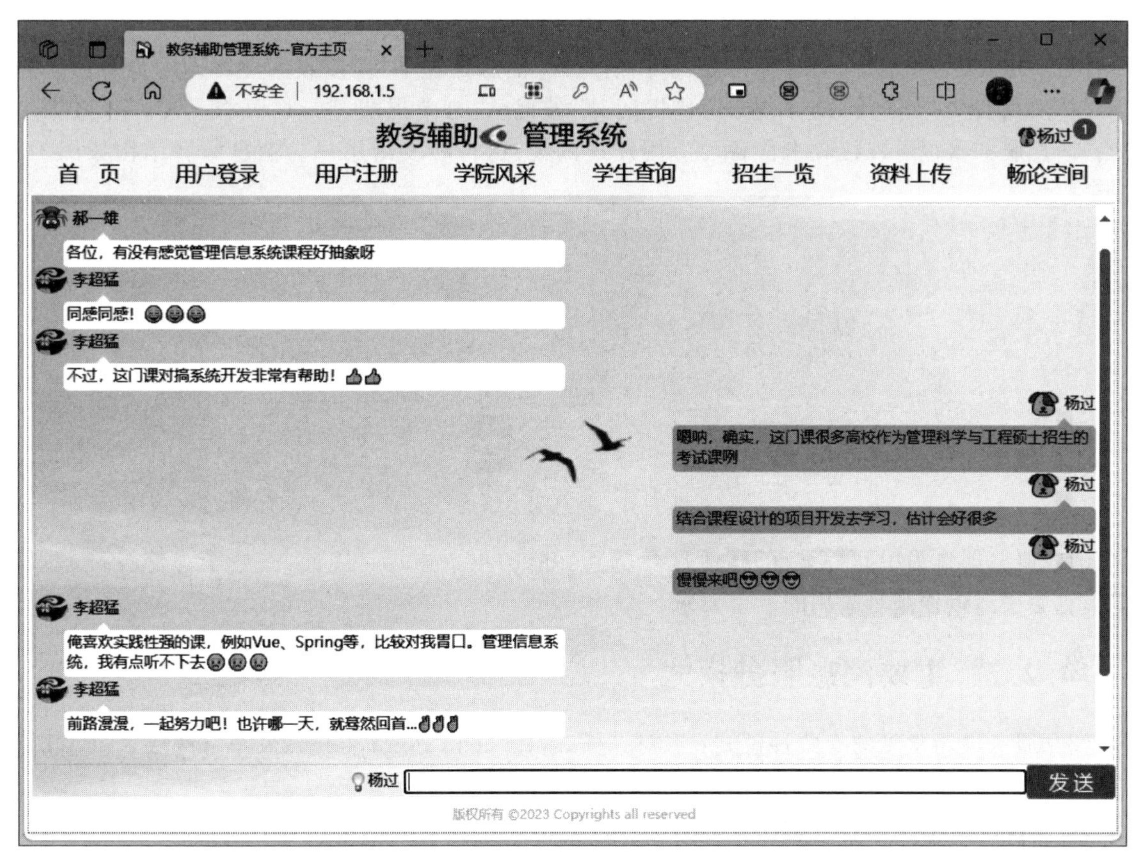

图 14-1　畅论空间界面

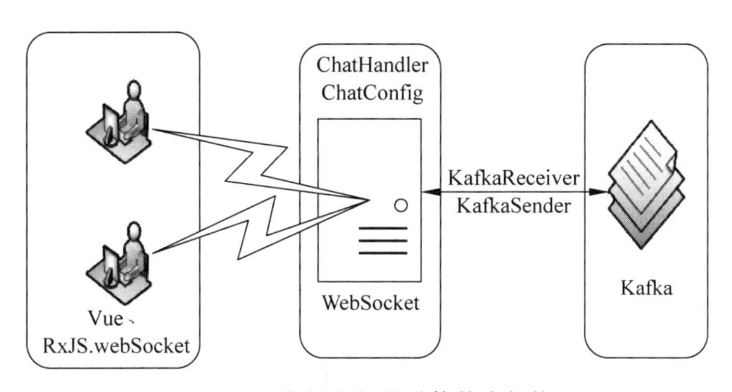

图 14-2　畅论空间的总体技术架构

14.2　消息服务概述

14.2.1　消息服务简介

消息(Message)是指在应用之间传送的数据，可以是普通的文本字符串，也可以是一个对象。

消息服务是指在应用之间提供消息传递并进行消息管理。

用户发送或接收消息，消息服务器（或称消息件、消息处理平台）接收用户发送的消息，存储消息，并转发给各类应用（例如，日志、短信提醒、账务提示、订单提醒等），也可视需要存入数据库。当然，消息服务器也可以接收来自各类应用发送的消息，再转发给用户。消息服务结构如图 14-3 所示。

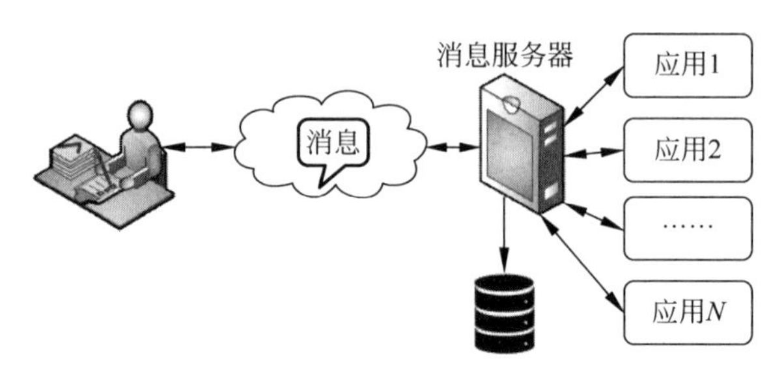

图 14-3　消息服务结构

消息服务器作为中间桥梁，可靠性是衡量其性能的重要指标。因此，一些消息服务产品宣称“零消息丢失”，以便满足应用的严苛要求。

14.2.2　主要消息服务模式

消息服务最为常见的有两种模式：点对点模式（Point to Point，P2P）、发布订阅模式（Publish/Subscribe）。

1. 点对点模式

消息通过虚拟的消息队列（Message Queue，MQ）进行交换。MQ 是一种应用之间消息通信的方式。消息队列中的某条消息只能被一个接收者消费。生产者（发送消息）和消费者（接收消息）之间是松散的，可在运行时动态添加，就像甲随时可以向乙发送消息，并不需要甲、乙事先约定好。甲发送消息后可以等待乙的回应，也可以无须乙的回应，发送后就不管了。

消费者从消息队列中获取到消息后，该消息就会被从队列中移除。消费者不能再去队列中获取该消息了，也就是说，消费者不能消费已被消费过的消息。

2. 发布订阅模式

生产者将消息发送到主题（topic）中。希望获取某个主题消息的消费者，需要订阅该主题才能接收到生产者发布的消息。一个主题上可以有许多订阅者，每个订阅者都能收到生产者发布的消息，即发布到 topic 的消息可被所有订阅者消费，每个订阅者都能得到一份消息的备份。发布订阅模式的结构如图 14-4 所示。

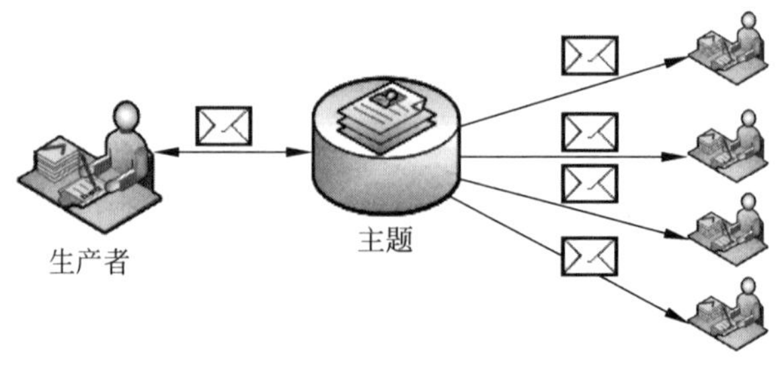

图 14-4　发布订阅模式的结构

3. 消息传递方法

以 JSON 格式发送或接收消息。主要采用以下两种方法。

(1) 通过轮询收发消息。轮询就是客户端定时向服务器发出请求，不管服务器有无结果返回，到下一个时间点继续下一轮的轮询。这种方式容易造成带宽和服务器资源的浪费。当客户端数量较多时，容易出现问题。

(2) 通过 WebSocket 收发消息。WebSocket 是一种标准化方法，客户端和服务器只需一次 HTTP 握手，通过单个 TCP 连接，通信过程建立在全双工双向通信通道中。连接建立后，服务器端可主动推送消息到客户端，直到客户端关闭请求。客户端无须循环发出请求。WebSocket 能够实现消息的实时通知，性能开销小，节省服务器资源和带宽。非常适合 Web 应用程序中客户端和服务器需要高频率、低延迟、大数据量交换的场景，例如，实时数据采集、聊天、金融股票展示等方面。WebSocket 访问格式为 ws://主机/WebSocket 端点，例如，ws://192.168.1.5/chat。

4. 流行的消息队列产品

市场上的消息队列产品很多，流行的例如 RabbitMQ、ActiveMQ Artemis、Kafka 等。

RabbitMQ 是一个用 Erlang 语言开发的、开源的消息队列服务软件，以其高性能、健壮、可伸缩性在业界闻名。官网地址为 https://www.rabbitmq.com/download.html。ActiveMQ Artemis 是一款开源、多协议、基于 Java 的高性能、非阻塞的消息服务产品，支持集群、共享存储、JDBC 等特性。官网地址为 https://activemq.apache.org/components/artemis。Kafka 则来自著名的 Apache 软件基金会。

Spring 对上述三种产品都提供了支持，本章将使用 Apache Kafka 作为消息服务器，并采用发布订阅模式。

14.3 使用 Apache Kafka 作为消息服务器

14.3.1 Apache Kafka 简介

Apache Kafka 是 Apache 基金会最活跃的 5 大项目之一，是一种开源、分布式事件流处理平台。

Kafka 可扩展、高可用、数据持久化、高吞吐量、高性能，宣称“零消息丢失”。Kafka 在国内外市场都得到了广泛应用，互联网 IT 公司、各类厂商、证券交易所，以及成千上万的机构都在用 Kafka 进行数据集成、消息服务应用、高性能数据管道等，在金融、保险、制造、通信等行业有较高的市场占有率。

14.3.2 下载并启用 Kafka 服务器

到官网 https://kafka.apache.org/downloads 下载 Kafka，解压到某个文件夹，例如 D:\kafka_2.13-3.6.0。要启用 Kafka，需要先启动 ZooKeeper。Apache ZooKeeper 是一个分布式、开源的应用程序协调服务器。

1. 先启动 ZooKeeper

进入 DOS 命令提示符方式，改变目录到 D:\kafka_2.13-3.6.0\bin\windows，输入命令：

```
zookeeper-server-start  ../../config/zookeeper.properties
```

将启动 ZooKeeper。在这个过程中，Kafka 默认会创建一个文件夹 d:\tmp，作为运行过程中的临时文件夹。

2. 再启动 Kafka

打开另外一个 DOS 命令提示符窗口，改变目录到 D:\kafka_2.13-3.6.0\bin\windows，输入命令：

```
kafka-server-start  ../../config/server.properties
```

将启动 Kafka，如图 14-5 所示。

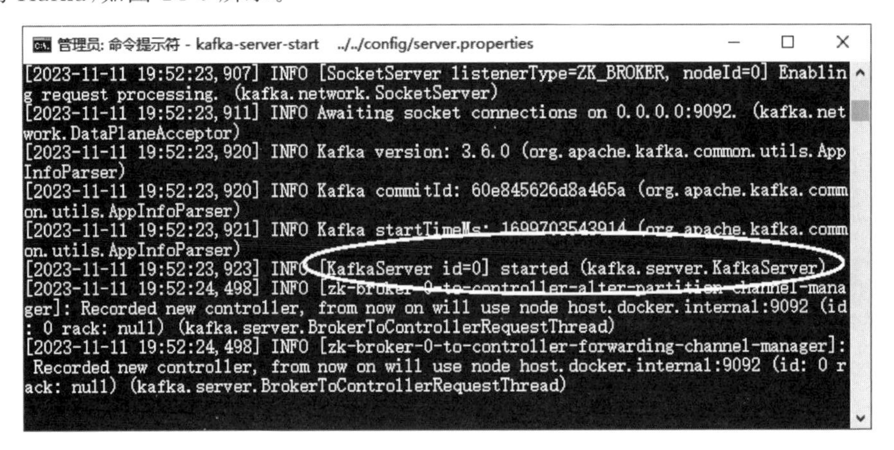

图 14-5 启动 Kafka

提示：*若启动报错，可尝试再次运行该命令。若仍然无法启动，则关闭 ZooKeeper，删除 D:\tmp 文件夹(旧的消息记录会被删除)，再重复(1)(2)步骤即可。*

3. 创建消息主题

由于采用发布订阅模式来收发消息，所以需要创建一个消息主题 tams-chat。再次打开一个 DOS 命令提示符窗口，仍然改变目录到 D:\kafka_2.13-3.6.0\bin\windows，输入命令：

```
kafka-topics --create --bootstrap-server localhost:9092 --topic tams-chat
```

Kafka 提示创建完成，如图 14-6 所示。

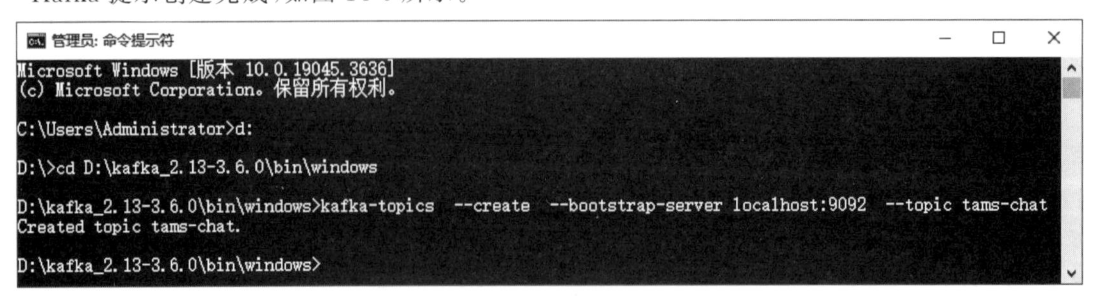

图 14-6 创建主题

4. 辅助管理软件

由于 Kafka 并没有提供图形化的消息管理工具，实际中使用会有诸多不便。可以给 IntelliJ IDEA 安装一个 Big Data Tools 插件，利用该插件，即可查看 Kafka 的消息记录，如图 14-7 所示。

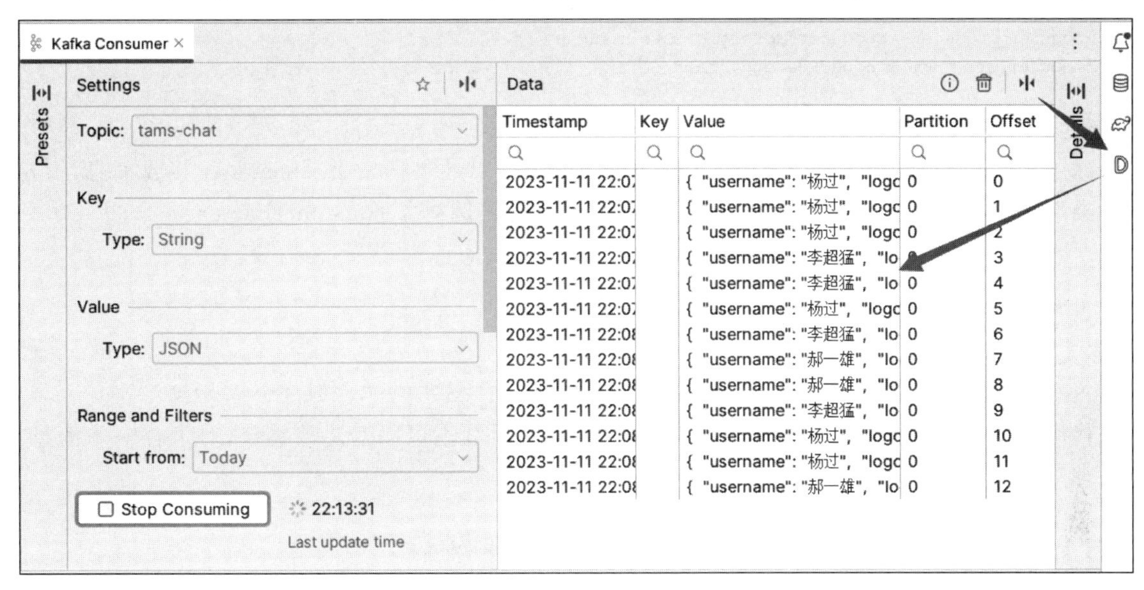

图 14-7 查看 Kafka 消息

或者借助第三方工具 Offset Explorer，也可方便查阅 Kafka 消息。Offset Explorer 是一款专门针对 Kafka 的图形化工具，可以到其官网 https://www.kafkatool.com/download.html 免费下载使用。

14.3.3 KafkaTemplate 模板

Spring 提供了 KafkaTemplate，无须进行烦琐的配置，高度封装化。只需要注入 KafkaTemplate 实例对象即可。

```
private final @NonNullKafkaTemplate kafka;
```

然后，就可用该模板发送消息：

```
kafka.send("tams - chat", message.getPayload());
```

接着，就可利用@KafkaListener 注解某个方法，接收消息并处理。

```
@KafkaListener(topics = "tams - chat")
public void processMessage(String message) {
        //对接收到的消息内容 message 进行处理
}
```

14.3.4 生产者 Producer 和消费者 Consumer

1. 生产者 Producer

也可以创建生产者 Producer，利用生产者发送消息。首先，需要注入生产者工厂

ProducerFactory 类的实例对象 producerFactory。

```
private final @NonNullProducerFactory producerFactory;
```

然后,就可以利用该实例对象创建生产者并发送消息。

```
Producer producer = producerFactory.createProducer();
producer.send(new ProducerRecord("tams - chat", "hello,kafka!"));
```

2. 消费者 Consumer

除了利用@KafkaListener 监听器接收消息外,还可以通过消费者 Consumer 接收消息。与生产者类似,先要注入消费者工厂 ConsumerFactory 类的实例对象 consumerFactory。

```
private final @NonNullConsumerFactory consumerFactory;
```

再利用该工厂创建消费者,并消费消息。

```
Consumer consumer = consumerFactory.createConsumer();
ConsumerRecords<String, String> records = consumer.poll(Duration.ofMillis(1000));
```

代码在 1000ms 内拉取消息并返回消费记录集合,后续就可以遍历该集合,对集合中的消息进行处理。

14.3.5 Kafka 响应式消息发送器和接收器

不过,更好的处理方法是使用 Reactor Kafka 提供的 API 进行响应式消息发送和接收。Reactor Kafka 是基于 Reactor 和 Kafka 的组合技术,提供响应式 Producer/Consumer 函数式 API,来发布或消费 Kafka 消息,具备无阻塞、低开销的特点,且内置了对背压问题的解决方案。

要使用 Reactor Kafka,需要配置好相关依赖项。在 5.3.1 节的 server.common.gradle 中,其实已经做好了配置。

1. 发送器 KafkaSender

响应式消息发送器 KafkaSender 用来发送消息。KafkaSender 一般需要通过 SenderOptions 配置项来创建,需要先注入配置类 KafkaProperties 的实例对象。

```
private final @NonNullKafkaProperties kafkaProp;
```

然后,创建 SenderOptions。

```
SenderOptions options = SenderOptions.create(kafkaProp.buildProducerProperties());
```

最后,就可以创建发送器并发送消息。

```
KafkaSender.create(options).send(…);
```

2. 接收器 KafkaReceiver

与 KafkaSender 类似,响应式消息接收器 KafkaReceiver 用来接收消息。同样,KafkaReceiver 也需要利用 ReceiverOptions 配置项来创建,例如:

```
private final @NonNull KafkaProperties kafkaProperties;
ReceiverOptions<Integer, String> options =
        ReceiverOptions.<Integer, String>create(kafkaProperties.buildConsumerProperties());
Flux<ReceiverRecord<Integer, String>> flux = KafkaReceiver.create(options).receive();
flux.subscribe(r -> {
```

```
    //对消息进行处理
});
```

先注入 KafkaProperties 实例对象，再利用其构建 ConsumerProperties，并基于此创建 ReceiverOptions 对象。然后创建 KafkaReceiver 对象，接收消息。最后，就可以对消息进行各种按需处理。

14.4 后端服务模块的基础处理

14.4.1 模块的整体结构

app-server/chat-room 模块的整体结构如图 14-8 所示。college-list 模块主要包括 4 个文件：ChatConfig，是一个实现 WebFilter 接口的配置文件；MessageDto，消息数据的 DTO 类；ChatHandler，实现 WebSocketHandler 接口，负责收发消息的组件类；application-chat.yaml，负责配置路由路径以及 Kafka 参数。

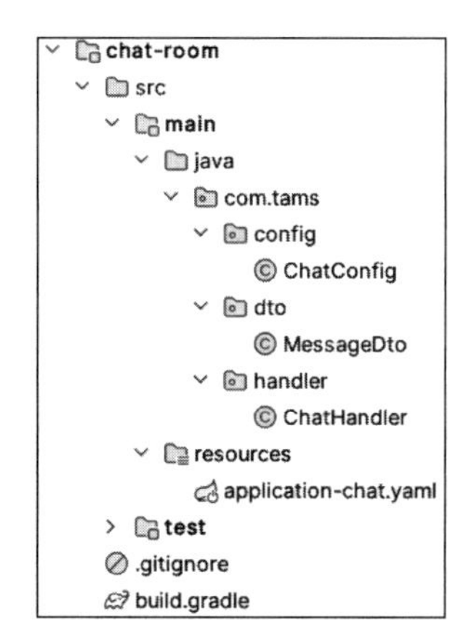

图 14-8　服务端 chat-room 结构

14.4.2 配置 application-chat.yaml 并导入 app-boot

1. 配置 application-chat.yaml

application-chat.yaml 除了配置消息服务的主题、端点路径等内容外，还需要配置 Kafka 服务器地址、消息监听器，并对消息的键值序列化、反序列化进行设置。Kafka 默认是以 byte[]字节数组形式发送接收消息，而每条消息则是由键(key)、值(value)组成。需要指定消息键值的序列化、反序列化数据类型，例如，value 的序列化设置为 StringDeserializer，意味着发送的是字符串类型的消息。application-chat.yaml 具体配置内容如下。

```
spring.kafka:
  advertised.listeners: PLAINTEXT://${server.ip}:9092          #使用无须授权的非加密通道
  bootstrap-servers: ${server.ip}:9092                          #服务器地址
  consumer:                                                     #消息的消费者
    key.deserializer: org.apache.kafka.common.serialization.IntegerDeserializer     #反序列化
```

```
      value.deserializer: org.apache.kafka.common.serialization.StringDeserializer  #反序列化
      auto-offset-reset: latest                                     #消费最近的消息记录
    producer:                                                       #消息的生产者
      key.serializer: org.apache.kafka.common.serialization.IntegerSerializer
      value.serializer: org.apache.kafka.common.serialization.StringSerializer

chat:
  topic-name: tams-chat                                             #订阅模式中的主题名
  ws-endpoint: /chat/{username}                                     #WebSocket 服务的端点地址
  max-poll-records: 10                                              #最多拉取 10 条消息记录推送给登录用户
```

2. 导入 app-boot

修改 app-server/app-boot 模块的配置文件 application. yaml,导入 application-chat. yaml 的配置内容。

```
spring:
  config.import:
    ...
    - optional:application-file.yaml
    - optional:application-chat.yaml
```

14.4.3 修改 build. gradle 构建脚本

修改 build. gradle 的构建脚本,并重载更改。

```
plugins {
    id 'server.common'
    id 'java'
}

dependencies {
    implementation 'org.springframework.kafka:spring-kafka:3.0.9'
    implementation project(':app-server:app-domain')
    compileOnly project(':app-server:app-util')
    implementation project(':app-view:chat-room')
}
```

脚本中的 spring-kafka 依赖,可用于自动注入 KafkaProperties 实例对象,以便读取 application-chat. yaml 中 spring. kafka 的配置信息。

14.4.4 编写 MessageDTO 类

在 chat-room/src/main/java 下创建包 com. tams. dto,在其下新建 MessageDto. java 类。

```
@Data
@Builder
@NoArgsConstructor
@AllArgsConstructor
public class MessageDto implements Serializable {
    private String username;                    //用户名
    private String logo;                        //用户头像
    private String role;                        //用户角色
    private String message;                     //消息
}
```

14.5 创建 WebSocket 服务

14.5.1 实现 WebSocketHandler 接口

要想创建 WebSocket 服务，需要实现 WebSocketHandler 接口，然后改写该接口的 handle()方法实现消息处理。在 chat-room/src/main/java 下创建包 com.tams.handler，新建 ChatHandler.java 类。

```
public class ChatHandler implements WebSocketHandler {
    @Value("${chat.max-poll-records}")
    private long maxPoll;                                          //最多拉取的消息条数
    @Value("${chat.topic-name}")
    private String topicName;                                      //消息主题
    //读取 application-chat.yaml 中 spring.kafka 的配置信息
    private final @NonNull KafkaProperties kafkaProp;
    private final @NonNull Assitant assitant;                      //令牌有效性验证助手
    private enum ChatStatus {                                      //枚举型字符串常量
        NO_CHAT_SERVICE("聊天服务暂不可用,消息未能发送!"),
        RETRY_SEND_MESSAGE("无法发送消息,将重试发送 3 次......");
        public final String value;
        ChatStatus(String value) {
            this.value = value;
        }
        public String value() {
            return this.value;
        }
    }
    //使用一个并发 HashMap 来存放代表每个聊天室用户的 WebSocket 会话对象
    private static final ConcurrentHashMap<String, WebSocketSession> map =
                                                       new ConcurrentHashMap<>();

    @Override
    public @NonNull Mono<Void> handle(WebSocketSession session) {
        String path = session.getHandshakeInfo()
                .getUri()
                .getPath();                      //path 结果值类似于:ws://192.168.1.5/chat/张三丰
        String username = path.substring(path.lastIndexOf("/") + 1);    //取出用户名
        List<String> protocol = session.getHandshakeInfo()
                .getHeaders()
                .get("Sec-WebSocket-Protocol");                    ①
        String token = protocol != null ? protocol.get(0) : null;  //取得前端传递的令牌
        return session
                .receive()
                .takeWhile(message -> token != null &&
                    assitant.verifyToken(token, username))         //登录未失效时继续
                .doFirst(() -> {
                    map.put(session.getId(), session);             //保存用户的 WebSocketSession
                    sinkLatestMessage(session); })                 //拉取最近指定条数的消息
                .map(WebSocketMessage::getPayloadAsText)           //获得消息文本
                .publishOn(Schedulers.parallel())                  //并行化处理
                .map(payload -> sendToKafka(session, payload))     //发送消息到 Kafka
```

```
                .map(payload -> sendToOther(session, payload))      //群发给其他用户
                .doFinally(s -> map.remove(session.getId()))        //移除已关闭连接的用户
                .then();                                            //完成后返回 Mono<Void>
    }
}
```

① 前端需要将当前用户的令牌传递过来，以便判断其有效性。但是，由于 WS 协议本身结构形式的原因，并不适合将令牌直接附加在地址后面。例如，对于地址“ws://192.168.1.5/chat/张三丰”，用问号形式“ws://192.168.1.5/chat/张三丰?token= eyJjdHkiOiJKV1QiLC……”，或者 RESTful 风格形式“ws://192.168.1.5/chat/张三丰/eyJjdHkiOiJKV1QiLC……”附加令牌，都不是好方法，因为 Token 令牌的值通常是比较长的字符串，那么利用 Sec-WebSocket-Protocol 处理令牌是非常好的选择。

Sec-Websocket-Protocol 被用来扩展 WebSocket 协议，以便服务端、客户端能够支持多个子协议。可以利用该子协议传递 Token 令牌，只需要保证客户端请求的子协议与服务器支持的子协议相匹配即可。具体匹配方式是：客户端利用 RxJS 发起 WS 请求时，附加一个属性名为 protocol、值为令牌具体值的数据对，而服务器则在 HTTP 响应头中包含一个属性名为 Sec-WebSocket-Protocol、值同样为令牌具体值的数据对即可。图 14-9 展示了服务端响应标头中 Sec-WebSocket-Protocol 所包含的令牌值。

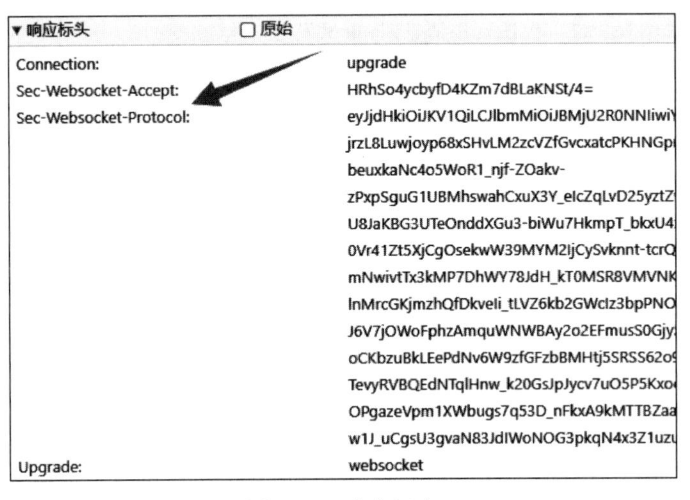

图 14-9　响应标头

14.5.2　从 Kafka 拉取最近的若干条消息

当用户进入聊天室后，需要从 Kafka 拉取最近的若干条消息，并推送给该用户。拉取的消息数量由 application-chat.yaml 的 chat.max-poll-records 定义。sinkLatestMessage()方法代码如下。

```
private void sinkLatestMessage(WebSocketSession session) {
    receiver(session).receive()                 //接收最近的若干条消息，返回 ReceiverRecord 数据
            .publishOn(Schedulers.parallel())
            .map(ReceiverRecord::value)         //转换为字符串数据
            .map(session::textMessage)          //转换为文本型 WebSocketMessage 数据
            .as(session::send)                  //将消息数据发送给当前用户
```

```
            .subscribe();                          //订阅消息流
}
```

sinkLatestMessage()方法利用14.3.5节介绍的响应式消息接收器KafkaReceiver来接收消息，即代码中的receiver(session)方法。下面继续编写receiver(session)方法的代码。

```
private KafkaReceiver<Integer, String> receiver(WebSocketSession session) {
    ReceiverOptions<Integer, String> options = ReceiverOptions
            .<Integer, String>create(kafkaProp.buildConsumerProperties())
            .consumerProperty("group.id", session.getId())    //设置分组 ID
            .addAssignListener(ps -> ps.forEach(p -> {        //利用侦听器查找偏移量
                p.seekToEnd();                              //查找 Kafka 每个分区记录的最大偏移量
                long endOffset = p.position();                //获取偏移量数值
                //定位到需要开始读取的消息记录的起始点
                p.seek(endOffset > maxPoll ? endOffset - maxPoll : 0);
            }))
            .commitBatchSize(10)                              //批量处理,每 10 条消息提交一次
            .subscription(Collections.singleton(topicName));  //设置要订阅的主题
    return KafkaReceiver.create(options);
}
```

代码利用自动注入的KafkaProperties类的实例对象kafkaProp，读取application-chat.yaml中所配置的Kafka消费者参数，并据此创建ReceiverOptions对象。再利用ReceiverOptions对象，设置接收消息的各种参数，最后创建并返回KafkaReceiver对象。

14.5.3　发送消息到 Kafka

与接收消息类似，要将消息发送到Kafka，其核心自然是利用响应式消息发送器KafkaSender。传递给sendToKafka()方法的消息称为入站消息，发送出去的消息称为出站消息。由于只发送到kafka，代码利用Sinks触发器（请参阅4.7节）Sinks.one()单播入站消息，并设置发送失败时的自动重发处理。sendToKafka()方法代码如下。

```
private String sendToKafka(WebSocketSession session, String payload) {
    Sinks.One<ProducerRecord<Integer, String>> sink = Sinks.one();
    var in = Mono.just(payload)                                  //消息入站
            .doOnNext(m -> sink.tryEmitValue(new ProducerRecord<>(topicName, m)));
    var out = sender().createOutbound()                          //消息出站
            .send(sink.asMono())                                 //发送消息到 Kafka 存储起来
            .then()
            .retryWhen(Retry.backoff(3, Duration.ofSeconds(3))①
                .doAfterRetry(r -> retryMessage(session,
                  ChatStatus.RETRY_SEND_MESSAGE.value() + (r.totalRetries() + 1)))
                .onRetryExhaustedThrow((spec, signal) -> {
                    retryMessage(session, ChatStatus.NO_CHAT_SERVICE.value());
                    return signal.failure();                     //重试失败
                })
            );
    Flux.zip(in, out).subscribe();                               //合并压缩入站、出站数据流
    return payload;                                              //返回消息内容,以便下一步处理
}
```

① 重试时采用退避策略（请参阅9.3.7节）。总共重试三次，每次重试失败时，向前端界面推送提示信息。如果重试失败，则向前端推送服务不可用消息，并返回出错信号，如图14-10所示。

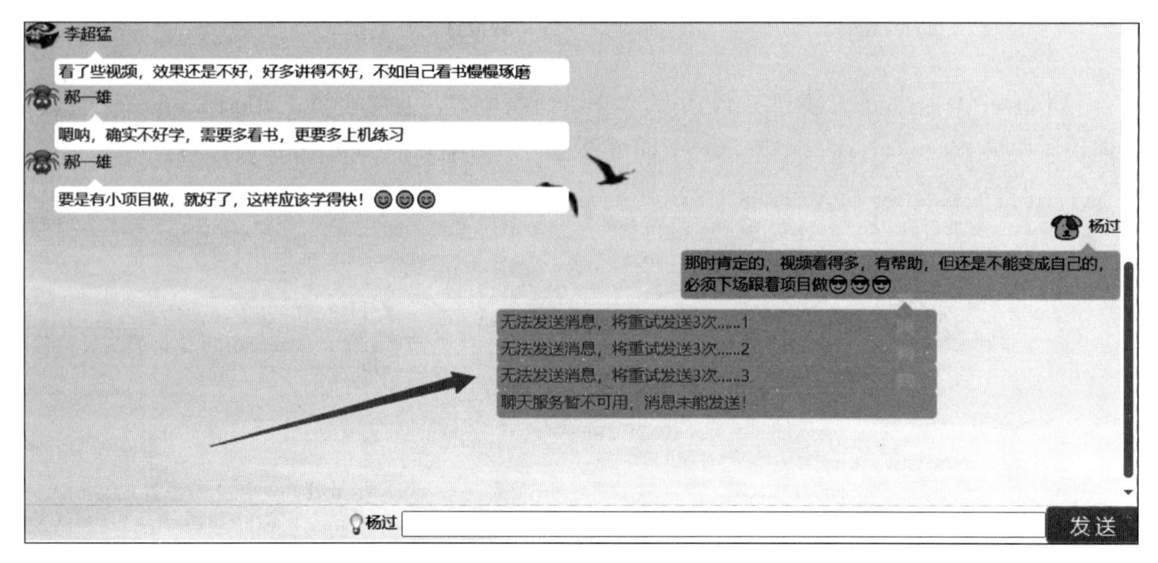

图 14-10　重试失败提示信息

现在，需要编写 sender()方法，该方法代码比较简单。

```
private KafkaSender < Integer, String > sender() {
    SenderOptions < Integer, String > producerOption = SenderOptions
            .< Integer, String > create(kafkaProp.buildProducerProperties())
            .producerProperty(ProducerConfig.MAX_BLOCK_MS_CONFIG,3000)
            .maxInFlight(512);
    return KafkaSender.create(producerOption);
}
```

MAX_BLOCK_MS_CONFIG 设置生产者发送消息的阻塞时间，以便控制无法发送消息时重试提示的时间间隔。默认的等待时间较长，这会导致界面处于“假死”状态，这里设置为 3s。maxInFlight 限制即时传输消息的最大数量，这样可保证等待响应的请求数量处于可控量，避免产生背压问题。maxInFlight 默认值是 256，这里设置为 512 以便提高消息处理的吞吐量。

最后，编写 retryMessage()方法。该方法负责发送重试提示信息，代码如下。

```
private void retryMessage(WebSocketSession session, String msg) {
    WebSocketMessage tm = session.textMessage("");
    try {
        ObjectMapper om = new ObjectMapper();          ①
        MessageDto message = MessageDto.builder()
                .username("")                          //重试提示信息,并不需要用户名,所以置空
                .logo("")
                .role("")
                .message(msg)                          //具体的提示信息
                .build();
        tm = session.textMessage(om.writeValueAsString(message));
    } catch (JsonProcessingException e) {
        e.printStackTrace();
    }
    session.send(Mono.just(tm)).subscribe();
}
```

① 创建 Jackson 对象映射器。Jackson 是流行的基于 Java 的开源 JSON 处理框架，以其占用

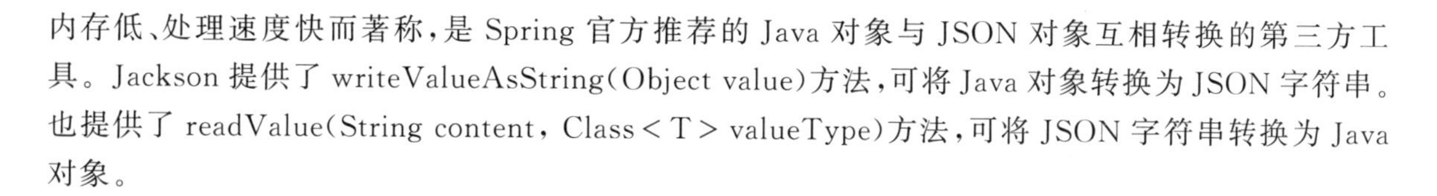

内存低、处理速度快而著称，是Spring官方推荐的Java对象与JSON对象互相转换的第三方工具。Jackson提供了writeValueAsString(Object value)方法，可将Java对象转换为JSON字符串。也提供了readValue(String content, Class<T> valueType)方法，可将JSON字符串转换为Java对象。

14.5.4　群发给其他用户

既然是群发给其他用户，自然是利用Sinks.many()进行消息的多播处理(请参阅4.7节)。sendToOther()方法代码如下。

```
private Mono<Void> sendToOther(WebSocketSession session, String payload) {
    Sinks.Many<String> sink = Sinks.many()
            .multicast()                                         //多播
            .onBackpressureBuffer(Queues.SMALL_BUFFER_SIZE, false);
    //创建一个发射失败处理器对象,以便能够从emitNext中检查反射失败情况
    Sinks.EmitFailureHandler failureHandler = (signal, result) -> result
            .equals(Sinks.EmitResult.FAIL_CANCELLED);            //Sinks中断、发送失败
    //入站,从ConcurrentHashMap数据中创建Flux消息流
    var in = Flux.fromIterable(map.values())
            .filter(s -> s.getId().equals(session.getId()))      //不需要发送给自己,过滤掉
            .buffer(5)                                           //每5条消息作为一批发送
            .doOnNext(s -> sink.emitNext(payload,failureHandler)); //发射下一条消息
    var out = session.send(sink.asFlux()
            .map(session::textMessage));                         //出站,发送消息
    return Flux.zip(in, out).then();                             //合并入站、出站数据流
}
```

14.6　配置WebSocket服务

14.6.1　设置响应标头中的Sec-WebSocket-Protocol

在14.5.1节中提到，需要在HTTP响应标头中包含Sec-WebSocket-Protocol，并将其值设置为令牌值，以匹配前端请求中的Sec-WebSocket-Protocol子协议。要做到这点，需要实现WebFilter接口并改写其filter()方法。在chat-room/src/main/java下创建包com.tams.config，新建ChatConfig.java类。

```
@Configuration
@RequiredArgsConstructor
public class ChatConfig implements WebFilter {
    @Override
    public @NonNull Mono<Void> filter(ServerWebExchange exchange, @NonNull WebFilterChain
chain) {
        List<String> protocol = exchange.getRequest().getHeaders()
                .get("Sec-WebSocket-Protocol");
        if (protocol != null && !protocol.isEmpty())
            exchange.getResponse()
                    .getHeaders()
                    .set("Sec-WebSocket-Protocol", protocol.get(0));
```

```
        return chain.filter(exchange);        //委派给处理链中的下一个 WebFilter
    }
}
```

ServerWebExchange 包含函数式路由服务中的请求对象，因而可利用其获得客户端 HTTP 请求头中的 Sec-WebSocket-Protocol 子协议传递的令牌值。而 protocol.get(0)的值，实际上就是前端发送请求时 Sec-WebSocket-Protocol 子协议的值，也就是 Token 令牌的值。这里将其赋值给响应标头中的 Sec-WebSocket-Protocol，以便与前端子协议相匹配，否则 WebSocket 连接会自动断开。

14.6.2 将前端请求映射到服务端点

要处理前端的 WebSocket 握手请求，需要将 WebSocketHandler 通过端点地址映射到 SimpleUrlHandlerMapping，因此需要在 ChatConfig.java 类中添加一个 Bean。

```
public class ChatConfig implements WebFilter {
    private final @NonNull ChatHandler chatHandler;
    @Override
    public @NonNull Mono<Void> filter(…) {…}
    @Bean
    public HandlerMapping handlerMapping(@Value("${chat.ws-endpoint}") String endPoint) {
    return new SimpleUrlHandlerMapping(Map.of(endPoint, chatHandler), -1);
    }
}
```

SimpleUrlHandlerMapping()的第二个参数用于设置优先级，值越小优先级越高。这里设置为“-1”目的是在注解型控制器前注入 chatHandler，防止被其他 HandlerMapping 匹配上而导致 WebSocket 连接失败。

14.7 前端视图模块

14.7.1 整体结构的设计

前端模块 app-view/chat-room 的整体结构如图 14-11 所示。其中，修饰界面效果的 chat.css 样式表文件，采用动态加载方式；chat.index.vue，前端主文件；chat.component.vue，基于 Vue 自定义元素的聊天组件。

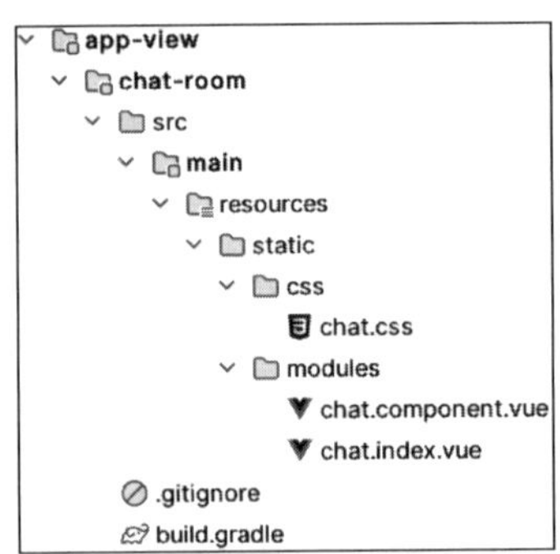

图 14-11 前端 chat-room 结构

14.7.2 前端主文件

在 app-view/chat-room 模块的 src/main/resources/static/modules 下新建 chat.index.vue。作为前端视图的入口文件，代码如下。

```
<script>
import ChatComponent from './chat.component.vue';          //导入聊天组件 weChat
export default {
    name: 'chat.main',
    setup() {
        const {proxy} = Vue.getCurrentInstance()
        const useStore = proxy.$useStore                    //用户状态数据
        const url = proxy.$webSocketAddress + 'chat/'  //WebSocket 服务的端点地址
        const cssFile = '../css/chat.css'          //自定义组件 we-chat 需要用到的 CSS 样式文件

        customElements.get('we-chat') || customElements
            .define('we-chat', ChatComponent.weChat)
        return {useStore, url, cssFile}
    },
    template: `<we-chat .useStore='useStore' .url='url' .cssFile='cssFile'/>`
}
</script>
```

$webSocketAddress 的值在前端模块 public 的 app.plugins.js 文件中定义，其值为“ws://192.168.1.5/”，请参阅 6.3.9 节。

“.useStore”是组件绑定 prop 数据“:useStore.prop”的简写形式，将 useStore 绑定为自定义元素 we-chat 的 DOM 属性。

14.7.3 聊天组件 weChat

在 app-view/chat-room 模块的 modules 文件夹下创建 chat.component.vue 文件，该文件使用 Vue 的 defineCustomElement 定义聊天组件 weChat。weChat 主要功能有：①构建聊天界面；②动态加载 CSS；③实现 WebSocket 监听。代码如下。

```
<script>
export default {
    name: 'chat.component',
    weChat: Vue.defineCustomElement({
        props: {
            useStore: Object,                               //用户状态数据
            url: String,                                    //WebSocket 端点地址
            cssFile: String,                                //需要动态加载的 CSS 样式文件
        },
        setup(props) {
            const {
                ref, shallowReactive, reactive,
                onMounted, watch, nextTick
            } = Vue
            const {
                fromEvent, catchError, finalize,
                filter, map, tap, webSocket, EMPTY
            } = rxjs
```

```
        const {fromFetch} = rxjs.fetch
        const {url, cssFile} = props
        const tipMessage = {                    //定义一些字符串常量
            UNAUTHORIZED: '您还未登录,请登录后畅论...',
            IN_CHAT_ROOM: '成功进入,准备畅论...',
            CHAT_CLOSED: '聊天通道已关闭,请检查网络或登录是否失效.',
            SYS_ERROR: '系统错误,无法建立聊天通道!'
        }
        //使用浅层响应 shallowRef,请参阅 3.2.5 节
        const chatContent = shallowReactive([])     //保存聊天消息的数组
        const me = reactive({                   //当前聊天用户,包含相关属性及所发消息内容
            username: '',                       //用户名
            logo: '',                           //头像
            role: '',                           //角色
            message: tipMessage.UNAUTHORIZED    //聊天消息的默认值
        })
        const chatArea = ref(null)              //显示聊天内容的<div>层
        const meInput = ref(null)               //当前用户输入聊天内容的<input>文本框

        //侦听聊天界面,当有新的聊天信息时,自动滚动到界面最底部
        watch(chatContent, () =>
            nextTick(() => {                    //下一次 DOM 更新时滚动到界面底部
                const area = chatArea.value
                area.scrollTop = area.scrollHeight
                meInput.value.focus()
            })
        )
        let wechat                              //页面<we-chat>自定义元素
        onMounted(() => {                       //动态加载外部 CSS,待编写})
        const chatListener = () => {            //实现 WebSocket 监听,待编写}

        return {chatArea, chatContent, me, meInput}
    },
    directives: {                               //注册自定义指令 submitButton,请参阅 6.3.9 节
        submitButton: document.querySelector("#tamsApp")
            .__vue_app__._context.directives.submitButton
    },
    template: `
      <div class="we-chat" id="weChatDiv">
        <div class="chat-area" ref="chatArea">
          <ul class="chat-ul">
            <li v-for="chat in chatContent">
              <div :class='chat.style.containerClass'>
                <img v-show="chat.content.logo!== ''" :src='chat.content.logo'
                     width=26 height=20 alt="">
                {{ chat.content.username }}
                <div :class='chat.style.contentClass'>
                  <ul class="msg-ul">
                    <li v-html="chat.content.message"></li>
                  </ul>
                </div>
              </div>
            </li>
          </ul>
        </div>
        <img src="image/note.gif" alt="用户名">{{ me.username }}
```

```
        < input type = "text" class = "memsg" v - model = "me.message" ref = "meInput">
        < button v - submit - button:style.width = "'70px'" id = "sendMsgBtn">发 送</button >
       </div > `
    })
}
</script >
```

14.7.4　加载外部 CSS 到 shadowRoot

defineCustomElement 原本可以使用 styles 属性来附加 CSS 样式。这里变换一下处理思路：采用动态加载外部 CSS 文件 chat.css 的方式，给 weChat 组件添加 CSS 样式。使用外部 CSS 的好处是编辑 CSS 的内容更为直观方便，该 CSS 文件位于 src/main/resources/static/css 文件夹下，加载时机应该是在 onMounted 组件挂载完成后执行。

```
onMounted(() => {
    wechat = document.querySelector("#tamsApp > main > div > we - chat")
    fromFetch(cssFile).pipe(
        map(response => Promise.resolve(response.text())      //返回 CSS 文本数据
            .then(css => {                                    //返回 Promise Result 数据
                const weChatDiv =
                        wechat.shadowRoot.querySelector("#weChatDiv")
                const style = document.createElement('style'); //创建< style >
                style.innerHTML = String(css)                 //设置其内部 HTML 为 chat.css 的内容
                wechat.shadowRoot.insertBefore(style, weChatDiv)     //插入 CSS 内容
            })),
        catchError(() => EMPTY),
        finalize(() => chatListener())                        //实现 WebSocket 监听
    ).subscribe()
})
```

外部 chat.css 的内容"运行时"被加载到 shadow-root(请参阅 2.3.12 节)，对 weChatDiv 层进行即时效果渲染，如图 14-12 所示。

```
▼ <we-chat data-v-f01bf625 url="ws://192.168.1.5/chat/" css-file="../css/chat.css">
  ▼ #shadow-root (open)
    ▶ <style>…</style>
    ▼ <div class="we-chat" id="weChatDiv" datavf01bf625>
      ▶ <div class="chat-area">…</div>
        <img src="image/note.gif" alt="用户名">
        "杨过 "
        <input type="text" class="memsg">
        <button id="sendMsgBtn" style="cursor: pointer; width: 70px; height: 27px;
        text-align: center; color: rgb(255, 255, 255); background: rgb(51, 141, 23
        1); border: 1px solid rgb(112, 171, 231); border-radius: 3px; font-size: 15
        px;">发 送</button>
      </div>
  </we-chat>
</div>
```

图 14-12　shadow-root 结构

样式文件 chat.css 的具体代码如下。

```
div, img, button, input {                /* 常规元素 */
    vertical - align: middle;
    font - size: 12px; }
.we - chat {                             /* 最外层的< div >层 weChatDiv */
    position: absolute;
    float: right;
```

```
    width: 846px;
    height: 100%;
    margin: 0 auto;
    left: 0;
    right: 0;
    padding: 4px;
    font-size: 12px;
    text-align: right; }
.chat-area {                        /* 聊天消息显示区 */
    position: relative;
    width: 842px;
    height: 420px;
    overflow-y: auto;               /* 垂直方向滚动条自动显示 */
    overflow-x: hidden;             /* 不显示水平方向滚动条 */
    scroll-behavior: smooth;        /* 平滑滚动 */
    left: 1px;
    border: 1px dotted rgba(0, 153, 255, 0.29);
    background: rgba(236, 223, 223, 0.2);
    font-size: 12px;
    margin: 0;
    padding-left: 0;
    padding-top: 0;
    padding-bottom: 10px;
    display: block; }
.chat-ul {                          /* 外层消息列表 */
    width: 840px;
    margin: 0;
    padding-left: 0;
    padding-top: 0;
    padding-bottom: 70px;           /* 控制与底部的距离,以便自动滚动到最底部时留白 */
    display: table-cell;            /* 表格显示模式 */
    list-style-type: none;          /* 不显示列表项前的标记符 */
}
.msg-ul {                           /* 用户消息列表 */
    width: 100%;
    list-style-type: none;          /* 不显示列表项前的标记符 */
    padding-left: 2px;
    padding-right: 2px;
    margin-bottom: 3px; }
.div-left {                         /* 显示在界面左侧的消息层 */
    float: left;
    width: 100%;
    height: auto;
    text-align: left;
    background: rgba(236, 223, 223, 0.2);
    padding: 0;
    margin: 0; }
.div-right {                        /* 显示在界面右侧的消息 */
    float: right;
    width: 692px;
    height: 100%;
    text-align: right;
    color: #000;
    background: rgba(236, 223, 223, 0.2);
    padding: 0;
    margin: 0; }
```

```
.msg-left {                      /* 显示在界面左侧的消息文本 */
    max-width: 47%;
    height: 100%;
    margin: 7px 2px 0 22px;      /* 7px是消息到用户名之间的间距 */
    position: relative;
    background: #ffffff;
    border: 1px solid #ffffff;
    border-radius: 4px;          /* 边框为圆角 */
    text-align: left; }
.msg-left::after {               /* 利用伪元素设置左侧消息 */
    bottom: 100%;
    left: 8%;
    border: solid transparent;
    content: " ";
    height: 0;
    width: 0;
    position: absolute; }
.msg-left::after {               /* 设置聊天消息的小箭头 */
    border-color: rgba(236, 223, 223, 0.2);
    border-bottom-color: #ffffff;
    border-width: 7px;
    margin-left: -7px; }
.msg-right {                     /* 显示在界面右侧的消息文本 */
    max-width: 48%;
    height: 100%;
    margin-left: 52%;
    margin-top: 7px;             /* 消息到用户名之间的间距 */
    margin-bottom: 0;
    position: relative;
    background: #95EC69;
    border: 1px dotted #cccccc;
    border-radius: 4px;
    text-align: left; }
.msg-right::after {              /* 利用伪元素设置右侧消息 */
    position: absolute;
    bottom: 100%;
    left: 93%;
    border: solid transparent;
    content: "";
    height: 0;
    width: 0; }
.msg-right::after {              /* 设置聊天消息的小箭头 */
    border-color: rgba(236, 223, 223, 0.2);
    border-bottom-color: #95EC69;
    border-width: 7px;
    margin-left: -7px; }
.welcome-msg {                   /* 欢迎消息 */
    float: left;
    width: 692px;
    height: 20px;
    text-align: left;
    color: #0000ff; }
.msg-err {                       /* 出错消息 */
    float: left;
    width: 692px;
    height: 20px;
```

```
    text-align: left;
    color: #f00; }
.memsg { width: 480px;}
```

14.7.5 实现 WebSocket 监听

接下来，就是完成 WebSocket 监听函数 chatListener()了。具体思路是：①将每条消息定义成一个 JSON 对象 chatter，该对象包含两个属性——消息样式 style、消息内容 content；②使用 RxJS 的 webSocket()函数建立与后端 WebSocket 服务器的连接对象 socket，连接时使用 sec-websocket-protocol 子协议向后端传递 Token 令牌值；③利用 socket 的 next()方法发送消息。chatListener()函数的具体代码如下。

```
const chatListener = () => {
    if (props.useStore.token == null)                    //未登录用户，直接返回
        return

    const chatter = {                                    //定义一个消息对象
        style: {                                         //消息样式
            containerClass: 'welcome-msg',               //<div>层的样式
            contentClass: ''                             //消息文本的样式
        },
        content: JSON.parse(JSON.stringify(me))          //消息内容
    }
    //将系统保存的状态数据，赋值给 me 对象
    for (const [key, value] of Object.entries(props.useStore.user)) {
        me[key] = value
    }
    me.message = ''                                      //默认消息为空字符

    const socket = webSocket.webSocket({                 //与后端 WebSocket 服务器建立连接
        url: url + props.useStore.user.username,         //WebSocket 服务的端点地址
        protocol: props.useStore.token,          //使用 Sec-Websocket-Protocol 子协议传递令牌值
        openObserver: {                                  //WebSocket 连接建立时
            next() {
                chatter.content.message = tipMessage.IN_CHAT_ROOM   //欢迎文字
                chatContent.push(chatter)                //将消息存入数组
            }
        },
        closeObserver: {                                 //WebSocket 连接关闭时
            next() {
                const dispose = JSON.parse(JSON.stringify(chatter)) //解析 JSON 对象
                dispose.content.message = tipMessage.CHAT_CLOSED    //提示信息
                props.useStore.setToken(null)            //将用户令牌置空
                dispose.style.containerClass = 'msg-err'     //设置样式
                chatContent.push(dispose)                //存入数组
            }
        }
    })
    socket.subscribe({                                   //订阅消息
        next: msg => {                                   //当前消息
            const chatData = JSON.parse(JSON.stringify(chatter))    //解析消息数据
            chatData.style.containerClass = 'div-left'   //默认消息在界面左侧显示
            chatData.style.contentClass = 'msg-left'     //默认左侧消息样式
            chatData.content = {}                        //将旧的内容清空
```

```
            if (msg.username === '') {                        //用户名为空,是系统发出的各种警示性消息
                chatData.style.contentClass = 'msg-right'     //消息文本为右侧显示样式
                chatData.style.containerClass = 'msg-err'     //<div>层样式
            } else if (msg.username === me.username) {        //是当前用户的消息
                chatData.style.contentClass = 'msg-right'     //消息文本为右侧显示样式
                chatData.style.containerClass = 'div-right'   //<div>层为右侧显示样式
            }
            chatData.content = {...msg}                       //当前消息赋值给 chatData
            chatContent.push(chatData)                        //保存到 chatContent 数组
        },
        error: (() => {                                       //出错
            const shutdown = JSON.parse(JSON.stringify(chatter))
            shutdown.content.message = tipMessage.SYS_ERROR
            chatContent.push(shutdown)
        })
    })
    let sendMsgBtn = wechat.shadowRoot.querySelector("#sendMsgBtn")     //"发送"按钮
    fromEvent(sendMsgBtn, "click").pipe(
        //用户登录状态有效,待发送消息不为空
        filter(() => props.useStore.token != null && me.message.trim().length > 0),
        map(() => socket.next(me)),                           //发送当前用户的消息
        tap(() => me.message = '')                            //消息发送后,将<input>文本框置空
    ).subscribe()
}
```

webSocket.webSocket()发送请求时,HTTP 请求标头数据结构如图 14-13 所示,其中,子协议 Sec-Websocket-Protocol 的值即为当前登录用户的令牌。

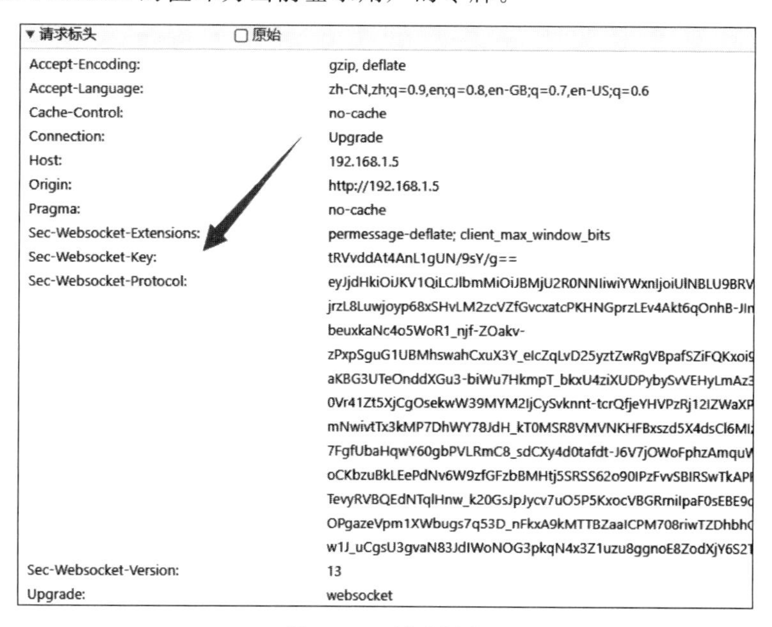

图 14-13　请求标头

14.7.6　修改主页导航组件

修改 app-view/home 模块的主页导航组件 home.menu.vue,将 chat.index.vue 挂载到主页导航菜单上。

```
<script setup>
...
import EnrollIndex from 'modules/enroll.index.vue'
import UploadIndex from 'modules/upload.index.vue'
import ChatIndex from 'modules/chat.index.vue'

const menus = [
    ...
    {id: 'enroll', name: '招生一览', module: EnrollIndex},
    {id: 'upload', name: '资料上传', module: UploadIndex},
    {id: 'chat', name: '畅论空间', module: ChatIndex}
]
...
</script>
```

启动项目,测试畅论空间功能的聊天功能,检查运行情况是否符合设计需求。

第15章 项目的发布

发布项目是指将项目打包为可执行的JAR文件并部署到服务器。本章首先简要说明了如何将项目发布为命令行运行模式，详细介绍了发布到Docker的技术方法，实现了基于Spring Cloud Vault对连接数据库的敏感信息进行保护的技术处理。本章项目的成功发布，为整个项目画上了圆满的句号。

15.1 发布为命令行运行模式

命令行运行模式，意味着直接在Windows的命令提示符窗口启动项目，这需要先将TAMS项目打包成可执行的JAR文件。单击IntelliJ IDEA主界面右侧的Gradle按钮，打开Gradle面板。再单击tams→tams→Tasks→build→bootJar按钮，执行组装过程。不久后提示打包完成，在项目的目标文件夹下将生成JAR文件，即E:\rworks\tams\app-server\app-boot\build\tams-jars\tams.app-boot.server-1.0.jar。

现在，退出IntelliJ IDEA。为了运行更为方便，不妨将tams.app-boot.server-1.0.jar复制到D盘，并在D盘事先创建好TAMS系统运行时存放上传文件的文件夹upfiles。进入DOS命令提示符，切换盘符到D盘，输入命令：

```
java -jar tams.app-boot.server-1.0.jar
```

将启动Netty服务器并加载TAMS教务辅助管理系统，如图15-1所示。在浏览器中输入"http://192.168.1.5,"将看到熟悉的TAMS主页画面！

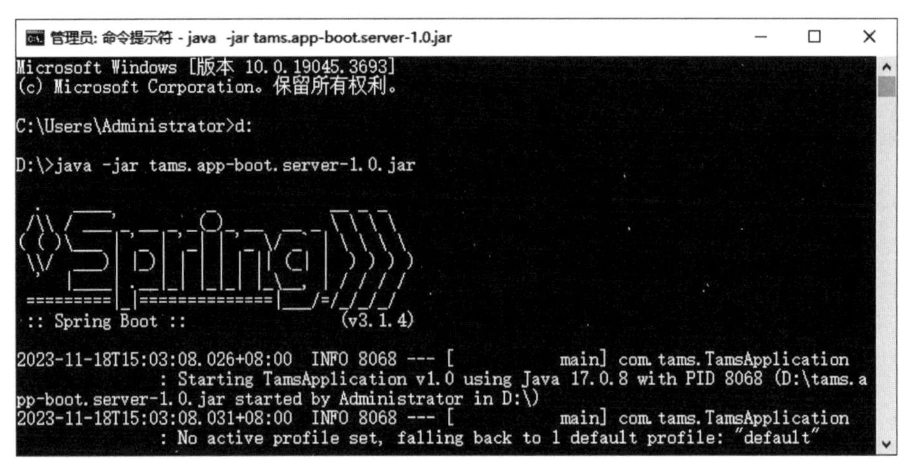

图 15-1　命令行运行模式

15.2　应用容器引擎 Docker

15.2.1　Docker 简介

Docker 是一个用于开发、发布和运行应用程序的开源应用容器引擎。Docker 提供了一种轻型隔离环境，将应用程序与外部环境隔离开来，无须烦琐的环境配置。可以通过编写 Dockerfile 文件，快速打包项目到流行的 Linux 或 Windows 等操作系统上，使得项目的开发、部署和管理更为安全快捷。这是推荐的发布项目的方式。

1. 容器和镜像

容器(Containers)是在主机上运行的沙盒进程，是镜像的可运行实例。它与该主机上运行的所有其他进程隔离，并可在本地计算机、虚拟机上运行或部署到云端。可以创建、启动、停止或删除多个容器。

容器可在任何操作系统上运行，相互之间是隔离的。而这些容器使用隔离的文件系统，该文件系统则由镜像(Images)提供。镜像包含创建容器的说明，是一个独立、可执行的软件包，包括运行应用程序所需的依赖项、脚本、环境变量、二进制文件等。

2. 下载安装

到 Docker 官网 https://docs.docker.com/desktop/install/windows-install/下载 Windows 版安装程序。要在 Windows 操作系统上有效运行 Docker，建议配置以下内容。

(1) 启用 Hyper-V。Hyper-V 是微软公司的一款虚拟化产品，提供了硬件虚拟化支持，也就是说，虚拟机可在虚拟硬件上运行。要启用 Hyper-V，需通过 Windows"控制面板"→"程序"→"程序和功能"→"启用或关闭 Windows 功能"，勾选 Hyper-V，如图 15-2 所示。

(2) 使用 WSL。WSL 是 Windows Subsystem for Linux(适用于 Linux 的 Windows 子系统)的缩写，是由微软公司构建的 Linux 内核，Docker 桌面版使用 WSL 2 中的动态内存分配来减少资源消耗、提升性能。安装方式：到 https://learn.microsoft.com/zh-cn/windows/wsl/install 手工

下载安装；或者，打开“控制面板”的“启用或关闭 Windows 功能”，勾选“适用于 Linux 的 Windows 子系统”复选框，将自动下载 WSL 进行安装并配置系统，如图 15-3 所示。升级方式：到 https://wslstorestorage.blob.core.windows.net/wslblob/wsl_update_x64.msi 下载升级包；或者，打开 Windows PowerShell，输入命令 wsl.exe --update，进行升级。

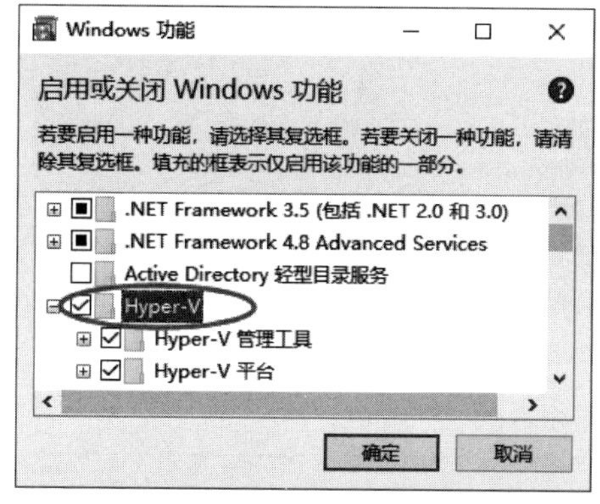

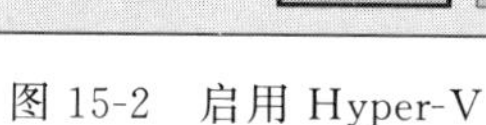

图 15-2　启用 Hyper-V

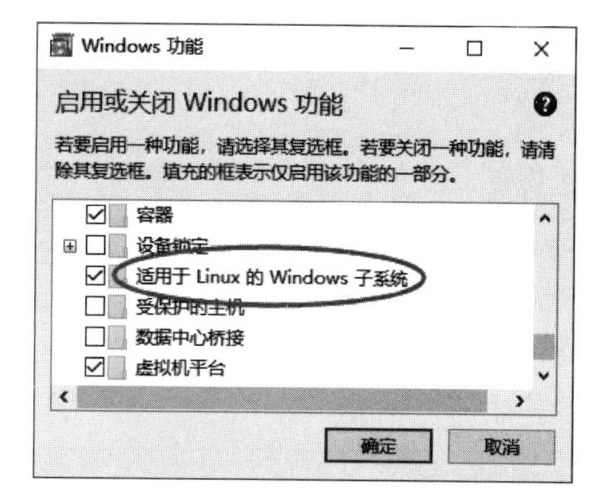

图 15-3　勾选 WSL

接下来，运行 Docker 安装程序启动安装。默认情况下，会将 Docker 安装在 C:\Program Files\Docker\Docker 文件夹下。安装完成启动 Docker，选择 Use recommended settings(requires administrator password)，然后可忽略登录，直接进入 Docker 主界面。

15.2.2　使用 Docker CLI

Docker CLI(Command Line Interface)命令行接口提供了一些运行、管理容器的操作命令。表 15-1 列出了常用的 Docker CLI 命令。

表 15-1　常用 Docker CLI 命令

命令	功　　能	命令	功　　能	命令	功　　能
build	通过 Dockerfile 创建镜像	kill	终止容器	rm	删除容器
commit	创建镜像	network	管理网络配置	rmi	删除镜像
container	管理容器	port	列出端口映射	run	运行容器
cp	复制文件或文件夹	ps	列出容器	start	启动容器
create	创建新容器	pull	下载镜像	stop	停止容器
diff	检查文件系统的更改	push	上传镜像	tag	创建镜像标签
exec	执行命令	rename	重命名容器	update	更新配置
images	列出镜像	restart	重启容器	volume	管理数据卷

这些命令，需要在 Windows 的命令提示符窗口运行，例如：

```
docker ps
docker cp D:/my.crt ed18e7bf0aaa: /usr/lib
```

第一条命令查看 Docker 中正在运行的容器，显示类似于如图 15-4 所示的结果。第二条命令根据第一条命令查看到的容器 ID 值 ed18e7bf0aaa，将 my.crt 文件复制到该容器的 usr/lib 文件夹下。

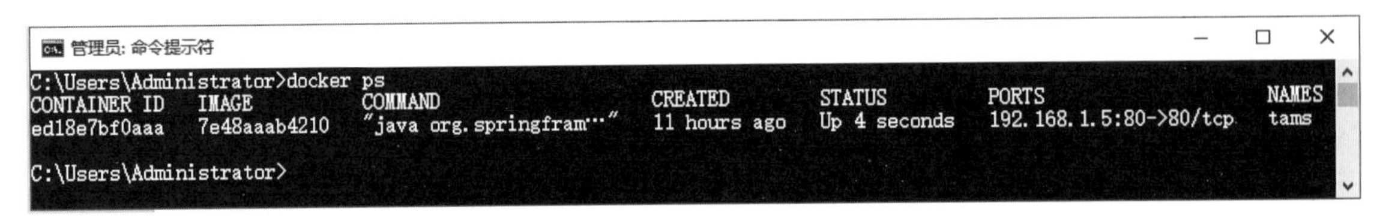

图 15-4 查看容器

15.2.3 自动镜像创建工具 Dockerfile

Docker 引擎提供了一个用于创建容器映像的文本工具 Dockerfile。只需要在该文件中写好创建、运行容器的相关指令，就可实现自动创建容器映像的自动化过程。表 15-2 列出了 Dockerfile 的常用命令。

表 15-2 Dockerfile 常用命令

命　令	功　能
FROM <镜像>	设置在创建镜像过程中需要使用的镜像
RUN <可执行程序>	运行可执行程序
COPY <源><目标>	复制文件或文件夹
ADD <源><目标>	与 COPY 类似，还可从远程位置复制文件
WORKDIR <目录>	设置运行容器的工作目录
CMD <命令>	设置部署容器时要运行的默认命令
LABEL <关键字>=<值>	设置容器的标签
VOLUME <名称>	指定容器的数据卷
ENTRYPOINT <命令>	为容器配置一个可执行的命令
ENV <名称>=<值>	设置环境变量
ARG	定义变量
EXPOSE	指定容器需要暴露的端口

来看下面 4 条 Dockerfile 命令。

```
FROM eclipse-temurin:17-jdk-alpine
LABEL authors="ccgg" version="1.0" description="教务辅助管理系统"
RUN echo "教务辅助管理系统" > D:/apache-tomcat-9.0.83/webapps/em/index.html
ADD http://192.168.1.5/ftp/em/intro.ppt /tmp/intro.ppt
```

第 1 条命令：下载使用 Temurin JDK。第 2 条命令：设置容器作者为 ccgg、版本号为 1.0 以及描述信息。第 3 条命令：将“教务辅助管理系统”作为 Tomcat 服务器下站点 em 的主页内容。第 4 条命令：从远程地址复制文件到容器的 tmp 文件夹下。

15.3 云端管理敏感数据

15.3.1 Spring Cloud Vault 简介

到目前为止，TAMS 项目 app-server/app-boot 模块的 application.yaml 配置文件中，访问数

据库的地址、用户名、密码，都是以明文形式呈现，这必然会带来安全隐患。因此，需要利用 Spring Cloud Vault，将这些敏感数据实现云端保护。

Spring Cloud Vault 是 Spring 云端应用家族的成员，为应用程序云端管理敏感数据提供了强大支持。Spring Cloud Vault 默认从 HCP Vault(HashiCorp Vault)的配置属性中提取数据。HCP Vault 常用于管理并保护敏感数据，并允许通过 SSL 获取 Vault 中的机密信息，例如，访问数据库的地址、用户名和密码等。

HCP Vault 对常见操作系统都提供了支持，例如，macOS、Windows、Linux、FreeBSD、Solaris 等，官网下载地址是 https://developer.hashicorp.com/vault/install，本书使用 Windows AMD64 1.15.2 版本，如图 15-5 所示。先创建文件夹"D:\vault"作为 Vault 的工作目录，然后将下载得到的 vault_1.15.2_windows_amd64.zip 解压，并将解压后的 vault.exe 文件复制到 D:\vault 下。

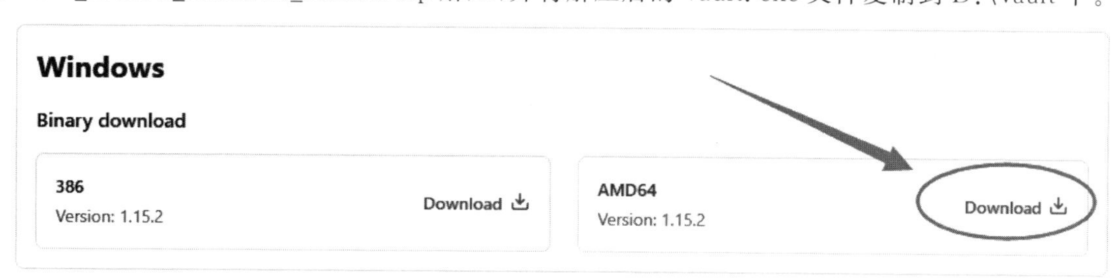

图 15-5 Vault 下载界面

15.3.2 生成安全证书和私钥文件

需要为 Vault 创建 SSL 证书，包含安全证书和私钥文件。一种简单快捷地创建 SSL 证书的方法是利用 Nginx 的 OpenSSL 命令。具体步骤如下。

(1) 拉取最新的 Nginx 镜像。打开 Windows 的命令提示符窗口，切换到 D:\vault 文件夹，然后输入命令"docker pull nginx:latest"。

(2) 使用 Nginx 的命令行工具。Nginx 下载完成后，打开 Docker Desktop，启动 Nginx。再单击 Actions 下面的"⋮"按钮，选择菜单项 Open in terminal，如图 15-6 所示。

(3) 生成安全证书和私钥文件。在打开的命令行终端界面上，在"#"提示符后，依次输入以下命令。

```
mkdir tamsca
cd tamsca
openssl req -new -newkey rsa:2048 -nodes -keyout tamsapp.key -subj "/CN=192.168.1.5" -out
tamsapp.csr
echo subjectAltName = IP:192.168.1.5 > extfile.cnf
openssl x509 -req -sha256 -in tamsapp.csr -signkey tamsapp.key -CAcreateserial -extfile
extfile.cnf -out tamsapp.crt -days 3650
```

第 1、2 条命令分别创建并改变到 tamsca 文件夹，该文件夹用于保存生成的安全证书和私钥文件；第 3 条命令生成私钥文件文件 tamsapp.key；第 4 条命令输出 subjectAltName 属性到 extfile.cnf 配置文件，subjectAltName 界定了安全证书持有者身份：IP 地址为 192.168.1.5 的服务器；第 5 条命令生成安全证书 tamsapp.crt，有效期为 10 年。这 5 条命令在 Docker 命令行终端的执行过程如图 15-7 所示。

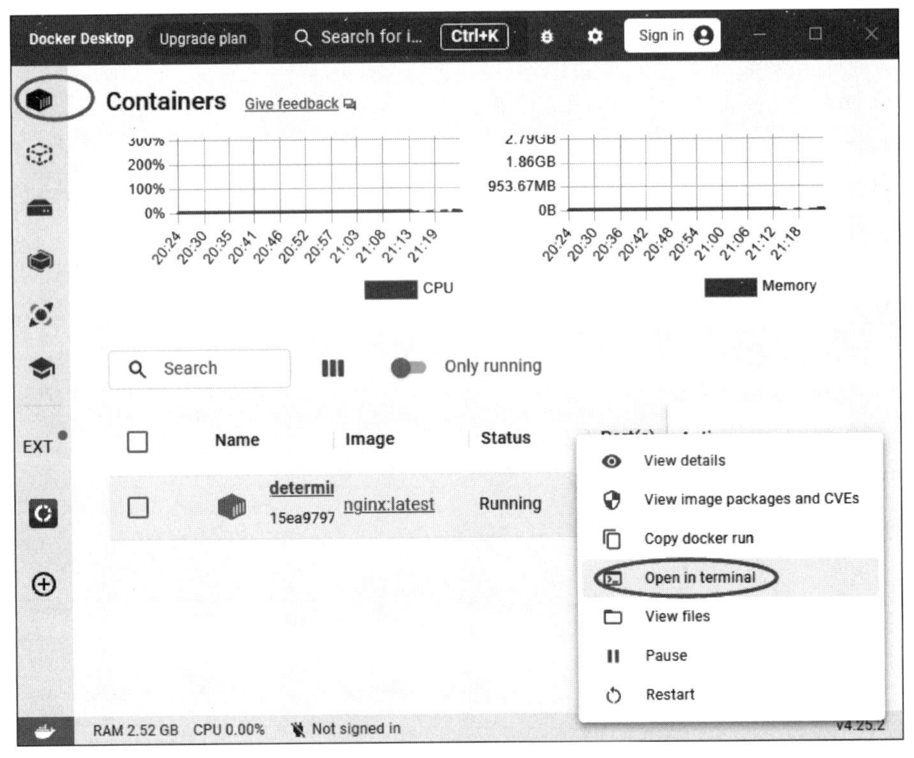

图 15-6　Nginx 菜单项

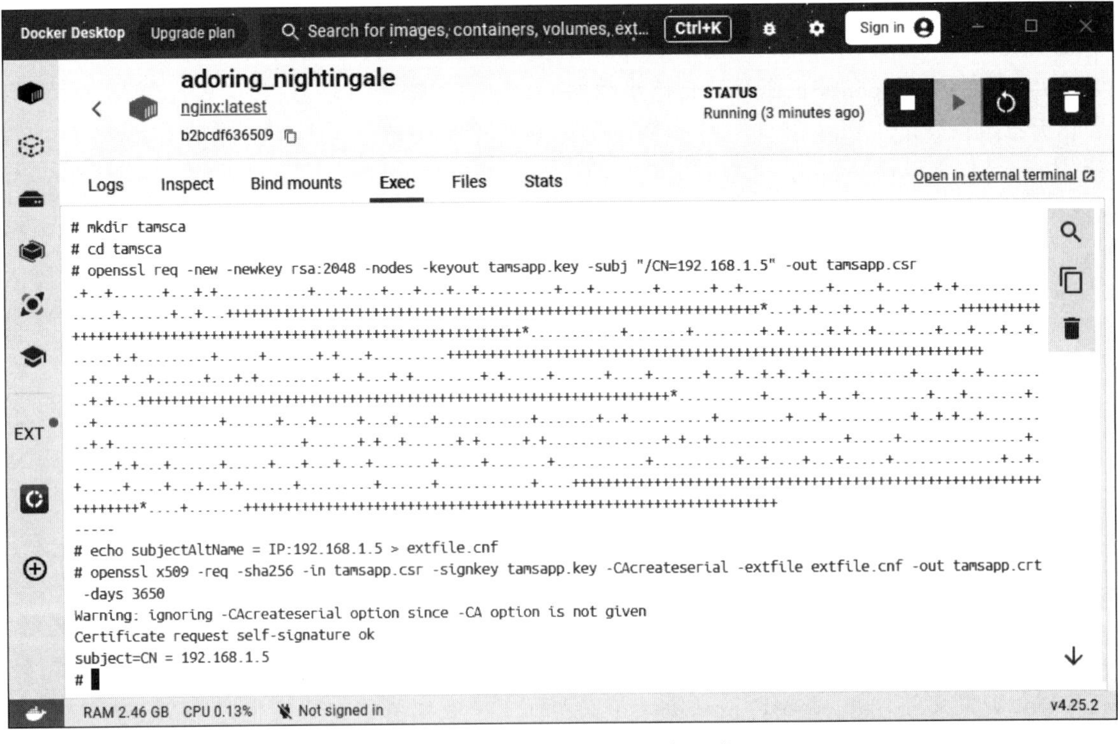

图 15-7　生成安全证书和私钥文件

(4) 将安全证书和私钥文件复制到 D:\vault 下。回到第一步中的命令提示符窗口，输入命令 docker ps，将显示正在运行的 Nginx 容器的相关信息，如图 15-8 所示。注意到 CONTAINER ID 列下面显示的容器 ID 数值为"15ea979700d7"，然后输入命令：

```
docker cp15ea979700d7:/tamsca %cd%
```

该命令将 Docker 中生成的安全证书和私钥文件复制到当前文件夹 D:\vault 下。这时候，该文件夹下将会多出 tamsca 文件夹，该文件夹下包含 4 个文件：tamsapp.key、tamsapp.crt、tamsapp.csr、extfile.cnf。至此，成功完成安全证书和私钥文件的生成。

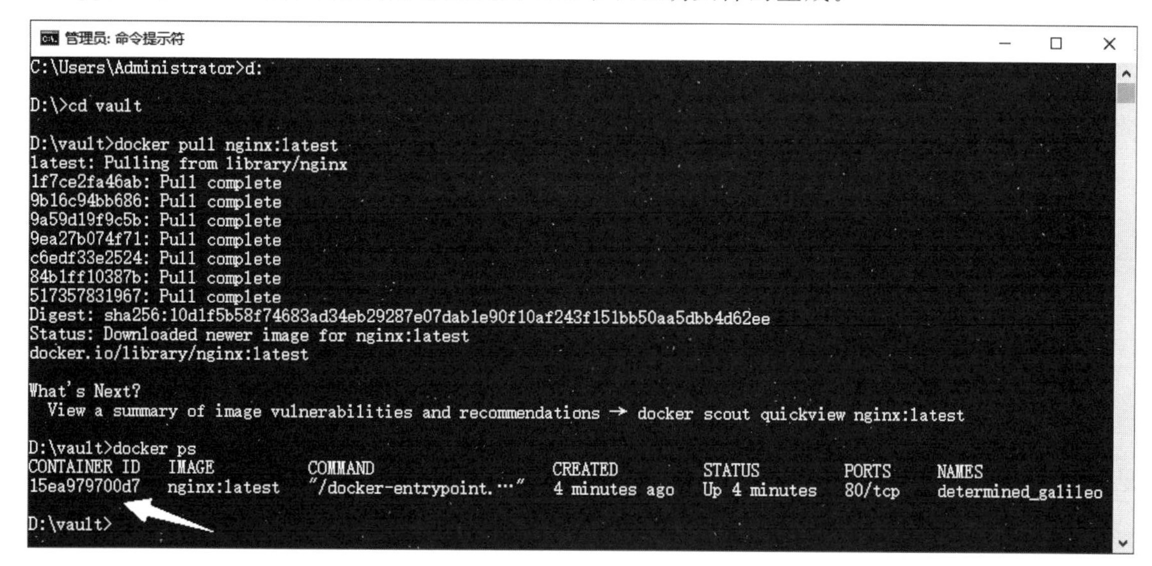

图 15-8　查询 Nginx 容器信息

15.3.3　编写 Vault 配置文件

现在，需要编写 Vault 的配置文件。在 D:\vault 下新建 vault.conf，内容如下。

```
ui = true                                  #启用 Web UI 界面
storage "file" {                           #使用文件作为 Vault 的数据存储方式
    path = "./vault-data"                  #数据存储文件夹
}

listener "tcp" {                           #配置 Vault 接收并响应请求的地址和端口
  address = "0.0.0.0:8200"                 #监听服务器所有地址，在 8200 端口提供服务
  tls_cert_file = "tamsca/tamsapp.crt"     #安全证书
  tls_key_file = "tamsca/tamsapp.key"      #私钥文件
}
api_addr = "https://192.168.1.5:8200"      #结点计算机地址
disable_mlock = true                       #禁止锁定物理内存
```

按照配置内容的要求，在 D:\vault 下创建好 vault-data 子文件夹以备使用。

15.3.4　启动 Vault 服务

继续在命令提示符窗口的"D:\vault>"提示符下输入以下命令启动 Vault：

```
vault server -config vault.conf
```

会出现提示信息“Vault server started!”,此时 Vault 处于封印状态,需要解封。在浏览器中打开 https://192.168.1.5:8200,出现初始化界面,如图 15-9 所示。

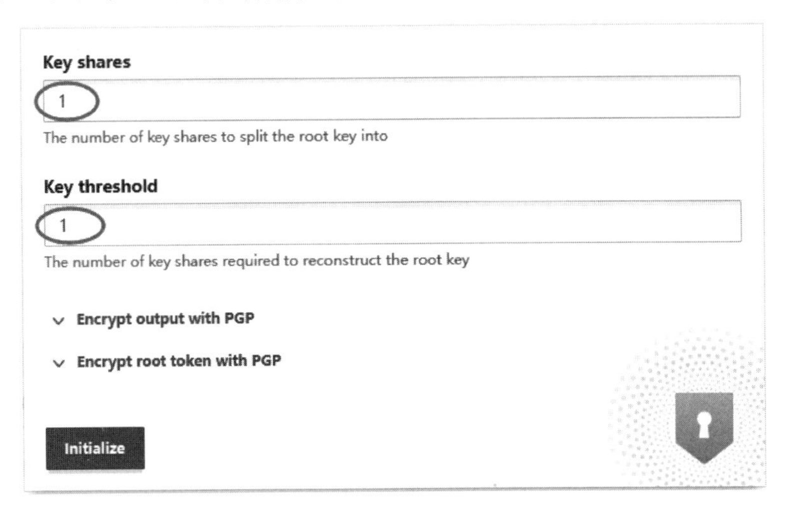

图 15-9 Vault 初始化

这里要求输入解封密钥的数量,以及至少必须有多少个密钥才可解封。为简化起见,都设置为 1。单击 Initialize 按钮,提示初始化完成,如图 15-10 所示。

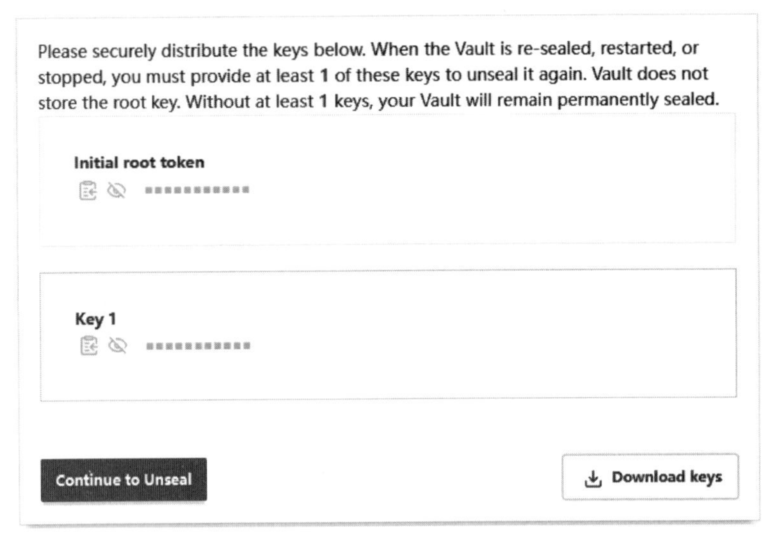

图 15-10 初始化完成

单击界面上的 Download keys 按钮,会下载得到一个 JSON 文件,其文件名类似于“vault-cluster-vault-2023-11-27T01_39_49.164Z.json”,将该文件保存到 D:\vault 下,以备以后启动 Vault 时使用。用记事本打开该 JSON 文件,其内容类似于下面的形式。

```
{
  "keys": [
    "06c6061eb63524e3ab8afbe28cc921be5dd31c6a29c25fa1591d4f826d892ca3"
  ],
```

```
  "keys_base64": [
    "BsYGHrY1JOOrivvijMkhvl3THGopwl + hWR1Pgm2JLKM = "
  ],
  "root_token": "hvs.dnicTeOCMx6rpa8cgXLSLD5k"
}
```

其中，keys、root_token 的值，就是解封 Vault 时要用到的密钥、令牌。另外，后面在配置项目的 application.yaml 时，还需要继续使用这个令牌。继续单击页面上的 Continue to Unseal 按钮，按照要求先后输入 keys 的密钥值、root_token 的令牌值，完成解封，进入 Vault 的 Web UI 界面。

15.3.5　配置项目的数据库连接信息

现在可以在 Vault 中配置 TAMS 项目与 PostgreSQL 数据库进行连接的相关敏感信息，具体步骤如下。

(1) 在 Vault 的 Web UI 界面单击左侧的 Secrets Engines，再单击右侧的 Enable new engine+按钮，出现 Enable a Secrets Engine 界面。选择 KV(Key Value，键值对)，单击 Next 按钮。

(2) 要求输入路径(默认是 kv)，以及版本最大值(默认为 0)。这里都使用默认值，直接单击 Enable new Engine 按钮。

(3) 创建保密数据。单击 Create secret，出现 Create Secret 界面。选择 JSON，启用 JSON 格式输入数据；在 Path for this secret 下输入"tamsapp"，作为 KV 的默认上下文；在 Secret data 下输入数据库连接配置的 JSON 数据。

```
{
  "vault": {
    "tamsdb": {
      "username": "admin",
      "password": "007",
      "url": "r2dbc:postgresql://192.168.1.5:5432/tamsdb"
    }
  }
}
```

这样设置后，项目中就可通过 ${vault.tamsdb.username}、${vault.tamsdb.password} 和 ${vault.tamsdb.url}，获取到 Vault 属性源数据的具体值。最后单击 Save 按钮保存，如图 15-11 所示。

15.3.6　配置项目的 spring.cloud.vault

最后，修改 app-server/app-boot 模块的配置文件 application.yaml，利用 Vault 获取访问数据库的连接信息。由于这个配置文件非常关键，为了避免读者出现差错，这里给出了完整的配置代码。

```
server:
  ip: 192.168.1.5
  port: 80
home.route.path: classpath:/static/home.html
spring:
  config.import:
    - optional:application-users.yaml
```

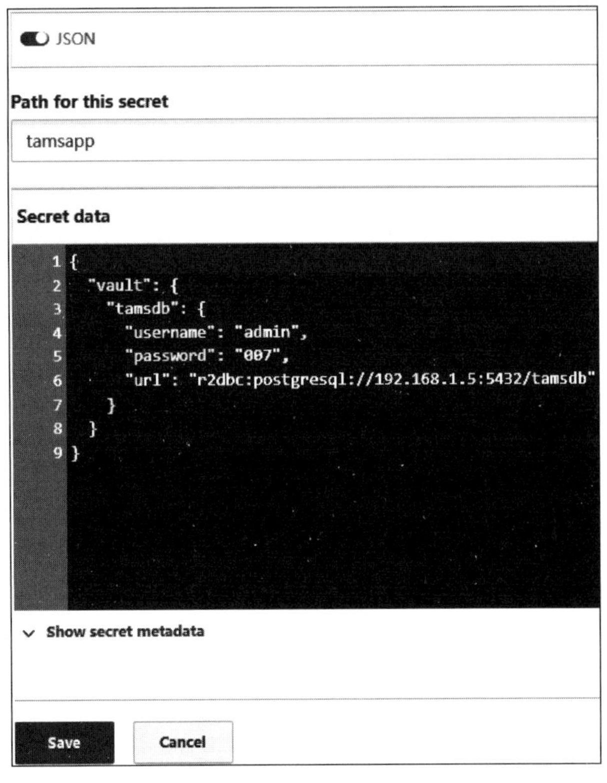

图 15-11 创建保密数据

```
    - optional:application-note.yaml
    - optional:application-college.yaml
    - optional:application-student.yaml
    - optional:application-enroll.yaml
    - optional:application-file.yaml
    - optional:application-chat.yaml
    - vault://                              #将 Vault 数据加载为属性源,并启用 Vault 后端
  cloud.vault:
    uri: https://${server.ip}:8200
    authentication: token                   #令牌认证模式
    token: hvs.dnicTeOCMx6rpa8cgXLSLD5k     #Vault 令牌值
    kv:
      enabled: true                         #启用键值后端配置模式
      backend: kv                           #后端存储的加载路径
      default-context: tamsapp              #应用程序使用的上下文名称
  r2dbc:
    pool:
      enabled: true
      initial-size: 12
      max-size: 50
      max-idle-time: 25m
    url: ${vault.tamsdb.url}                #连接数据库的地址
    username: ${vault.tamsdb.username}      #连接数据库的用户名
    password: ${vault.tamsdb.password}      #连接数据库的密码
```

连接数据库的地址、用户名、密码,不再以明文形式呈现!需要说明的是,Spring Cloud Vault 的依赖项 spring-cloud-starter-vault-config,已在 app-common/server.common.gradle 中配置好,

请参阅 5.3.1 节的内容。

15.3.7　测试 Vault 运行情况

项目发布到 Docker 前，需要先在 IntelliJ IDEA 里面测试一下项目与 Vault 的运行情况。要完成测试，需要将安全证书导入到 JDK 密钥库中，否则项目启动时 IntelliJ IDEA 控制台会显示类似于"unable to find valid certification path to requested target"的出错提示。

首先，将 D:\vault\tamsca 文件夹下的 tamsapp.key、tamsapp.crt 这两个文件，复制到 JDK 的 D:\jdk-17.0.8.7-hotspot\lib\security 文件夹下。然后，打开 Windows 命令提示符窗口，改变目录到 D:\jdk-17.0.8.7-hotspot\lib\security 文件夹，再输入以下命令：

keytool -import -alias tams -keystore cacerts -storepass changeit -noprompt -file tamsapp.crt

导入成功，会提示"证书已添加到密钥库中"。然后启动项目，用户登录运行正常，说明已通过 Vault 成功连接数据库。

提示：若要删除证书，可使用命令：

```
keytool -delete -alias tams -keystore cacerts -storepass changeit -noprompt
```

15.4　发布前的准备工作

15.4.1　在 BOOT-INF 下存放上传文件

在第 13 章实现资料上传模块时，文件上传后的目标存放文件夹设置为"E:\upfiles"，项目发布到 Docker 后显然不能这样处理。仔细观察项目打包后的 tams.app-boot.server-1.0.jar 文件，里面有一个 BOOT-INF\classes 文件夹，非常适合作为存放上传文件的地方。为了管理方便，上传的文件不能直接存放在 BOOT-INF\classes 下，而是 BOOT-INF/classes/static/upfiles 文件夹下。因此需要修改 app-server/file-service 模块的 application-file.yaml 文件，将原来的：

```
uploadPath: upfiles
```

修改为

```
uploadPath: BOOT-INF/classes/static/upfiles
```

这样处理的好处是可在项目内部的 HTML 页面中直接使用链接方式，访问相应的上传文件，例如：

```
<a href = "upfiles/202310180930-张三丰-考试通知.xlsx">图片</a>
```

而在系统外部则可通过：

```
http://192.168.1.5/upfiles/202310180930-张三丰-考试通知.xlsx
```

下载使用该文件。至于该文件夹的创建，有两种处理方法：①在 app-boot 模块的 resources 文件夹下创建好子文件夹"static/upfiles"，然后里面放置一个文件名叫 null 的空文件以进行构建标识；②或者，在项目发布到 Docker 时创建，也就是说，由 Dockerfile 脚本代码完成。

15.4.2 处理TAMS项目

1. 编写Dockerfile文件

在项目的根文件夹下，也就是说，与app-common、app-server、app-view处于同一层次的地方，创建文件夹cacert，将D:\vault\tamsca下的tamsapp.key、tamsapp.crt这两个文件复制到该文件夹下。然后，在项目的根文件夹下新建Dockerfile文件，编写如下代码。

```
#分层JAR压缩包
FROM eclipse-temurin:17-jdk-alpine as builder            #拉取Eclipse Temurin JDK
LABEL authors="ccgg" description="教务辅助管理系统" version="1.0"
WORKDIR tamsapp
#将打包生成的tams.app-boot.server-1.0.jar复制为tams.jar
COPY app-server/app-boot/build/tams-jars/tams.app-boot.server-1.0.jar tams.jar
RUN java -Djarmode=layertools -jar tams.jar extract --destination target/extracted
#建立镜像
FROM eclipse-temurin:17-jdk-alpine
VOLUME tmp
ARG EXTRACTED=tamsapp/target/extracted
# dependencies是无版本要求的非应用程序依赖层
COPY --from=builder ${EXTRACTED}/dependencies/ ./
COPY --from=builder ${EXTRACTED}/spring-boot-loader/ ./      #Spring启动类加载层
# snapshot-dependencies是有版本要求的非应用程序依赖层
COPY --from=builder ${EXTRACTED}/snapshot-dependencies/ ./
COPY --from=builder ${EXTRACTED}/application/ ./         #应用程序依赖层
COPY cacert ./cacert                                     #复制安全证书
#注册安全证书、启动项目,"&&"是连接命令,"\"表示换行
RUN mkdir BOOT-INF/classes/static && \                   #创建文件夹static
    mkdir BOOT-INF/classes/static/upfiles && \           #创建上传文件夹upfiles
    cp -r cacert/. $JAVA_HOME/lib/security && \          #读取cacert下文件复制到security下
    cd $JAVA_HOME/lib/security &&\
    keytool -import -alias tams -keystore cacerts \
    -storepass changeit -noprompt -file tamsapp.crt      #导入到JDK密钥库中
ENTRYPOINT ["java", "org.springframework.boot.loader.JarLauncher"]      #启动项目
```

分层JAR压缩包的目的是让Docker镜像层能够更加高效地存储。使用“-Djarmode=layertools”基于分层模式构建JAR文件，里面包含层信息，这些信息可用来将JAR内容提取到不同的分层目录中。再利用extract将其提取为不同层的目录，例如，外部依赖层、内部依赖层等。一般根据应用程序构建更改的可能性来分层，构建时没有变化的层就不需更改，这将使得发布项目更为高效。通常应用程序依赖层的内容变化的可能性大些，因为经常修改应用程序的类或资源。

2. 端口映射

由于项目在Docker容器内部运行，如果不指定主机端口与容器内部端口的映射，容器外部无法通过网络访问容器内运行的项目。要进行端口映射，需要先对Dockerfile文件进行配置。首先，在IntelliJ IDEA主界面工具栏的右上侧找到Dockerfile，在其下拉菜单中选择Edit Configurations，如图15-12所示。若未出现Dockerfile，请先在Dockerfile文件上右击，选择Run 'Dockerfile'菜单项试着运行一下即可。

接着，在弹出的窗口中，单击界面上的Modify按钮，再选择Bind ports，然后单击Bind ports

最右边的 Browse 按钮，弹出 Port Bindings 对话框。添加端口绑定：80 是 TAMS 应用端口与 Docker 容器 80 端口之间的映射绑定，5858 是分布式数据查询共享 Hazelcast 端口与 Docker 的 5858 端口之间的映射绑定。将主机地址填写为“192.168.1.5”，如图 15-13 所示。

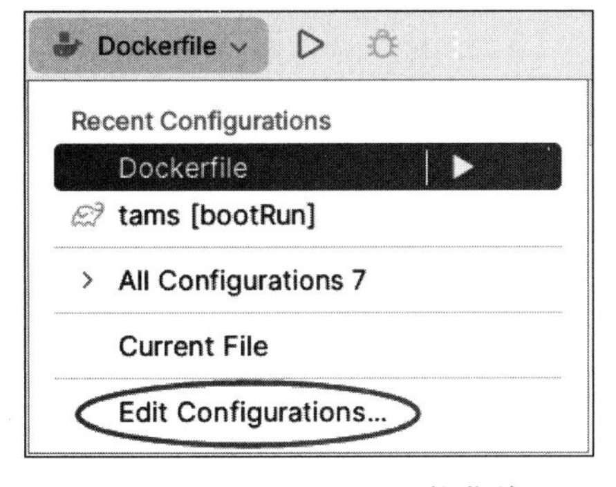

图 15-12　Dockerfile 下拉菜单

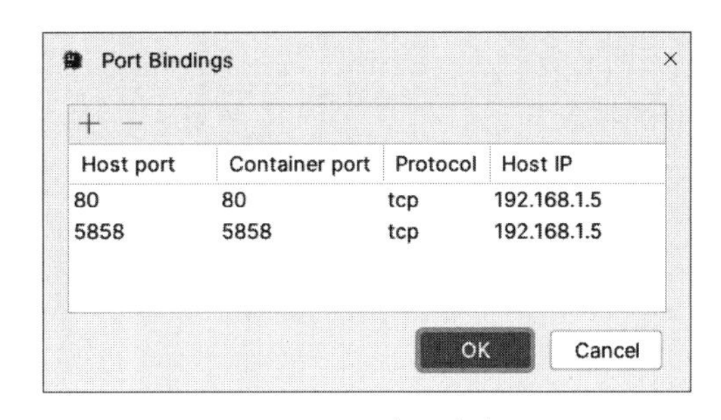

图 15-13　端口绑定

单击 OK 按钮，现在需要设置镜像标签、容器名。在 Image tag 后面填写“tams:1.0”，在 Container name 后面填写“tams”，如图 15-14 所示。至此，Dockerfile 配置工作已全部完成。

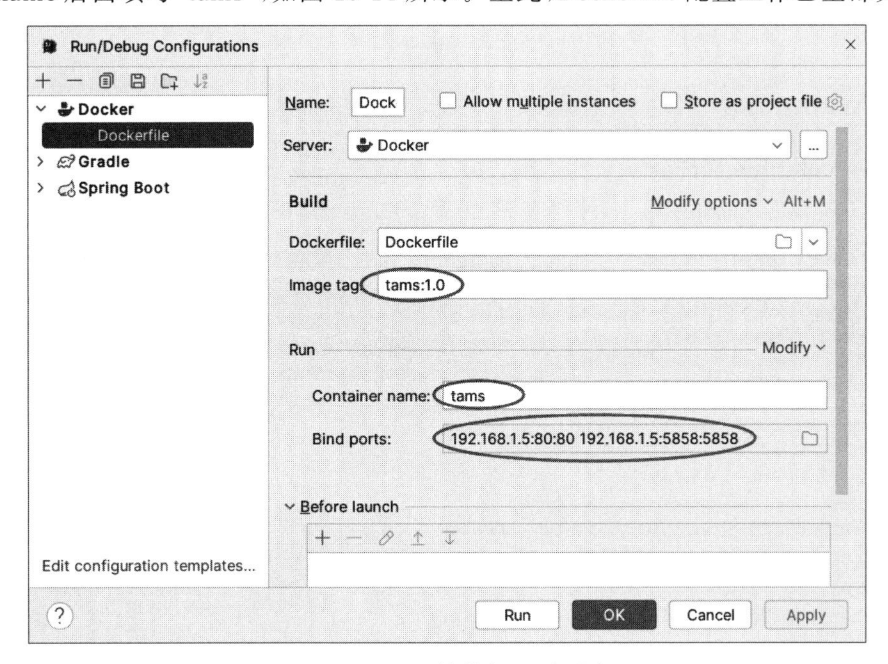

图 15-14　设置镜像标签、容器名

15.4.3　处理远程服务项目 Enroll

Enroll 项目的处理思路与 TAMS 项目类似。

（1）将安全证书复制到项目根目录下。与 TAMS 项目处理方法完全一样。

（2）修改 application.yaml。

```
grpc.server:
  host: 192.168.1.5
```

```
  port: 8086
server:
  ip: 192.168.1.5
  port: 8085

spring:
  config.import:
    - vault://
  cloud.vault:
    uri: https://${server.ip}:8200
    authentication: token
    token: hvs.dnicTeOCMx6rpa8cgXLSLD5k
    kv:
      enabled: true
      backend: kv
      default-context: tamsapp
  r2dbc:
    pool:
      enabled: true
      initial-size: 12
      max-size: 50
      max-idle-time: 25m
    url: ${vault.tamsdb.url}
    username: ${vault.tamsdb.username}
    password: ${vault.tamsdb.password}
```

(3) 编写 Dockerfile 文件。

与 TAMS 项目的 Dockerfile 文件稍有差异，代码如下。

```
FROM eclipse-temurin:17-jdk-alpine as builder
LABEL authors="ccgg" description="招生管理系统" version="1.0"
WORKDIR enrollapp
COPY build/enroll-jars/edu.enroll.grpc-1.0.jar enroll.jar
RUN java -Djarmode=layertools -jar enroll.jar extract --destination target/extracted

FROM eclipse-temurin:17-jdk-alpine
VOLUME tmp
ARG EXTRACTED=enrollapp/target/extracted
COPY --from=builder ${EXTRACTED}/dependencies/ ./
COPY --from=builder ${EXTRACTED}/spring-boot-loader/ ./
COPY --from=builder ${EXTRACTED}/snapshot-dependencies/ ./
COPY --from=builder ${EXTRACTED}/application/ ./
COPY cacert ./cacert

RUN cp -r cacert/. $JAVA_HOME/lib/security && \
    cd $JAVA_HOME/lib/security &&\
    keytool -import -alias tams -keystore cacerts \
    -storepass changeit -noprompt -file tamsapp.crt
ENTRYPOINT ["java", "org.springframework.boot.loader.JarLauncher"]
```

(4) 配置映射端口。

配置方法与 TAMS 项目类似，只不过在 Image tag 后面填写“enroll:1.0”，在 Container name 后面填写“enroll”，而 Bind ports 后的值为“192.168.1.5:8086:8086”。注意，8086 端口映射的是 gRPC 服务器的端口号。

15.5 将项目发布到 Docker

以 TAMS 项目为例。为了确保项目的文件、资源为最新，发布项目前先打开 IntelliJ IDEA 主界面右侧的 Gradle 面板，展开 tams→tams→Tasks→build，先双击 clean 按钮清理项目，再双击 bootJar 按钮将项目组装为可执行的 JAR 文件。组装完成后，在 Dockerfile 文件上右击，选择 Run 'Dockerfile'菜单项，开始将项目发布到 Docker 容器的过程。发布成功，控制台会提示"'tams Dockerfile: Dockerfile' has been deployed successfully."。

Enroll 项目发布到 Docker 的操作步骤，与 TAMS 项目一样。

现在，可脱离 IntelliJ IDEA 环境运行项目了。关闭 IntelliJ IDEA，先启动 Vault 并解封，启动 Apache Kafka，再启动 Docker 中的 enroll、tams，如图 15-15 所示。最后，在浏览器中打开 http://192.168.1.5/，教务辅助管理系统将成功运行。

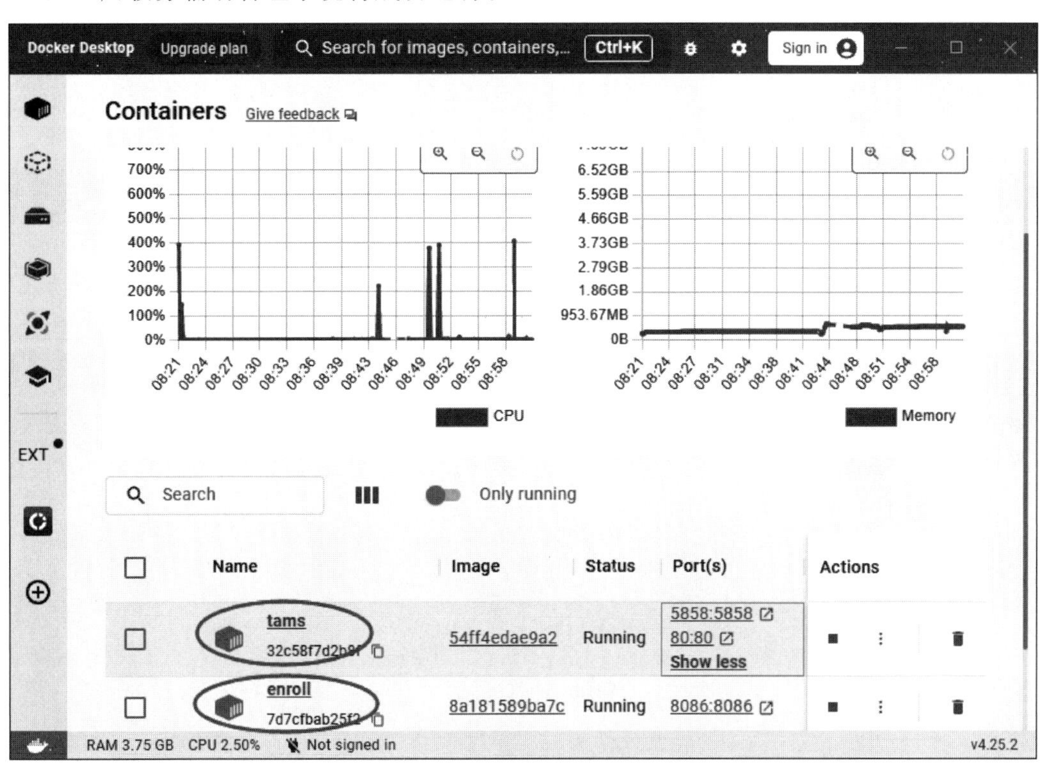

图 15-15　Docker 中的运行项目

提示： 运行 Dockerfile 时，若控制台显示类似于"Failed to deploy 'tams Dockerfile: Dockerfile': Can't retrieve image ID from build stream"的出错提示，一般再次运行 Dockerfile 即可解决。